Druck A [2] / Jahr 2008
Alle Drucke der Serie A sind im Unterricht parallel verwendbar.

Redaktion: Gerhard Strümpler
Typografie und Layout: Andrea Heissenberg
Herstellung: Reinhard Hörner

Umschlaggestaltung: Idee Design, Edgar Rüttger, Langlingen
Satz: media service schmidt, Hildesheim
Repro, Druck und Bindung: westermann druck GmbH, Braunschweig

ISBN 978-3-14-**12 60 78**-6

Kannst du es noch?

Diagnose und Selbsteinschätzung

Diese Aufgabensammlung dient der Lehrperson zur Diagnose und den Schülerinnen und Schülern zur Selbsteinschätzung. Bei der Diagnose der Aufgabenlösungen erhält die Lehrperson Aufschlüsse über Stärken und Schwächen der Schüler. Die Aufgaben decken nicht alle Themen des letzten Schuljahres ab, berücksichtigen aber unterschiedliche Kompetenzstufen.
Indem die Schülerinnen und Schüler sich selbst einschätzen, setzen sie sich aktiv mit ihrem eigenen Können und Lernen auseinander.

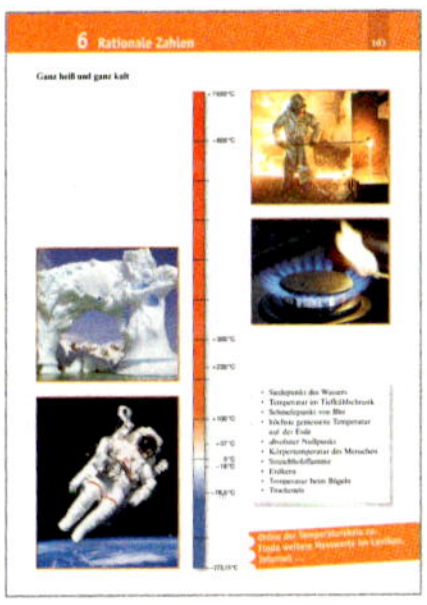

Einführung in das Kapitel

Die Einführungsseite enthält Daten, Grafiken oder Fotos aus unterschiedlichen Lebensbereichen.
Auf einen längeren Text haben wir bewusst verzichtet, ein kurzer Denkimpuls dient als Gesprächsanlass.

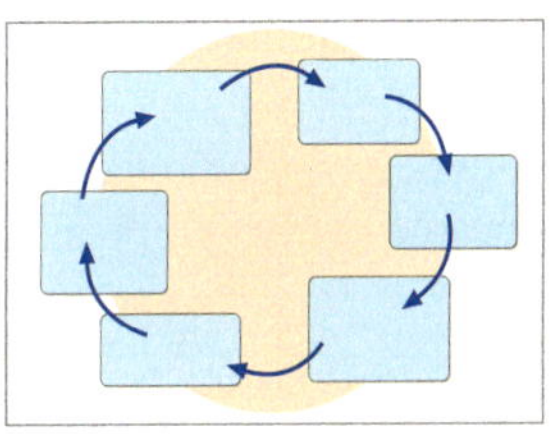

Übungszirkel

Der Übungszirkel enthält Anregungen zum Stationenlernen und zur Freiarbeit. Die Schülerinnen und Schüler finden die Stationen an Tischen im Klassenzimmer. Sie arbeiten allein, mit einem Partner oder in der Gruppe. Die Reihenfolge legen die Schüler in Absprache mit den Mitschülern selbst fest. Lösungen kontrollieren sie selbst anhand eines Lösungsblattes. Auf einem Laufzettel notieren sie, welche Stationen sie erledigt haben.
Die Stationskarten enthalten neben dem Stoff des Kapitels auch Spiele und Knobelaufgaben, um logisches und kombinatorisches Denken zu fördern. Lösungen befinden sich am Ende des Buches.

Bleibe fit!

Bleibe fit!

Hier üben und vertiefen die Schülerinnen und Schüler den Lernstoff des Kapitels und wenden ihn an. Die Lösungen der Aufgaben stehen zur Selbstkontrolle am Ende des Buches. Weitere vertiefende Übungen befinden sich im Arbeitsheft „Denken und Rechnen“ und auf der CD „Arbeitsblätter Mathematik“.

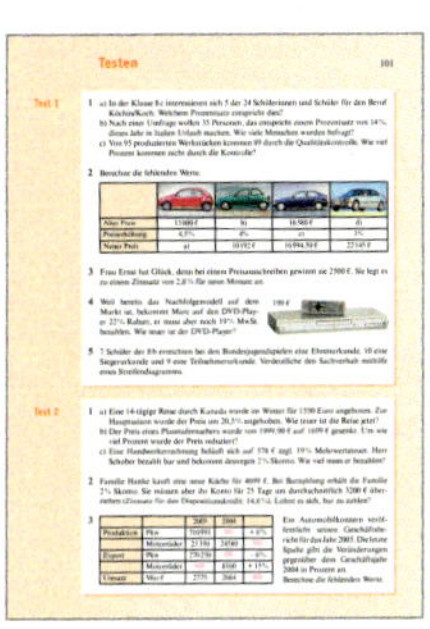

Testen

Testen dient zur Diagnose des Lernfortschritts. Die Seite besteht in der Regel aus zwei Tests, wobei der Test 1 leichter ist als Test 2. Die wichtigen Aufgabentypen des Kapitels sind berücksichtigt.

Wiederholen & Sichern

Wiederholen und Sichern
Die Seite enthält Aufgaben zum integrierenden Wiederholen der Inhalte aus früheren Kapiteln oder Jahrgangsstufen, insbesondere zu den grundlegenden Anforderungen (Standards). Lösungen befinden sich am Ende des Buches.

Förderung der Kompetenzen
Aufgaben mit diesem Bild fördern die allgemeinen Kompetenzen Argumentieren, Problemlösen und Modellieren.
Dabei kann es sich um offene Aufgaben ohne explizite Fragestellung handeln oder auch um Denkaufgaben. Die Aufgaben bieten Anlass zu einem Gespräch, da mehrere Rechenwege und Denkschritte zur Lösung möglich sein können.

Mathekonferenz
Bei diesen Aufgaben sind Ergebnisse dargestellt. Die Schülerinnen und Schüler sollen unterschiedliche Lösungswege vergleichen. Sie diskutieren miteinander und lernen so einen mathematischen Sachverhalt zu begründen.
Dabei werden vor allem Lösungsstrategien erarbeitet. Übertrage wichtige Lösungswege ins Regelheft oder führe ein Lerntagebuch.

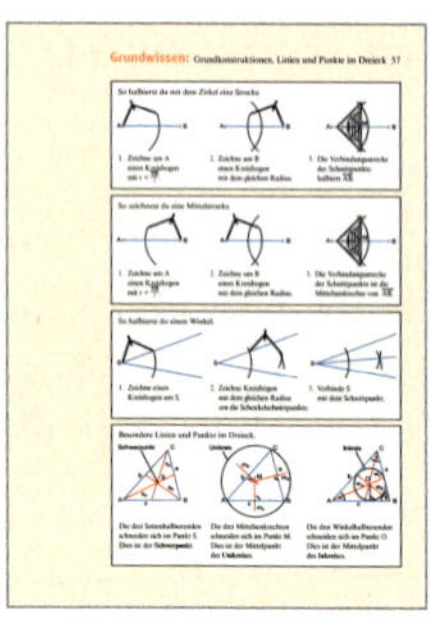

Grundwissen
Auf dieser Seite sind die wichtigsten Inhalte des Kapitels zusammengefasst. Begriffe, Regeln und Lösungswege werden an Beispielen und durch Merksätze verdeutlicht. Notiere weitere Beispiele im Regelheft.

2

Rote Nummer
Eine rot gekennzeichnete Aufgabennummer weist auf ein gehobenes Niveau hin.

Computer
Diese Aufgabe soll mithilfe des Computers bearbeitet werden.

Das solltest du wissen

Die Seiten am Ende des Buches enthalten wichtige Formeln und Algorithmen zum Nachschlagen.

Aufgabe Nr.	Kann ich gut.	Ich übe selbstständig. Dann kann ich es wieder.	Das muss mir noch mal einer erklären.
1	?	$\frac{1}{4}$ von heißt $\frac{1}{4}$ mal.	
2	ja		
3	ja		
4	?	Was ist da der Grundwert?	b)

1 a) Gib die Bestandteile der Lebensmittel in Gramm an.

b) In der Regel werden die Bestandteile in Prozent (%) angegeben. Schreibe um in Prozent.

2 Schreibe als Bruch, Hundertstelbruch, Dezimalbruch und in Prozent.

a)

b)
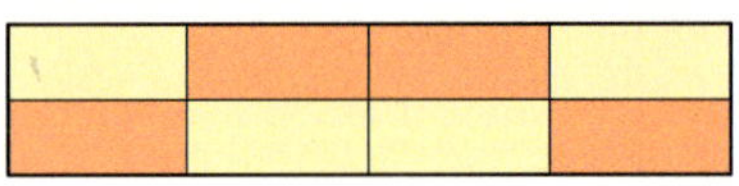

c)
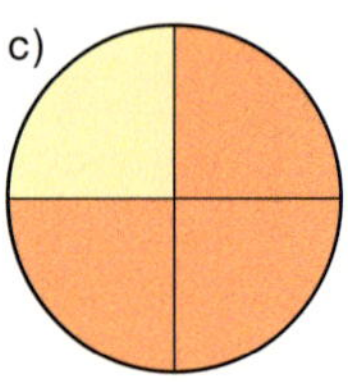

d)
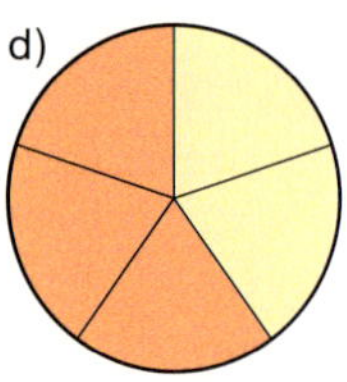

3

Bootfahrten	Preis (€)
12	42,00
3	
	21,00
4	

Kinokarten	Eintritt (€)
9	58,50
3	
	117,00
12	

Telefoneinheiten	Gebühr (€)
300	36,00
	30,00
480	
	61,20

4 a)
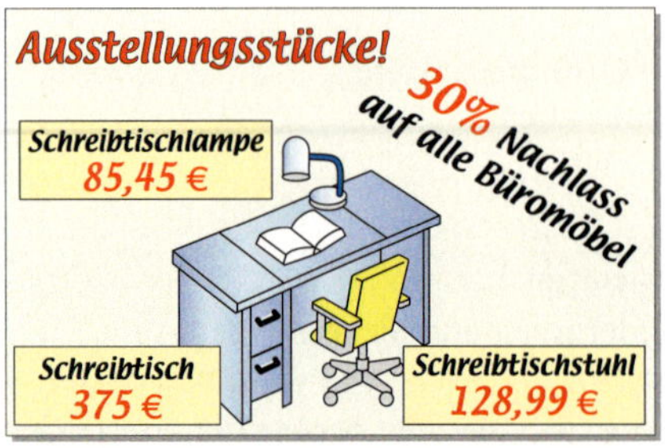

Berechne den Nachlass und die neuen Preise in Euro.

b)

Berechne die ursprünglichen Preise.

1 Wie groß ist das Studiofenster des Giebels?

2 Köhlers tauschen ein 2800 m^2 großes Grundstück gegen ein anderes von der Form eines Parallelogramms.
Die Westseite soll mit einer Hecke versehen werden, um das Land gegen Sturmschäden zu sichern. Wie viel Meter Hecke müssen angepflanzt werden?

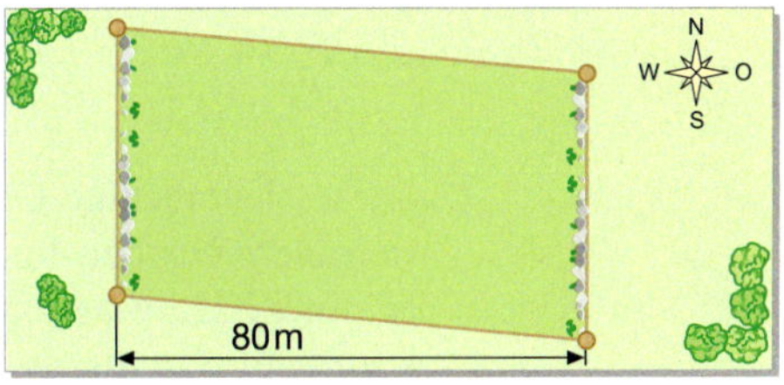

3 a) Bestimme den Flächeninhalt der folgenden Flächen. Beschreibe jeweils kurz den Lösungsweg.
b) Gib den Umfang der Fläche an.

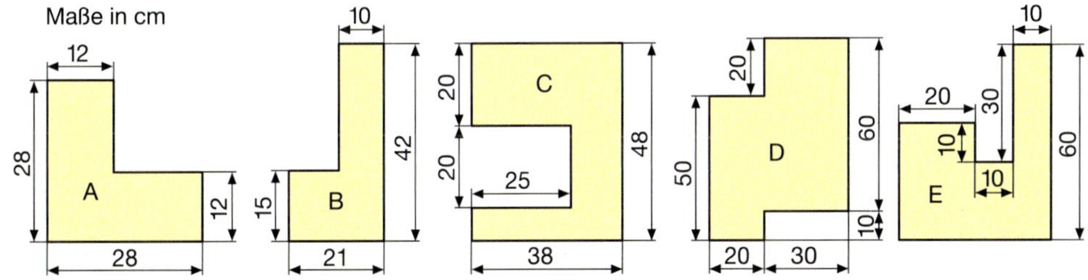

4 Rechne aus. Schreibe dann zu jeder Aufgabe eine kurze Rechengeschichte mit Guthaben und Schulden.
Tipp: – (+ 30) bedeutet *„gib … ab"* + (– 30) bedeutet *„es kommen … hinzu"*
a) (– 18) + (– 22) b) (– 70) – (– 28) c) (+ 38) – (+ 16) d) (+ 45) + (– 19)

5 Löse die Gleichungen. Mache die Probe.
a) $12 \cdot x - 42 = 7 \cdot x + 23$ b) $5 \cdot x - 140 = 36 - 3 \cdot x$ c) $9 \cdot x - 123 = 7 \cdot x + 35$
$250 - 6 \cdot x = 4 \cdot x - 100$ $2 \cdot x - 110 = 240 - 3 \cdot x$ $322 - 9 \cdot x = -56 + 12 \cdot x$

6 Auf dem Schulfest bietet die 8. Klasse Lose an. Wo ist die Gewinnchance am höchsten?

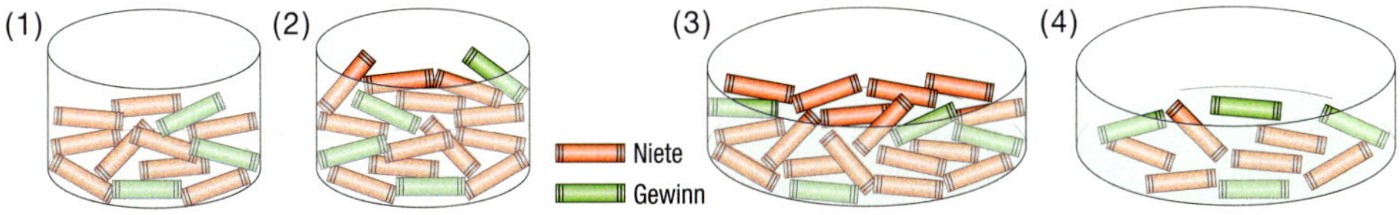

7 Bei der Fußball-Weltmeisterschaft spielen in der Vorrunde 8 Gruppen: A, B, C, D, E, F, G, H. In jeder Gruppe sind 4 Mannschaften.
a) Wie viele Spiele finden in der Vorrunde insgesamt statt? Beschreibe deinen Lösungsweg mithilfe einer Skizze.
b) Immer zwei Mannschaften aus jeder Gruppe kommen weiter ins Achtelfinale. Die Sieger kommen weiter ins Viertelfinale. Die Sieger der Viertelfinalspiele kommen weiter ins Halbfinale. Es folgen dann noch das Endspiel (Finale) und das Spiel um den 3. Platz. Wie viele Spiele gibt es insgesamt im Turnier?

1 Wie viel Euro bezahlen die Personen am Parkautomat? Fülle die Tabelle im Heft aus.

Parkgebühren City-Parkhaus	
Parkdauer	Gebühr
Die erste Stunde	2,00 €
jede weitere Stunde	1,50 €

	Parkdauer	Gebühr
Frau Schultze	55 min	■
Herr Breitner	130 min	■
Familie Klein	180 min	■
Frau Sommer	■	6,50 €
Herr Weber	■	9,50 €

2 Dieses rechteckige Grundstück wünscht sich Herr Gruber. Im letzten Jahr wurde es mit 81 225 € angeboten. Herr Gruber konnte es damals aber noch nicht finanzieren. Dieses Jahr wird das Grundstück 12,6 % teurer angeboten. Wie hoch ist jetzt der Quadratmeterpreis?

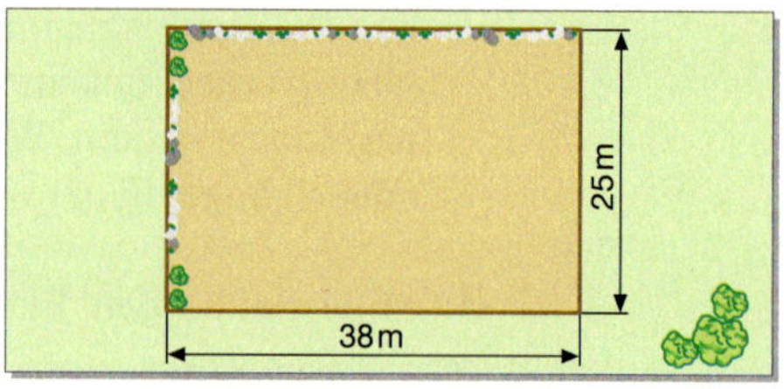

3 Wie viele Kubikmeter Beton sind zur Herstellung der Rampe erforderlich? Wie hast du das gerechnet? Erkläre.

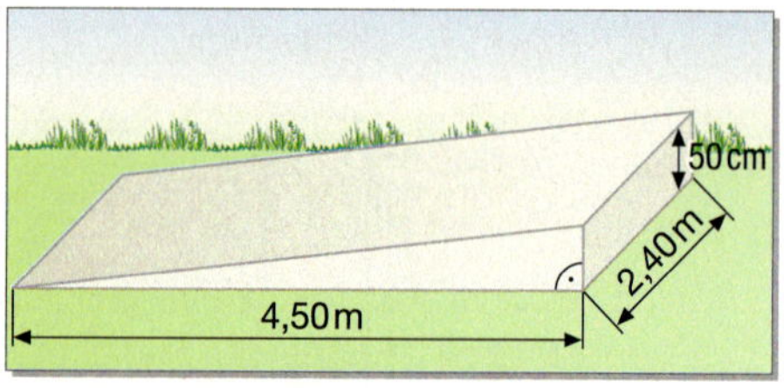

4 a) Wie haben sich die Fremdsprachenkenntnisse in Deutschland verändert? Stelle eine Tabelle auf.
b) Zeichne ein vergleichendes Säulendiagramm. Wähle eine geeignete Größe (Maßstab) und Beschriftung.
c) Nenne Gründe für die Veränderung.

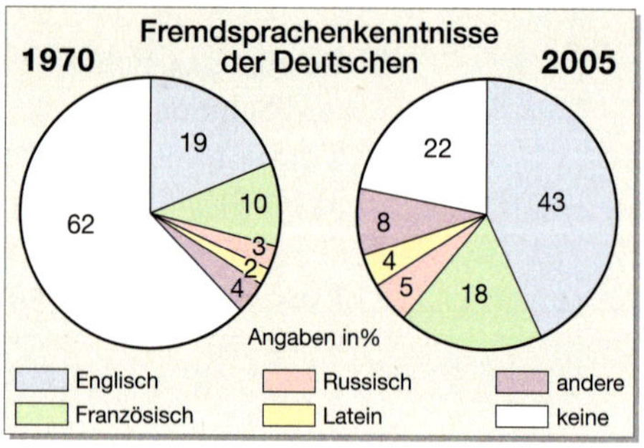

5 Lukas bekommt 300 € Taschengeld im Jahr. Das Diagramm zeigt, wofür er das Geld ausgibt. Es fehlt die Säule für CDs/DVDs. Vervollständige das Diagramm im Heft.

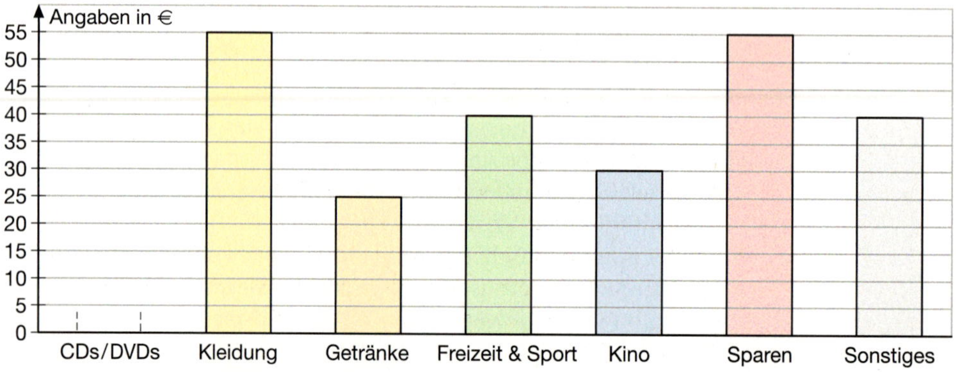

Regeln für die Partner- und Gruppenarbeit

- Welches Thema bearbeiten wir?
- Wie heißt die Aufgabenstellung, das Problem, die Kernfrage?
  - → Jeder liest Texte zunächst für sich alleine.
  - → Austausch im Flüstergespräch mit dem Partner oder in der Gruppe.
- Benötigen wir weitere Informationen?
  - → Bücher, Zeitschriften, Internet …
- Wie verteilen wir die Aufgaben?
  - → Jeder ist aktiv beteiligt.
  - → Rollen verteilen, Zeit planen, Hilfsmittel besorgen
- Wie stellen wir unsere Ergebnisse dar?
  - → Vortrag, Plakat, Folie, Wandzeitung
  - → Text, Mindmap, Bilder, Zeichnung
  - → Stichwortzettel
- Wie aktivieren wir die Zuhörer/innen?
  - → Fragen zulassen
  - → Hör- und Beobachtungsaufträge stellen
  - → Diskussion
  - → Aufgaben bearbeiten lassen
- Wie sichern wir wichtige Ergebnisse?
  - → schriftliche Aufgabe stellen
  - → Tischvorlage als Zusammenfassung

Tipps für eine gute Präsentation

Vorbereiten

- Was ist wichtig, was können die Zuhörer wirklich aufnehmen, verstehen, lesen?
- Nur zuhören ermüdet: Bilder und Texte zum Mitlesen berücksichtigen.
- Texte und Bilder so groß, dass man sie auch von hinten lesen kann.
- Wenig Text, Wichtiges durch Farben hervorheben.
- Einen Stichwortzettel vorbereiten. Fachbegriffe klären.
- Wer macht was? Sich abwechseln.
- Die Präsentation vorher üben.

Präsentieren

- Nenne das Thema und gib einen Überblick.
- Sprich deutlich, laut genug, lebendig und nicht zu schnell.
- Schau das Publikum an und kehre ihm nicht den Rücken zu.
- Fasse am Schluss Wichtiges zusammen.

Rückmeldung geben

- Haben wir in der Gruppe gut kooperiert?
- War die Präsentaton gelungen?
  Darstellung verständlich? Vortrag gegliedert? Zuhörer aktiviert?
  Schrift, Bilder, Fotos, Grafiken klar und anschaulich?
  Sprache deutlich, lebendig, Blickkontakt?
  Wichtiges zusammengefasst?
- Was haben wir dazugelernt?
- Gibt es Verbesserungsvorschläge?

Station 1

- Welche Tasten benutze ich für das Rechnen mit +, –, ·, :?
- Gibt es denn kein Komma?
- Rundet mein Taschenrechner?

1 Klaus hat falsch eingegeben. Die Ergebnisse sind alle falsch. Wie heißt das richtige Ergebnis?
a) $24 \cdot 15 = 380$ f b) $425 + 555 = 880$ f c) $3087 : 49 = 65$ f d) $909 - 389 = 250$ f

2 Wenn im Ergebnis eine auffällige Zahl vorkommt, hast du richtig eingegeben.
a) 2,75 + 8,36 b) 4,44 : 5 c) 10,05 · 44,4 d) 85,166 – 18,506

3 Was entdeckst du hier? Hat dein Taschenrechner gerundet?
a) $\frac{1}{9}; \frac{2}{9} \dots \frac{8}{9}$ b) $\frac{1}{99}; \frac{2}{99}; \frac{9}{99}; \frac{18}{99}; \frac{71}{99}$ c) $\frac{3}{999}; \frac{5}{999}; \frac{65}{999}; \frac{97}{999}$
d) $\frac{8}{9999}; \frac{12}{9999}; \frac{24}{9999}; \frac{125}{9999}; \frac{506}{9999}; \frac{2877}{9999}$

- Probiere an den Stationen deinen Taschenrechner aus und beantworte die Fragen.
- Vergleiche deine Ergebnisse mit einem Partner.
- Tragt die Ergebnisse in der Mathekonferenz vor.

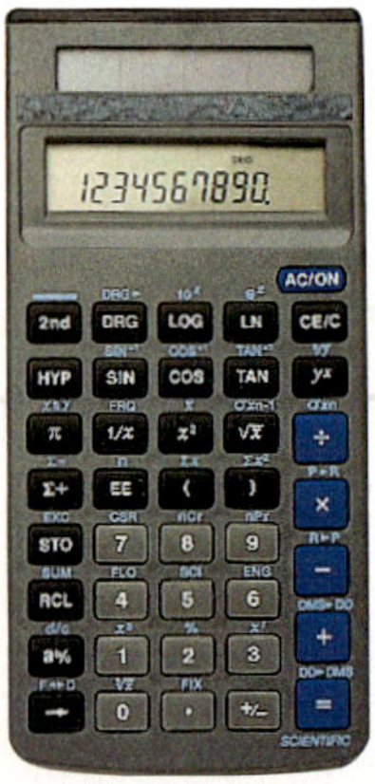

Station 4

Lustiges mit dem Taschenrechner.

1 Gib die Zahlen 35 · 200 + 7 · 50 + 3 ein. Stelle das Ergebnis auf den Kopf. In der Anzeige steht, was du bist.

2 Gib ein. Welche Wörter kannst du auf dem Kopf lesen?
505; 8739; 91730; 3704; 35 137; 39 139; 315; 1378; 38 317; 31 717

3 Berechne und stelle den Taschenrechner auf den Kopf.
a) 15 721 · 24; 93 768 : 24; 4 806 320 : 6584
b) 12 345 678 – 1 234 567 – 9 876 543 – 682 729
c) 234 + 4567 + 78 901 + 234 567 + 421 046

4 Erfinde selbst lustige Aufgaben für die Station 4.

Station 2

- Wie viele Stellen zeigt mein Taschenrechner an?
- Kennt mein Taschenrechner die Regel „Punkt vor Strich“?
- Muss ich Klammern setzen oder nicht?

1 Wie weit kommt mein Taschenrechner?
a) 135 · 10 · 10 · 10 …
b) 10 · 200 · 300 · 400 …
c) 1 · 1; 11 · 11; 111 · 111 …
d) 1 · 7 + 1; 12 · 7 + 2; 123 · 7 + 3
e) 1 · 9 + 2; 12 · 9 + 3; 123 · 9 + 4 …
f) 9 · 9 + 8; 99 · 9 + 7; 999 · 9 + 6 …

2 a) Rechne im Kopf. Welches Ergebnis stimmt? Wie heißt die Rechenregel?
Anja: [C] 4 [×] 5 [+] 6 [×] 7 [=] Anzeige: 62
Marie: [C] 4 [×] 5 [+] 6 [×] 7 [=] Anzeige: 182
b) Was musst du eingeben, damit das Ergebnis stimmt?

3 Überschlage im Kopf und überprüfe mit dem Taschenrechner.
a) 6 · 8 + 9 · 2
b) 80 : 5 − 12 : 3
c) 19 + 7 − 18 : 6
d) 9 · 4 + 7 − 8 : 2
e) 19 + 58 − 2 − 5 · 3
f) 54 : 6 + 81 − 13 + 8
Lösungen: 12; 60; 23; 39; 66; 85

Station 3

- Wie rechne ich mit der Vorzeichen-Taste [+/−]?
- Wie geht das mit der [%]-Taste?
- Was leisten die Tasten [√] und [x^2]?

1 Gib ein. Wie lautet das Ergebnis?
1,5 [×] 8 [+/−] [=]
a) 1,5 · (−6)
2,5 · (−8)
b) 20 · (−2,5)
40 · (−3,5)
c) 54,2 · (−4,5)
64,5 · (−3,5)

2 Kopf gegen Taschenrechner – wer ist schneller?
a) −20 + 40; 20 + (−40); 20 − (−20); 40 + (−40)
b) 8 · (−12); 10 · (−3,5); −10 · (−3,5); −20 · (−4,5)
c) 9 : 1,5; 9 : (−1,5); −9 : (−1,5); −12 : (−2,5)

3 Welche Ergebnisse werden angezeigt?
a) 100 [+] 10 [%] [=]
200 [+] 10 [%] [=]
300 [+] 10 [%] [=]
b) 100 [+] 19 [%] [=]
200 [+] 19 [%] [=]
300 [+] 19 [%] [=]
c) 1000 [+] 19 [%] [=]
2000 [+] 19 [%] [=]
3000 [+] 19 [%] [=]

4 Gib ein. Erkläre das Ergebnis. Kontrolliere durch Multiplizieren.
[C] 64 [√] [=] Anzeige: 8, denn 8 · 8 = 64
a) 16; 25; 36; 49; 81; 100
b) 144; 169; 225; 256; 1600; 2500

5 a) Gib ein. Erkläre das Ergebnis. Kontrolliere durch Wurzelziehen.
[C] 11 [x^2] [=] Anzeige: 121
b) Gib die Zahlen 1, 2, 3 … 40 ein. Schreibe die Quadratzahlen von 1 bis 40 auf.

1 Ab welcher Aufgabe zeigt dein Taschenrechner nicht mehr alle Stellen an?

a) $12\,345\,679 \cdot 9$
$12\,345\,679 \cdot 18$
$12\,345\,679 \cdot 27$ …

b) $1 \cdot 6 + 2$
$12 \cdot 6 + 3$
$123 \cdot 6 + 4$ …

c) $1 \cdot 8 + 1$
$12 \cdot 8 + 2$
$123 \cdot 8 + 3$

2 Berechne $\frac{36}{6 \cdot 2}$. Welche Tastenfolgen sind möglich?

a) 36 [÷] 6 [÷] 2 [=]   b) 36 [÷] 6 [×] 2 [=]   c) 36 [÷] [(] 6 [×] 2 [)] [=]

3 Berechne jede Aufgabe zuerst im Kopf, bevor du den Taschenrechner benutzt.

a) $\frac{2 \cdot 9}{3}$ b) $\frac{14-2}{2}$ c) $\frac{7 \cdot 6}{5+2}$ d) $\frac{24-3}{12-5}$ e) $\frac{200}{40+10}$ f) $\frac{8 \cdot 4 \cdot 2}{2 \cdot 16}$

4 a)

b)

Atlas:	1,289 kg	Sprachbuch	298 g
Physik-Chemie-Biologie-Buch:	0,635 kg	Lesebuch:	813 g
Schultasche:	1,345 kg	Malkasten:	437 g
Mathebuch:	0,372 kg	8 Hefte zu je	65 g
Ringbuch:	0,459 kg	Federmappe	361 g
		Englischbuch	329 g

Hat Anja Recht?

5 Berechne die Rechenausdrücke.

a)
$2{,}34 + 25{,}7 \cdot 6$
$12 + 8{,}24 : 1{,}6$
$153{,}3 - 17{,}4 \cdot 5{,}6$
$287{,}2 - 23{,}9 \cdot 8{,}4$

b)
$17{,}45 \cdot 36{,}8 - 12{,}85 \cdot 35{,}4$
$32823 : 63 - 8795{,}92 : 1808$
$643{,}86 + 789{,}96 : 22{,}7 - 634{,}76$
$65 - 443{,}1672 : 78{,}16 - 22{,}84$

Lösungen:
17,15   36,49   43,9
55,86   86,44   156,54
187,27   516,135

6 Ermittle die Rechnungsbeträge.

a)

Artikel	Menge	Einzelpreis
Profilbretter	27 m^2	9,40 €
Klammern (Pakete)	2	2,90 €
Arbeitslohn	12 Std.	25,00 €

b)

Artikel	Menge	Einzelpreis
Pflastersteine	24 m^2	9,50 €
Sand	4 m^3	18,00 €
Arbeitslohn	9 Std.	20,00 €

7 Stimmen die Ausdrucke des Wiegeautomaten?

a)
BIRNEN
EUR/kg Gewicht
1,59 0,467 kg
Preis **0,74 €**

b)
ÄPFEL
EUR/kg Gewicht
1,99 1,762 kg
Preis **3,51 €**

c)
APRIKOSEN
EUR/kg Gewicht
2,79 0,132 kg
Preis **0,37 €**

d)
WEINTRAUBEN
EUR/kg Gewicht
2,99 0,614 kg
Preis **1,84 €**

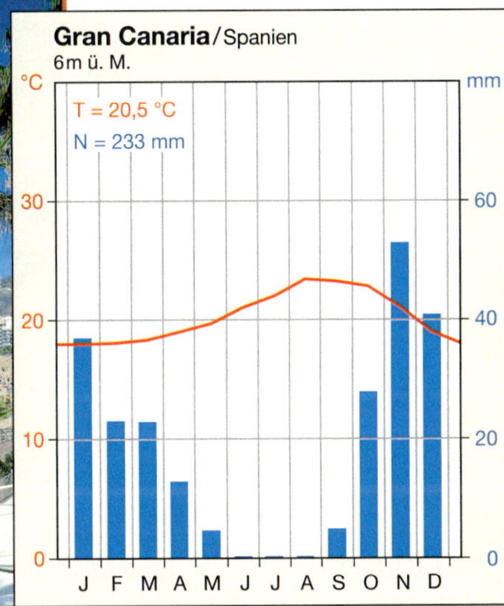

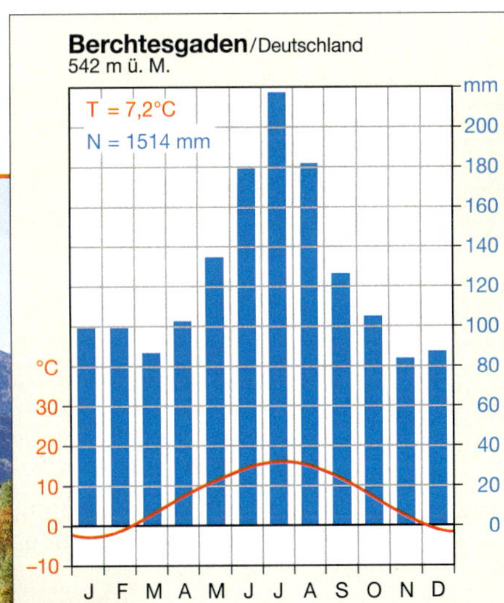

Zu welcher Zeit würdest du gerne Urlaub machen? Die Diagramme helfen dir bei der Entscheidung. Hast du ein Lieblingsreiseziel?

1 Frau Winkler betankt ihren Wagen mit Normalbenzin. Wie viel muss sie jeweils bezahlen? Ergänze die Wertetabelle im Heft.

	a)	b)	c)	d)	e)	f)	g)
Benzin (Liter)	1	10	20	30	40	50	60
Preis (Euro)						65,00	

2

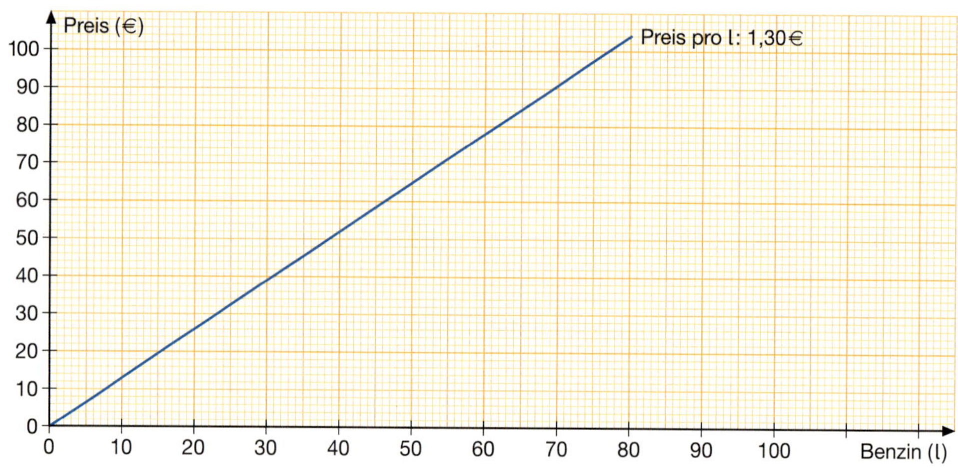

Lies am Graphen ab. Erstelle eine Tabelle.
a) Wie viel Euro kosten 25 *l*; 5 *l*; 35 *l*; 45 *l*; 55 *l* Benzin?
b) Wie viel Liter Benzin bekommt man für 30 €; 42 €; 55,50 €; 26 €; 65 €?

3 Einige Monate später hat Frau Winkler einen neuen Wagen mit Dieselmotor gekauft. Diesel kostet nur 1,10 € je Liter.
a) Wie viel muss Frau Winkler jetzt für 50 *l* bezahlen?
b) Zeichne einen Graphen (x-Achse: 2 cm ≙ 10 *l*; y-Achse: 2 cm ≙ 10 €).
c) Ergänze die Wertetabelle. Lies die fehlenden Werte am Graphen ab.

	a)	b)	c)	d)	e)	f)	g)
Diesel (Liter)	50	10		60			65
Preis (Euro)			60,50		38,50	22	

4 Ab wie viel Kilometer im Jahr lohnt sich der Umstieg auf Diesel? Denke auch an Anschaffungskosten für den neuen Wagen, Steuern, Versicherung usw. Führt dazu ein Pro-Kontra-Gespräch durch. Erstellt dazu vorher einen Stichwortzettel. Besorgt euch die aktuellen Benzinpreise.

10 Hefte
DIN-A4
4,50 €

3 Päckchen
Karteikarten
4,80 €

3 Arbeitsblöcke
DIN-A4 3,30 €

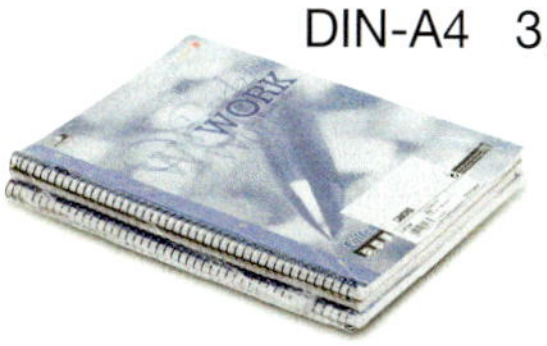

6 Farbstifte
2,40 €

3 Zeichenblöcke
DIN-A3 3,75 €

4 mal
50 Klarsichthüllen
7,80 €

4 Bleistifte
1,60 €

1 Übertrage die Tabellen in dein Heft und ergänze. Nutze Rechenvorteile.

a) DIN-A4-Hefte

Stück	Preis (€)
	2,25
30	
	6,75
3	
7	

b) Zeichenblöcke DIN-A3

Stück	Preis (€)
9	
	1,25
10	
13	
	10,00

c) Farbstifte

Stück	Preis (€)
12	
4	
	1,20
	3,60
9	

2 Lege Tabellen an.

a) Martina benötigt 3 Bleistifte, 7 Hefte, 4 Farbstifte und einen Zeichenblock.

b) Herr Neulinger kauft für die ganze Familie ein: 2 Päckchen Karteikarten, 20 Bleistifte, 8 Arbeitsblöcke, 18 Hefte, 250 Klarsichthüllen.

3 a) Übertrage das Koordinatensystem in dein Heft (x-Achse: 1 cm ≙ 1 Stück; y-Achse: 2,5 cm ≙ 1 €).

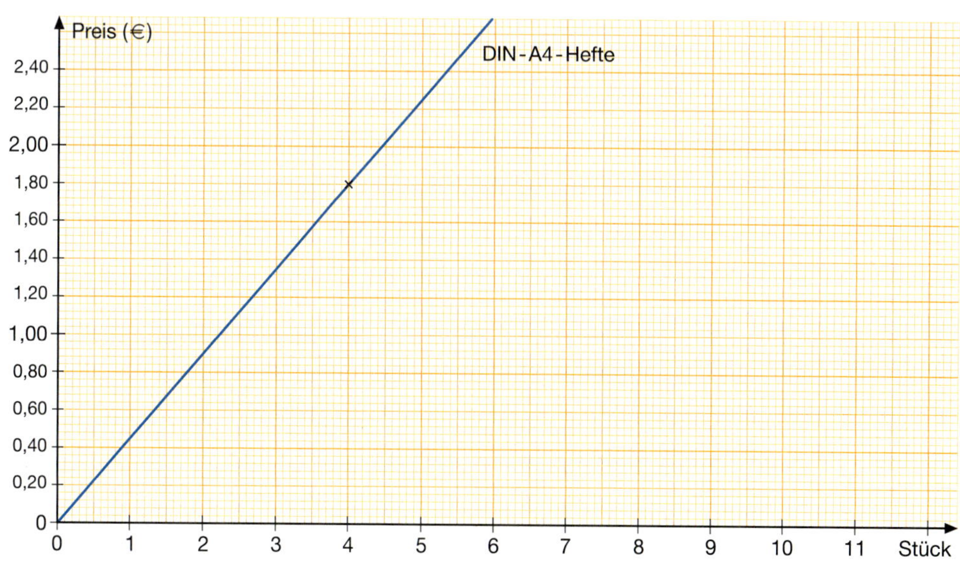

b) Ergänze die Graphen für Karteikarten, Arbeitsblöcke und Farbstifte.

c) Vergleiche den Verlauf der Graphen. Erkläre.

4 Schreibe einen Merksatz für eine proportionale Zuordnung auf.

1

Marita überlegt:
3 Karten kosten 48 €. Wie viel kosten 5 Karten? Erläutere den Rechenweg.

Dreisatz

3 Karten kosten 48 €
1 Karte kostet 48 € : 3 = ■
5 Karten kosten 16 € · 5 = ■

Antwort 5 Karten kosten ...

	Karten	Preis (€)	
:3	3	48	:3
·5	1	■	·5
	5	■	

Marita

2 a) Tina möchte 7 Karten kaufen. Wie viel muss sie bezahlen?
b) Entscheide selbst, wie viele Karten du kaufen möchtest. Berechne die Kosten.

3 Familie Leuna will am Wochenende ausgehen.
a) Andreas möchte ein Fußball-Bundesligaspiel besuchen. Sein Freund Markus hat 3 Karten für 54 € gekauft. Andreas braucht 4 Karten.
b) Anna, Lena und Sabine gehen lieber in ein Musical. Sabines älterer Bruder bezahlte 108 € für 4 Karten.
c) Herr und Frau Leuna gehen Samstagabend in die Oper. Ein befreundetes Ehepaar hat für 2 Karten 62 € bezahlt. Weil auch die Großeltern und Tante Inge mit in die Oper gehen wollen, besorgt Herr Leuna 5 Karten.

Proportionale Zuordnung

Je mehr … desto mehr
doppelte Anzahl → doppelter Preis
dreifache Anzahl → dreifacher Preis

Je weniger … desto weniger
halbe Anzahl → halber Preis
ein Drittel der Anzahl → ein Drittel des Preises

Benzin	$1{,}25^9$
Super	$1{,}27^9$
Diesel	$1{,}12^9$

1 a) Für eine Fahrstrecke von 420 km benötigt Frau Kraus mit ihrem Auto 35,7 *l* Super. Wie viel Liter Super benötigt sie bei gleichem durchschnittlichen Verbrauch für 750 km?
b) Im Juni fuhr Frau Kraus 1382 km.

2 Im März fährt Herr Braun mit dem Firmenauto 4850 km. Dabei verbrauchte das Auto 446,2 *l* Benzin. Berechne den durchschnittlichen Benzinverbrauch je 100 km und die Kosten für den Monat März.

3 Ein Fahrkartenheft für Bus und Straßenbahn enthält 25 Scheine für Kurzstrecken. Das Heft kostet 15 €.
a) Für eine Fahrt von ihrer Wohnung zum Marktplatz entwertet Frau Bäumler drei Scheine. Wie viel Euro kostet die Fahrt?
b) Herr Bäumler braucht für eine Fahrt zum Stadion zwei Scheine.

4 Im Freizeitpark kostet eine Zehnerkarte für das Schwimmbad 25 €. Auf Stefans Karte sind bereits 7 Felder entwertet. Wie viel Euro ist die Karte noch wert?

5 Für fünf CD-ROMs bezahlt Anne 2,60 €. Wie viel Euro muss Sascha bezahlen, wenn er Anne zwei CD-ROMs abkaufen will?

6 Jens möchte für den Urlaub in der Schweiz 40 € in Franken einwechseln. Sein Vater erhielt am gleichen Tag für 900 € auf der Bank 1512 CHF.

7 a) Übertrage die Tabellen in dein Heft und ergänze.

Benzin

Menge (*l*)	Preis (€)
56	72,80
28,5	
39,7	
82,9	

Super Plus

Menge (*l*)	Preis (€)
59	81,42
	51,93
	41,94
	63,88

Diesel

Menge (*l*)	Preis (€)
	70,62
48,2	
32,5	35,75
39,8	

b) Ermittle die aktuellen Preise. Lege neue Tabellen an.
c) Führe Preisvergleiche durch. Berechne Ersparnisse für unterschiedliche Fahrtstrecken. Stellt die Ergebnisse in der Mathekonferenz vor.

8 a) Ein Laserdrucker schafft in 5 Minuten 60 Schwarz-Weiß-Ausdrucke. In welcher Zeit druckt er einen Text von 75 Seiten?
b) Für einen Vertrag braucht der Laserdrucker eine Druckzeit von 40 s. Wie viele Seiten hat der Vertrag?

9 a) Am Skilift kauft Lorenzo eine 20er-Karte für 28 €. Nachdem er 12-mal gefahren ist, verkauft er die Karte mit den verbliebenen Fahrten an Pedro für 10 €. Wie viel Euro hat er bei diesem Verkauf verloren?
b) Seine Schwester Lisa hat auf ihrer 20er-Karte noch 6 Karten frei. Sie verkauft die Karte für 7,50 €.

1 Christoph und Ali wollen in den Ferien eine mehrtägige Radtour machen. Jeder hat 60 € gespart. Sie überlegen, wie viel Euro sie an einem Tag durchschnittlich ausgeben können.
a) Trage die fehlenden Werte in deinem Heft ein.

Ferientage	Ausgaben pro Tag
1	
2	
3	20 €
4	
5	
6	

b) Vergleiche die täglichen Ausgaben bei 2, 4 und 6 Tagen Dauer. Was stellst du fest?

Je mehr … desto	**Je weniger … desto**
doppelte tägliche Ausgabe → Urlaubsdauer	halbe tägliche Ausgabe → Urlaubsdauer
dreifache tägliche Ausgabe → Urlaubsdauer	drittel tägliche Ausgabe → Urlaubsdauer

2 6 Bagger schaffen eine Arbeit in 18 Stunden. Ergänze die Tabelle im Heft. Erkläre mit eigenen Worten.

Bagger	Stunden
12	
18	6
6	
3	
2	

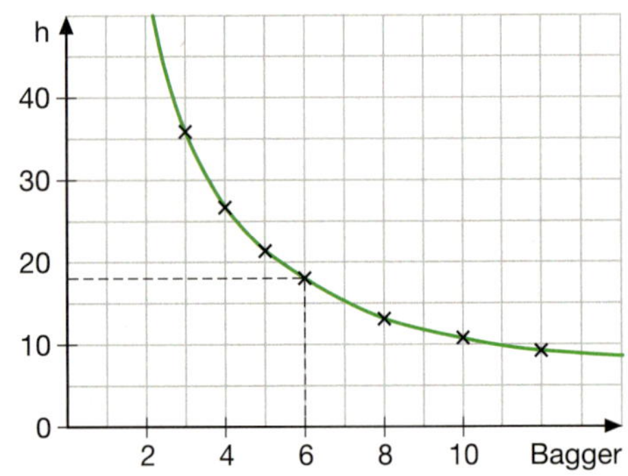

3 Bauer Brinkmann pflegt und versorgt Pferde eines Reitervereins. Für 4 Pferde reicht sein Futtervorrat 60 Tage.
a) Wie lange reicht der Futtervorrat bei 2 Pferden und bei 8 Pferden?
b) Übertrage die Tabelle ins Heft und fülle sie aus.
c) Ergänze die Sätze:
„Je mehr Pferde, desto ....“
„Je weniger Pferde, desto ....“
d) Zeichne ein Schaubild.
Rechtsachse: 1 Pferd ≙ 1 cm
Hochachse: 20 Tage ≙ 1 cm

Pferde	Tage
1	
2	
3	
4	60
5	
6	
8	
10	
12	

4 Eine Gruppe von 20 Schülerinnen und Schülern möchte das Museum besuchen. Zwei Tage zuvor benötigte eine Gruppe von 15 Schülerinnen und Schülern für den Weg vom Schullandheim zum Museum 45 Minuten. Mit welcher Zeit müssen die 20 Schülerinnen und Schüler rechnen?

1

Erläutere die beiden Rechenwege.

Bei 27 Teilnehmern zahlt jeder 10 €.

Bei 1 Teilnehmer zahlt jeder
10 € · 27 = 270 €.

Bei 25 Teilnehmern zahlt jeder
270 € : 25 = 10,80 €.

Antwort: Jeder zahlt 10,80 €.

Manuel

	Teilnehmer	Preis (€)	
	27	10	
:27	1	270	· 27
· 25	25	10,80	:25

Antwort: Jeder zahlt 10,80 €

Angela

2 Bei einem Sportverein haben sich 36 Personen für eine Busfahrt zum Bundesligaspiel HSV Hamburg – Schalke 04 angemeldet. Der Fahrpreis kostet 24 € pro Person. Am Tag des Spiels können 4 Personen wegen Krankheit nicht mitfahren. Wie viel Euro kostet die Fahrt jetzt pro Person?

3 Bei einem durchschnittlichen Tagesverbrauch von 45 € reicht das Urlaubsgeld von Familie Schneider 18 Tage. Wie viel Euro dürfen sie täglich ausgeben, wenn der Urlaub 21 Tage dauert?

4 Ein Forstamt benötigt 8 Waldarbeiter für die Dauer von 24 Tagen, um die Sturmschäden im Stadtwald zu beseitigen. Es können jedoch nur 6 Arbeiter eingesetzt werden. Wie viele Tage dauert die Arbeit jetzt?

5 Eine Lottogemeinschaft hat gewonnen. Jedem der 8 Mitspieler wird ein Gewinn in Höhe von 2790 € ausgezahlt. Wie hoch wäre die Auszahlung bei einer Teilnahme von 12 Mitspielern gewesen?

6 In einer Lottogemeinschaft von 12 Personen zahlt jeder Teilnehmer wöchentlich 3 € ein. Wie viel Einsatz muss jeder Teilnehmer zahlen, wenn 3 weitere Mitspieler hinzukommen, ohne dass der Gesamteinsatz erhöht wird?

7 a) Vier Bagger heben eine Baugrube in 24 Stunden aus. Wegen Wartungsarbeiten fällt ein Bagger aus.

b) In 30 Stunden können 3 Lkws den Erdaushub abfahren. Wie viele Lkws sind nötig, damit die Erde in 18 Stunden abgefahren werden kann?

Rund ums Lesen

1

a) Wie viele Seiten hat das Buch? Wie viele Seiten liest Frau Müller täglich?

b) Da Frau Müller an zwei Tagen krank war, konnte sie nicht lesen. Wie viele Seiten muss sie in der restlichen Zeit pro Tag lesen , wenn sie das Buch nach 6 Tagen zurückbringen will?

2 Abdo hat seinen Praktikumsbericht mit dem Computer geschrieben. Es sind 16 Seiten mit je 45 Zeilen. Bei einem kleineren Zeilenabstand hätte er 60 Zeilen auf jede Seite schreiben können. Wie viele Seiten wären es dann?

3 Ein Roman hat 256 Seiten zu je 54 Zeilen. Für eine Großdruckausgabe werden größere Schrifttypen verwendet. Jetzt passen nur noch 48 Zeilen auf eine Seite. Wie viele Seiten hat die Großdruckausgabe?

4 Bei einer 10-seitigen Zeitung können aus einer Papierrolle 24 000 Zeitungen hergestellt werden. Die Mittwochsausgabe hat 16 Seiten, die Wochenendausgabe hat 24 Seiten. Für wie viele Zeitungen reicht jeweils eine Rolle?

Bei der Arbeit

5 In welcher Zeit wird das Feld gemäht, wenn Bauer Lindenmeyer auf den Vorschlag eingeht?

6 Eine Bestellung Schrauben kann von 5 Maschinen in 6 Stunden erledigt werden. Zu Beginn der Arbeit fallen zwei Maschinen aus. In welcher Zeit wird der Auftrag von den restlichen Maschinen ausgeführt?

7 In einer Automobilfabrik stellen 8 Schweißautomaten den Tagesbedarf an Rohkarosserien in 16 Stunden her.

a) Wie viele Schweißautomaten müssen eingesetzt werden, um die Rohkarosserien in 10 Stunden herzustellen? Runde sinnvoll.

b) Wegen Wartungsarbeiten können nur 6 Schweißautomaten eingesetzt werden. Um wie viel Stunden verzögert sich die Herstellung?

Auf dem Bauernhof

1 Rechne vorteilhaft.

a) 3 Kühe geben am Tag durchschnittlich 42 *l* Milch. Wie viel *l* Milch geben 5 Kühe?

b) 2 Mähdrescher mähen ein Weizenfeld in 9 Stunden. Wie viele Mähdrescher müssten eingesetzt werden, um die Arbeit in 6 Stunden zu erledigen?

c) Der Vorrat an Winterfutter auf einem Hof reicht 180 Tage für 8 Schweine. Wie lange reicht er für 12 Schweine?

d) Aus 500 g Äpfeln erhält man beim Pressen 200 cm^3 Apfelsaft. Wie viel *l* Saft erhält man aus 2 kg Äpfeln?

e) 20 Landeier kosten 3 €. Frau Koch bezahlt 0,90 €. Wie viele Eier hat sie gekauft?

2 Landwirt Vogel baut Weißkohl an.

a) Eine Gärtnerei liefert 22 000 Pflanzen zu je 10 ct. Bei der Genossenschaft kostet eine Pflanze 8 ct. Wie viele Pflanzen hätte er dort für den gleichen Betrag bekommen?

b) Bei einem Pflanzabstand von 40 cm braucht er für eine Reihe 90 Pflanzen. Wie viele Pflanzen sind bei einem Pflanzabstand von 30 cm für eine Reihe erforderlich?

3 Bestimme die fehlende Größe.

a) Abfahren von Zuckerrüben
4 Lkw benötigen 12 Stunden
8 Lkw benötigen Stunden
12 Lkw benötigen Stunden

b) Futtervorrat
Bei 12 Kühen reicht der Vorrat 30 Tage.
Bei 4 Kühen reicht der Vorrat Tage.
Bei 20 Kühen reicht der Vorrat Tage.

4 Der Landwirt Strohmeier ist Pferdewirt für einen Reitverein. Für 10 Pferde hat er einen Futtervorrat für 60 Tage bereitgestellt. Nach 12 Tagen nimmt er zwei weitere Pferde in Pflege. Wie lange reicht der Futtervorrat insgesamt?

Freizeit

5 Die C-Jugend des Fußballvereins mietet für ihren Wochenendausflug an die Ostsee einen Bus für 540 €. 32 Jungen haben sich angemeldet.

a) Berechne den Fahrpreis pro Person.

b) Kurz vor der Abreise werden 2 Jugendliche krank. Um wie viel Euro verteuert sich die Fahrt pro Person?

c) Übertrage die Tabelle in dein Heft und berechne die fehlenden Größen. Prüfe die Ergebnisse mithilfe der Produktgleichheit.

Preis pro Person (€)	30		22,50					
Anzahl der Personen		20		25	27	32	36	45

d) Wie viele Personen fahren mit, wenn pro Person 45 € (36 €, 33,75 €, 11,25 €) bezahlt werden?

6 Herr Bauer ist Mitglied einer Auto-Fahrgemeinschaft, die ihren Fußballverein bei auswärtigen Spielen begleitet. Für eine Entfernung von 100 km zahlt jeder Teilnehmer 5 € Fahrtkosten.

a) Wie hoch ist der Fahrpreis bei einer Entfernung von 150 km (175 km; 220 km)?

b) Am letzten Spieltag musste jeder Teilnehmer 9,70 € bezahlen. Wie weit war der Austragungsort entfernt?

1 Überlege zuerst, ob die Zuordnung proportional oder antiproportional ist.

a) Kartoffeln

Gewicht	Preis
2,5 kg	1,80 €
3,5 kg	
4,2 kg	

b) Limonade

Anzahl der Flaschen	Flascheninhalt
3150	0,33 *l*
	0,35 *l*
	0,5 *l*

c) Mehl

Rauminhalt	Gewicht
	125 g
200 cm^3	140 g
	400 g

2 Thomas verpackt Obst für den Gefrierschrank.

a) Er wiegt jeweils 750 g Erdbeeren für eine Kühldose ab. Insgesamt erhält er 15 Dosen. Wie viele Dosen braucht er bei einer Einwaage von 600 g Erdbeeren je Dose?

b) Für 3 kg Kirschen benötigt er 4 Gefrierbeutel. Wie viele Gefrierbeutel braucht er bei 7,5 kg Kirschen?

3 In einer Konservenfabrik werden 35 000 Dosen Erbsen mit einem Inhalt von je 400 g abgefüllt.

Doseninhalt	140 g	200 g	250 g	400 g	500 g	560 g	800 g
Anzahl der Dosen				35 000			

Fülle die Tabelle im Heft aus.

Täglicher Nährstoffbedarf (Jugendliche):
Energie: 11 500 kJ
Eiweiß: 74 g
Fett: 42 g
Kohlenhydrate: 240 g

4 100 g Schokolade enthalten 2360 kJ, 9 g Eiweiß, 55 g Kohlenhydrate und 33 g Fett.
100 g Fruchtjogurt enthalten 390 kJ, 4 g Eiweiß, 14 g Kohlenhydrate und 3 g Fett.

a) Paul isst in der Pause 75 g Schokolade, Monika einen Becher Jogurt (200 g). Berechne die Energie- und Nährwertzufuhr.

b) Der Ernährungsratgeber nennt für das 2. Frühstück einen Nährstoffbedarf von 10 % des täglichen Gesamtbedarfs. Vergleiche. Prüfe deine Pausengewohnheiten. (Nährwert-Tabellen im Kochbuch)

5 Beim Bäcker Kleinert kann man aufgeschnittenes Brot kaufen. Die Schneidemaschine ist so eingestellt, dass jede Scheibe 0,80 cm dick ist. Bei einem 1-kg-Brot erhält man 30 Scheiben. Wie viele Scheiben erhält man, wenn die Maschine auf eine Dicke von 0,60 cm je Scheibe eingestellt wird?

6 Frau Schwarz bereitet ein Menü für 6 Personen.

Vorspeise
Spargelcremesuppe
Zutaten für 2 Personen:
250 g Spargel
20 g Butter
20 g Mehl
1/2 *l* Spargelwasser
3 EL Sahne
1 Eigelb
Muskatnuss, Zitrone, Salz und Petersilie

Hauptgericht
Berliner Kalbsleber
Zutaten für 4 Personen:
600 g Kalbsleber am Stück
2 gestrichene TL Salz
3 gestrichene TL Mehl
2 große säuerliche Äpfel
2 mittelgroße Zwiebeln
50 g Butter

Nachspeise
Karamelspeise
Zutaten für 2 Personen:
1/2 l Milch
150 g Zucker
1 Vanilleschote
4 Eier

Ich prüfe zuerst, ob für die Zuordnung der Satz stimmt:
Je **mehr** …, desto **weniger** …
Je **weniger** …, desto **mehr** …

Beispiel: Wenn Corinna jeden Tag 30 Seiten liest, ist sie mit dem Buch in 6 Tagen fertig.

Je **mehr** Tage ich brauche, desto **weniger** Seiten pro Tag muss ich lesen.
Je **weniger** Tage ich brauche, desto **mehr** Seiten pro Tag muss ich lesen.

	Tage	Seiten pro Tag		Produkt
	1	180		1 · 180 = 180
	2	90		2 · 90 = 180
	3	60		3 · 60 = 180
: 3	4	45	· 3	4 · 45 = 180
	5	36		5 · 36 = 180
	6	30		6 · 30 = 180
· 2	10	18	: 2	10 · 18 = 180
	12	15		12 · 15 = 180

Tage → Seiten pro Tag (sprich: „… ist zugeordnet …“)

doppelte Tage → halb so viele Seiten pro Tag
dreifache Tage → Drittel der Seiten pro Tag

Hälfte der Tage → doppelt so viele Seiten pro Tag
Drittel der Tage → Dreifache der Seiten pro Tag
Das Produkt bleibt gleich.

Diese Zuordnung ist antiproportional.

So berechne ich die fehlende Größe mit dem Dreisatz:

Beispiel: In 180 Minuten füllen drei Pumpen ein Becken bis zum Rand voll. Wie viele Pumpen müssen eingesetzt werden, wenn das Becken in 45 Minuten gefüllt werden soll?

- Ich weiß:
  Gesuchte Größe rechts
  Über die 1 rechnen
- Ich suche:

Für 180 Min. werden 3 Pumpen eingesetzt.
: 180 | · 180
Für 1 Min. werden 540 Pumpen eingesetzt.
· 45 | : 45
Für 45 Min. werden 12 Pumpen eingesetzt.

	Zeit (Min.)	Anzahl (Pumpen)	
	180	3	
: 180	1	540	· 180
· 45	45	12	: 45

Antwort: Es müssen 12 Pumpen eingesetzt werden, wenn das Becken in 45 Minuten gefüllt werden soll.

So zeichne ich das Schaubild einer antiproportionalen Zuordnung und lese ab:

Zeit → Anzahl

- Rechtsachse festlegen
  Zeit: 1 cm ≙ 30 Minuten
- Hochachse festlegen
  Anzahl: 1 cm ≙ 2 Pumpen
- Weitere Wertepaare berechnen und in die Tabelle eintragen.
- Wertepaare als Kreuze einzeichnen
- Kurve zeichnen

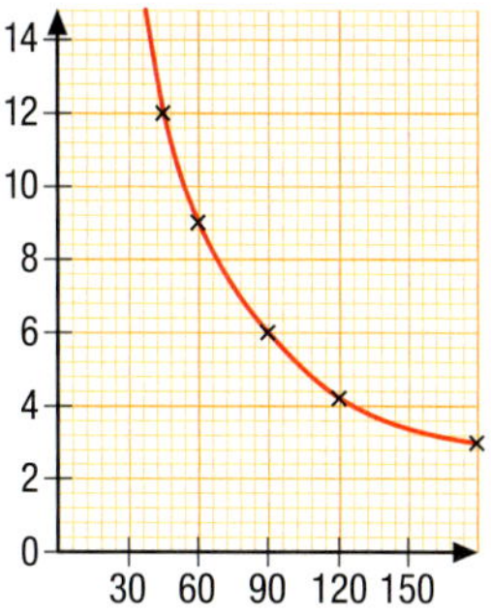

Zeit (Min.)	Anzahl (Pumpen)
30	18
45	12
60	9
90	6
120	4,5
180	3
270	2
540	1

1

Tarife	Preis (€)
1 Erwachsener	20,00
1 Kind: 14 Jahre und jünger	13,00
1 Jugendlicher: 15 bis 18 Jahre	17,00
Familie (2 Erwachsene, 2 Kinder)	55,00
Gruppe: 3–5 Erwachsene	55,00
Gruppe: 6 Erwachsene und mehr	110,00

a) Vergleiche die Tarife für die Safari.
b) Peter (13 Jahre) geht allein zum Kamelreiten.
c) Ina (16 Jahre) unternimmt die Safari mit ihren Eltern.
d) Folgende Personen unternehmen den Ausflug zusammen: Aynur (14 Jahre) und ihr 16-jähriger Bruder Aydin, dessen gleichaltriger Freund Oliver sowie Aydins Vater.
e) Am Kamelreiten nehmen teil: Aydin, Peter, seine Eltern sowie Oliver und seine Eltern.

2

a) Peter und sein spanischer Freund Paco wollen den Park allein besuchen.
b) Die beiden werden von Oliver und Michael begleitet.
c) Die Eltern von Peter begleiten die 4 Kinder und Jugendlichen.
d) Folgende Personen amüsieren sich im Freizeitpark: Peter, Oliver, Aydin, Paco und Pacos Vater.

3

Tarife „Western Town“	Preis (€)
1 Kind oder Jugendlicher	12,00
1 Erwachsener	14,00
1 Familie (2 Erwachsene, 1 Kind)	35,00
Mehr als 4 Erwachsene	50,00

a) Peter und sein spanischer Freund Paco besuchen die „Western Town“.
b) Paco, Peter und Pacos Schwester Dolores werden von Pacos Eltern begleitet.
c) Alle auf dieser Seite erwähnten Personen unternehmen den Ausflug gemeinsam.

→ Lies die Aufgabe genau durch.
→ Stell dir die beschriebene Situation vor.
→ Folge dem Flussdiagramm.

Untersuche bei jeder Aufgabe die Art der Zuordnung.

Aufgabe

↓

Trifft folgende Aussage zu?
Je mehr … desto mehr
Je weniger … desto weniger

Ja ↓ → Trifft folgende Aussage zu?
Doppelt so viel … doppelt so viel …
Halb so viel … halb so viel …
- **Ja** → Die Zuordnung ist proportional.
- **Nein** → Die Zuordnung ist weder proportional noch antiproportional.

Nein ↓ → Trifft folgende Aussage zu?
Doppelt so viel … halb so viel …
Halb so viel … doppelt so viel …
- **Nein** → Die Zuordnung ist weder proportional noch antiproportional.
- **Ja** → Die Zuordnung ist antiproportional.

1 Prüfe, welche Zuordnung vorliegt und begründe.

a) 3 Kühe geben am Tag durchschnittlich 42 *l* Milch. Wie viel *l* Milch geben 5 Kühe?

b) 2 Mähdrescher mähen ein Weizenfeld in 9 Stunden. Wie viele Mähdrescher müssten eingesetzt werden, wenn die Arbeit in 6 Stunden erledigt sein soll?

c) Im Fußballbundesligaspiel Schalke 04 gegen Bayern München steht es zur Halbzeit 1:2. Wie lautet das Endergebnis nach 90 Spielminuten?

d) Der Futtervorrat auf einem Hof reicht 180 Tage für 8 Schweine. Wie lange reicht er für 12 Schweine?

e) Aus 500 g Äpfeln erhält man beim Pressen 0,2 *l* Apfelsaft. Wie viel *l* Saft erhält man aus 2 kg Äpfeln?

f) 20 Landeier kosten 3 €. Frau Koch bezahlt 0,90 €. Wie viele Eier hat sie gekauft?

g) Im Blumenhaus Vogel kostet eine Geranie 1,25 €. Eine Palette mit 10 Pflanzen kostet 10 €. Frau Herbst kauft 16 Pflanzen. Wie viel muss sie bezahlen?

h) Frau Hofer kocht 4 Eier immer 6 Minuten lang. Wie lange kocht sie 6 Eier?

1 Für den Umzug von Hannover nach Paderborn (120 km) plant Familie Fischer zwei Tage ein. Mit dem Leichttransporter 1 (LT 1) müssten Fischers vier Fahrten, mit dem LT 2 drei Fahrten und mit dem LT 3 zwei Fahrten machen.
Entwickle einen Lösungsplan für die Kosten. Ergänze im Heft die Graphen für LT 1 und LT 3. Beschreibe den Verlauf der Graphen.

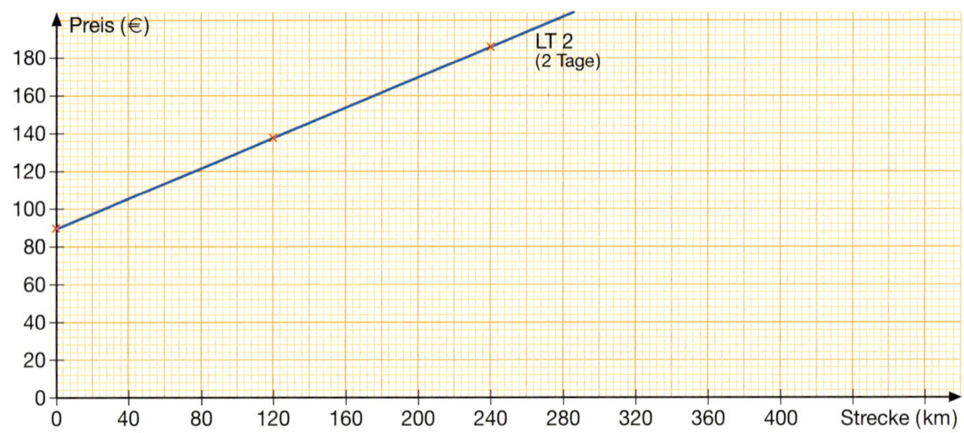

2

25 € pro Tag
ab 50 km: 0,20 €

30 € pro Tag
0,25 € pro km

34 € pro Tag
0,25 € pro km

40 € pro Tag
0,30 € pro km

a) Herr Bürger möchte das Auto der Economy-Klasse drei Tage mieten. Am ersten Tag fährt er 75 km, am zweiten Tag 135 km und am dritten Tag 180 km.
b) Wie viel Euro muss er bezahlen, wenn er ein Auto der anderen Klassen wählt?

3 a) Deine Familie möchte für 1 Woche (= 7 Tage) im Urlaub einen Wagen für eine Rundreise mieten. Vergleiche die Kosten für verschiedene Autos und Streckenlängen.
b) Besorge Mietpreistabellen von Leihwagenfirmen. Vergleiche. Kalkuliere die Kosten für einen 2-Wochen-Urlaub im Inland oder im Ausland.
c) Stellt euer Projekt in der Mathekonferenz vor.

1

Mitglieder in Reitsportvereinen	
1980	230
1985	310
1990	245
1995	195
2000	295
2005	370

Erstelle mithilfe eines Tabellenkalkulationsprogramms ein Diagramm zu Julias Artikel.

Zuerst musst du sechs Zellen als „Text“ formatieren. Dann weiß der Computer, dass hier Daten zur Beschriftung des Diagramms stehen.

A So geht es weiter:
- Zelle A1 anklicken
- linke Maustaste gedrückt halten
- Mauszeiger nach unten ziehen
- Rechtsklick auf die markierten Zellen. Es öffnet sich ein Menü.

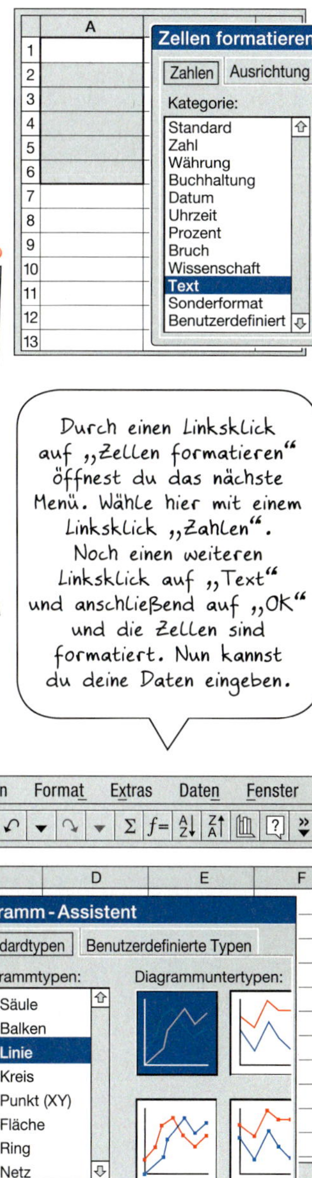

Durch einen Linksklick auf „Zellen formatieren“ öffnest du das nächste Menü. Wähle hier mit einem Linksklick „Zahlen“. Noch einen weiteren Linksklick auf „Text“ und anschließend auf „OK“ und die Zellen sind formatiert. Nun kannst du deine Daten eingeben.

B
- Dann Daten eingeben
- Zellen A1 bis B6 markieren
- mit Linksklick Diagrammassistenten öffen
- Diagrammtyp aussuchen z.B. Liniendiagramm
- „Weiter“ anklicken. Du kommst zum nächsten Schritt.
- nichts ändern, „Weiter“ anklicken.

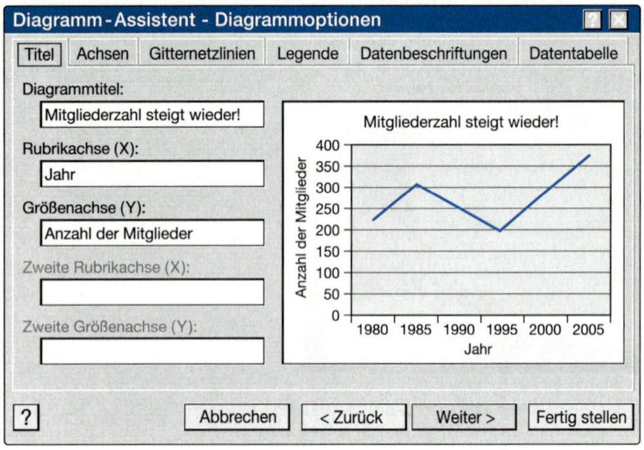

Im Schritt 3 „Diagrammoptionen“ kannst du vieles an deinem Diagramm ändern. Zum Beispiel kannst du es hier leicht beschriften, Hilfslinien einfügen oder Legenden anlegen. Probier einfach ein bisschen aus. Wenn du fertig bist, klickst du auf „Weiter“, im nächsten Menü auf „Fertigstellen“. Fertig!

2 Fertige noch ein Säulendiagramm und ein Kreisdiagramm zu der Tabelle an. Sind beide Diagrammtypen geeignet? Begründe.

3 Schreibe selbst mit einem Textverarbeitungsprogramm einen Artikel, der zu Julias Tabelle passt. Gestalte ihn wie einen Zeitungsartikel und füge dein Diagramm ein.

4 In der Nähe der Schule hat ein neues Sportzentrum eröffnet. Alexander hat einige Informationen gesammelt.

Sportpark Hofer – immer ein Erlebnis!

Wir bieten:
- Indoorklettern
- Skaterpark
- Mountainbiking
- Beachvolleyball
- Beachsoccer

Besucherzahlen Sportpark Hofer	
März	2900
April	1750
Mai	2200
Juni	1600
Juli	1000

Von 100 Besuchern des Sportparks Hofer waren	
5	< 10 Jahre
17	zwischen 10 und 16 Jahren
56	zwischen 16 und 29 Jahren
16	zwischen 30 und 39 Jahren
6	> 39 Jahre

Interviewnotizen

Peter: „Echt super hier! Ich komme fast jeden Tag hierher!“

Mandy: „Ist schon klasse hier, aber viel zu teuer!“

Rolf: „Ich gehe lieber ins Freibad, das ist günstiger.“

Vanessa: „Wenn ich Geld übrig habe, komme ich hierher. Sonst gibt es diese Sportarten doch nirgends“

Mike: Ich treffe mich lieber mit meinen Freunden auf dem Sportplatz – ist ja auch viel günstiger.“

a) Stelle die Besucherzahlen des Sportparks Hofer in einem geeigneten Diagramm dar. Begründe deine Auswahl.

b) Verdeutliche mit einem Diagramm, aus welchen Altersgruppen sich die Besucher des Sportparks Hofer zusammensetzen. Begründe die Wahl deines Diagrammtyps.

c) Schreibe einen Artikel zum Sportpark Hofer.

1 Nach der Reparatur ihres Herdes bekommt Frau Schleef diese Rechnung. Wie hoch ist der Stundenlohn?

2 Stunden Arbeitszeit	98,00 €
Herdplatte	135,00 €
Kleinmaterial	2,80 €
	235,80 €

:2 (2 Stunden ≙ 98 €) :2

1 Stunde ≙ 49 €

Der Stundenlohn beträgt 49 €.

Berechne den Stundenlohn.

a) Arbeitszeit 3 h
Lohn 27 €

b) Arbeitszeit 25 h
Lohn 275 €

c) Arbeitszeit 35 h
Lohn 343 €

2 Für die Reparatur eines Daches wurden folgende Lohnkosten berechnet: 5 Stunden eines Meisters mit 325 €, 18 Stunden eines Gesellen mit 810 € und 16 Stunden einer Hilfskraft mit 288 €.

a) Berechne jeweils die Lohnkosten pro Stunde.

b) Bekommen die Arbeiter die Lohnkosten auch wirklich ausgezahlt? Begründe.

3 Übertrage die Tabelle ins Heft und berechne die fehlenden Größen.

	a)	b)	c)	d)	e)	f)
Stundenlohn	8,40 €	9,40 €			23,60 €	12,60 €
Arbeitszeit	4,5 h	6,25 h	4,75 h	35,5 h		
Lohn			127,30 €	440,20 €	82,60 €	53,55 €

4

Tatjana hilft in den Ferien in einem Supermarkt aus. Sie schreibt ihre Zeiten auf.

Montag	Dienstag	Mittwoch	Donnerstag	Freitag	Samstag
8.30–12.15	13.45–18.30	9.00–11.45	12.45–18.15	13.15–17.45	7.30–13.45

5 Markus erhält einen Stundenlohn von 6,25 €. Er arbeitet 40 Stunden in der Woche. Für den gleichen Wochenlohn arbeitet Petra nur 37,5 Stunden. Wie viel Euro verdient sie in einer Stunde?

1

$:3 \left(\begin{array}{l} 3\text{ kg} \mathrel{\hat{=}} 2{,}40\text{ €} \\ 1\text{ kg} \mathrel{\hat{=}} 0{,}80\text{ €} \end{array} \right) :3$

Der Preis je Kilogramm (Kilogrammpreis) beträgt 0,80 €.

Mit dem Kilogrammpreis kann ich Preise schneller ausrechnen und besser vergleichen.

Wie viel Euro muss Herr Wagner bezahlen?

2 Berechne den Preis für ein Kilogramm.
a) 5 kg Kirschen kosten 11,65 €.
b) 4 kg Äpfel kosten 5,80 €.
c) 3,5 kg kosten 6,02 €.
d) 1,9 kg Orangen kosten 2,47 €.

3 Für 3,5 kg Erdbeeren bezahlt Frau Schneider auf dem Wochenmarkt 8,40 €.
a) Berechne den Kilogrammpreis.
b) Berechne die Preise für 2,7 kg; 3,6 kg; 4,9 kg; 5,6 kg; 350 g; 450 kg; 1300 g.

4 Bestimme die fehlenden Werte im Heft. Runde auf Cent und Gramm.

	a)	b)	c)	d)	e)	f)
Gewicht	2,350 kg	1,750 kg	4,857 kg			
Preis	19,74 €			13,39 €	20,78 €	26,73 €

5 Bestimme den Kilogrammpreis für folgende Waren.
a) 3 kg Tomaten kosten 5,82 €.
b) 4 kg Birnen kosten 5,40 €.
c) 0,6 kg Trauben kosten 1,26 €.
d) 0,9 kg Pfirsiche kosten 1,71 €.

6 a) Bestimme zuerst den Literpreis.
b) Bestimme die fehlenden Werte im Heft. Runde auf Cent oder Zehntelliter.

	a)	b)	c)	d)	e)	f)	g)
Liter	23,4 *l*	37,5 *l*	43,8 *l*	58,7 *l*			
Preis	22,23 €				26,48 €	32,56 €	47,53 €

7 Berechne in deinem Heft.

	a)	b)	c)	d)	e)	f)
Menge	15,4 m^2	68 *l*	48,4 m	46,8 t	4580 *l*	348 m^3
Preis	592,90 €	65,62 €				
Einheitspreis			2,75 $\frac{€}{m}$	56 $\frac{€}{t}$	0,549 $\frac{€}{l}$	27,50 $\frac{€}{m^3}$

1

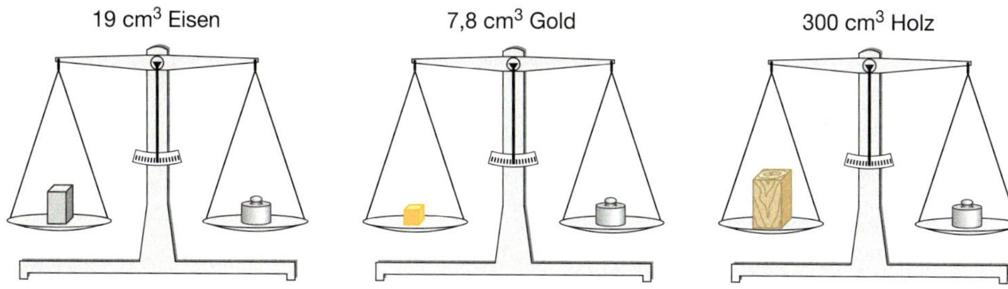

a) Alle Quader haben eine Masse („Gewicht“) von 150 g, obwohl sie unterschiedlich groß sind. Woran liegt das?
b) Welche Masse hat jeweils 1 cm^3?
c) Berechne für jeden Stoff die Masse eines Würfels mit dem Volumen von 1 dm^3.
d) Welches Volumen hat jeweils ein Körper mit der Masse 1 kg?

Dichte in $\frac{g}{cm^3}$

Aluminium	2,7
Blei	11,3
Eisen	7,9
Gold	19,3
Kupfer	8,9
Messing	8,1
Silber	10,5
Zinn	7,3
Glas	2,5
Holz	0,5
Kork	0,24
Styropor	0,015
Alkohol	0,79
Benzin	0,69
Heizöl	0,9
Wasser	1,0

: 10 (10 kg ≙ 25 dm^3 → 1 kg ≙ 2,5 dm^3) : 10

Die Dichte beträgt 2,5 $\frac{kg}{dm^3}$.
lies: 2,5 kg je dm^3

Dichte wird unterschiedlich benannt. Es gibt folgende Benennungen.

$\frac{g}{cm^3}$ *lies:* g je cm^3 $\frac{kg}{dm^3}$ *lies:* kg je dm^3 $\frac{t}{m^3}$ *lies:* t je m^3

2 a) Ermittle den Stoff.
5 cm^3 wiegen 40,5 g
8 dm^3 wiegen 90,4 kg
12 dm^3 wiegen 30 kg
18 m^3 wiegen 14,22 t
57 cm^3 wiegen 598,5 g
6,5 m^3 wiegen 1560 kg

b) Berechne die Masse.
2,7 m^3 Eisen
7 cm^3 Gold
18 dm^3 Benzin
17 m^3 Öl
8,7 dm^3 Zinn
53 cm^3 Blei

c) Berechne das Volumen.
12,2 kg Styropor
185 g Kupfer
193,7 t Eisen
12 g Silber
87,6 t Holz
1,75 kg Glas

3 a) Kannst du einen Styroporwürfel von 1 Meter Kantenlänge heben?
b) Kannst du einen Goldbarren von 30 cm Länge, 15 cm Breite und 10 cm Höhe tragen?

4

a) Kann der Tanklastzug mit 42 000 *l* Benzin (Alkohol) gefüllt werden?
b) Eine Zuckerfabrik bestellt 250 000 *l* Heizöl. Wie oft muss der Tanklastzug fahren?
c) Der Tanklastzug liefert an eine Papierfabrik konzentrierte Schwefelsäure (Dichte: 1,84 $\frac{kg}{dm^3}$). Nach 4 Fahrten mit voller Ladung ist der Auftrag erfüllt. Wie viel Liter Schwefelsäure wurden geliefert?

5 Ein Freiluftballon mit einem Volumen von 3200 m^3 wird mit Helium (Dichte: 0,00017 $\frac{g}{cm^3}$) gefüllt. Berechne das Gewicht der Gasfüllung.

Station 1 **Zahlenfix für 2 Spieler**

Jeder Spieler erhält die gleiche Anzahl von Zuordnungskarten. Die Lösungszahlen liegen in der Mitte. Die Spieler versuchen nun so schnell wie möglich, ihre Zuordnungskarten mit den Lösungszahlen zu belegen. Wer als Erster auf seinen Lösungskarten alle Lücken vollständig gefüllt hat ist Sieger.

Zuordnungskarten:

a) Fleischeinkauf

Gewicht (g)	Preis (€)
150	
100	
300	3,90
400	

b) Arbeit

Zeit (Tage)	Verdienst (€)
6	228
	608
	342
	1178

c) Glasfläschchen

Volumen (cm³)	Masse (g)
3	
12	28
	35
6	

d) Tankstelle

Benzin (*l*)	Preis (€)
	19
48	60
36	
	27

Lösungskarten:

1,95 | 7 | 5,20 | 21,6 | 15 | 16 | 45 | 14 | 9 | 15,2 | 1,30 | 31

Station 4 **Was gehört zusammen?**

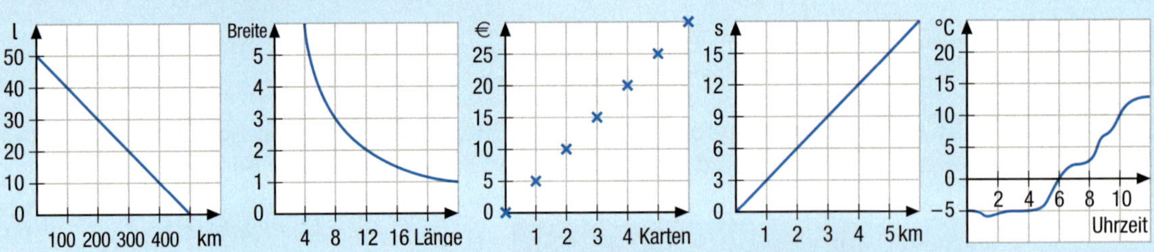

zurückgelegte Strecke ⟶ verbleibender Tankinhalt

Entfernung ⟶ Zeitunterschied von Blitz und Donner

Anzahl der Karten ⟶ Preis

Uhrzeit ⟶ Temperatur

Länge ⟶ Breite bei flächeninhaltsgleichen Rechtecken

a) Ordne die Schaubilder den Zuordnungen zu und finde jeweils eine passende Überschrift.
b) Entscheide, um welche Art der Zuordnung es sich jeweils handelt und begründe.
c) Beantworte folgende Fragen durch Ablesen.
Welcher Zeitunterschied liegt zwischen Blitz und Donner, wenn das Gewitter 3 km entfernt ist?
Welche Temperatur wurde um 9 Uhr gemessen?
Wie viele Liter Benzin sind nach 300 gefahrenen km noch im Tank?
Wie breit ist ein 12 cm langes Rechteck mit dem Flächeninhalt 24 cm²?

Station 2 Autorenwettbewerb

Schreibt in Gruppenarbeit zu den Bildern möglichst viele Sachaufgaben.

Station 3 Wie hoch sind die Telefonkosten mit einem Handy?

ALPHA-EXTRA-TARIF

keine monatliche Grundgebühr

0,45 ct/Min. Eigenes Netz

0,70 €/Min. Andere Netze

Leistung rauf

Tarifoffensive

Preise runter

BETA-PLUS-TARIF

nur 10,25 € monatliche Grundgebühr

15 ct/Min. Eigenes Netz

20 ct/Min. Andere Netze

a) Lege für beide Tarife jeweils eine Tabelle für das eigene Netz an.

b) Zeichne beide Tarife mit verschiedenen Farben in ein Schaubild ein.
waagerechte Achse: 5 min ≙ 1 cm   senkrechte Achse: 2,50 € ≙ 1 cm

c) Familie Jobst telefoniert im Monat 25 Minuten, Familie Götz 37 Minuten. Lies im Schaubild ab, welcher Tarif jeweils der billigere ist.

d) Frau Sommer bezahlte in den letzten drei Monaten für das Handy 10,35 € (18,90 €, 25,20 €).
Welchen Tarif hat Frau Sommer? Berechne jeweils die höchst mögliche Gesprächsdauer im eigenen Netz.

e) Frage nach den aktuellen Telefongebühren und zeichne diese ebenfalls in das Schaubild ein. Diskutiere.

Bleibe fit!

1 Katharina hat in den Ferien in einer Gärtnerei als Aushilfe gearbeitet. In den vier Wochen verdiente sie 480 €. Ihr Bruder Ralf arbeitete dort nur drei Wochen.

2 a) In der Gärtnerei kosten vier rote Geranien 1,80 €. Wie viel kosten 26 Geranien?
b) Fünf weiße Geranien kosten 3,25 €. Wie viel kosten 16 Pflanzen?

3 Wenn Jannis durchschnittlich 3,50 € pro Tag von seinem Taschengeld ausgibt, reicht es 12 Tage. Wie viel darf er pro Tag ausgeben, damit er den gesamten Monat auskommt?

4 Herr Meiner schenkte seinen fünf Kindern für das Freibad je eine Jahreskarte. Sie kostete jeweils 28 €. Der normale Eintrittspreis für Schüler beträgt 1,90 €. Manuela war 14-mal schwimmen. Sascha ging 15-mal, Thorsten 10-mal, Heiko 21-mal und Jacqueline 13-mal. Hat sich der Kauf für jedes Kind gelohnt?

5 Familie Hauber renoviert ihr Haus.
a) Herr Hauber hat für den Flur 8 Rollen Tapete gekauft. Er musste 54,80 € bezahlen. Er benötigt noch weitere 3 Rollen derselben Tapete.
b) Wie groß ist der Preisunterschied zu der anderen Tapete?

6 Holger hilft seinem Vater beim Bau. Wenn er 12 Steine in die Schubkarre lädt, muss er 25-mal fahren. Wie oft muss er bei 15 Steinen pro Schubkarre fahren?

7 In einem Mehrfamilienhaus werden Wohnungen von unterschiedlicher Größe angeboten. Für die Dreizimmerwohnung werden monatlich 460 € Miete verlangt. Wie hoch sind die monatlichen Kosten für die übrigen Wohnungen bei gleicher Miete pro Quadratmeter?

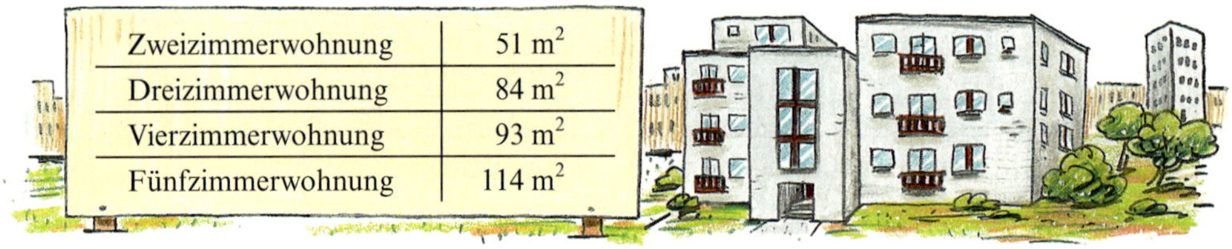

Zweizimmerwohnung	51 m^2
Dreizimmerwohnung	84 m^2
Vierzimmerwohnung	93 m^2
Fünfzimmerwohnung	114 m^2

8 Berechne in deinem Heft.

	a)	b)	c)
Arbeitszeit (h)	4,5	7,5	
Lohn (€)		163,50	619,40
Stundenlohn $\left(\frac{€}{h}\right)$	42,30		32,60

	d)	e)	f)
Menge (m)		48,4	7,5
Preis (€)	165,60		163,50
Einheitspreis $\left(\frac{€}{m}\right)$	9,20	2,75	

9 André parkt sein Auto in einem Parkhaus. Die Gebühr für die erste Stunde beträgt 1,50 €. Jede weitere Stunde kostet 1 €. Der Tageshöchstpreis beträgt 9 €.
a) Lege eine Wertetabelle bis zum Höchstbetrag an.
b) Stelle die Zuordnung in einem Schaubild dar.
c) Wie viel muss André bezahlen, wenn er $4\frac{1}{2}$ Stunden parkt?

Testen

Test 1

1 Übertrage die Tabelle ins Heft und berechne die fehlenden Werte.

a) Bratwurst

Stück	Preis €
2	
6	15
12	
54	

b) Mini-Salami

Stück	Preis €
	4,80
14	8,40
	12,00
	7,20

c) Roulade

Stück	Preis €
5	
10	8,80
	5,28
	13,20

d) Schnitzel

Stück	Preis €
	9
15	45
	15
6	

2 Paul und Jonas fahren in die Jugendherberge. Sie wollen noch Filme kaufen. Im Geschäft Alfer kosten 3 Filme 5,85 €, das Geschäft Gerber bietet 4 Filme der gleichen Marke für 7,20 € an.

3 Hassan und Erdal helfen in einem Obstladen aus. Hassan erhält für 5 Stunden Arbeit 30 €, Erdal verdient für 12 Stunden 78 €. Wer hat den besseren Stundenlohn? Stelle die Löhne in einem Schaubild dar.

4 Im Frühling ist die Donau über die Ufer getreten. Viele Keller in Passau sind voll Wasser gelaufen. Die Feuerwehr pumpt die Keller leer. Es ist eine Pumpe im Einsatz, die 4,5 m^3 in 10 Minuten abpumpen kann. Der Keller von Familie Hierl ist nach 50 Minuten leer gepumpt. Wie viel m^3 Wasser war in ihrem Keller?

5 Zum Umgraben des Schulgartens brauchen drei Schüler $3\frac{1}{2}$ Stunden. Wie lange dauert die Arbeit, wenn noch zwei weitere Schüler helfen?

Test 2

1 Die Batterien einer Expedition reichen 30 Tage, wenn sie täglich 6 Stunden eingesetzt werden.
a) Wie lange reichen sie, wenn sie täglich 2,5 h, 3 h, 5 h und 9 h eingesetzt werden?
b) Wie viele Stunden können die Batterien täglich eingesetzt werden, wenn sie für 15 Tage, 45 Tage, 60 Tage und 90 Tage reichen sollen?

2 Familie Kleine mietet für drei Tage ein Auto. Der Wagen kostet 25 € pro Tag. Hinzu kommt ein Kilometergeld von 0,35 € für jeden gefahrenen Kilometer.
a) Die Familie fährt insgesamt 980 km. Wie viel muss sie bezahlen?
b) Klaus Groß muss nach vier Tagen 289 € bezahlen. Wie viel Kilometer ist er gefahren?

3 Frau Steller tauscht für eine Reise nach Miami 150 € in 195 $.
a) Zeichne den Graphen für die Zuordnung Euro → Dollar. Wähle als Einheit für 10 € und 10 $ jeweils 1 cm.
b) Wie viel $ sind: 60 €, 135 €; wie viel € sind: 70 $, 135 $?
c) Berechne genau: 450 € → ▒ $, 76 € → ▒ $; 176 $ → ▒ €; 54 $ → ▒ €

4 a) Wie viel kg Fassadenfarbe brauchen die Anstreicher für das Haus?
b) Am Nachbarhaus sind 160 m^2 zu streichen. Wie viele Eimer wird der Hausbesitzer wohl kaufen?
c) Wie lange brauchen 4 Anstreicher für das Nachbarhaus?

Wiederholen & Sichern

Wie heißt die Umwandlungszahl?

1 Übertrage die Tabellen in dein Heft und ergänze.

a)

mm	cm	dm
600		
		7,5
	19	
80		

b)

cm	dm	m
125		
		0,75
	6,2	
		14,75

c)

m	cm	mm
		190
0,25		
		15
0,075		

2 Gib das Ergebnis jeweils in der kleineren und größeren Einheit an.

a) 30 mm + 80 cm
40 cm + 6 dm
7,2 m – 23,8 dm

b) 55 cm + 3,35 m
37 cm + 0,63 m
4 cm + 0,009 m

c) 1,75 m – 45 cm
3,24 m – 79 cm
1,02 m – 38 cm

d) 1,250 km + 365 m
0,675 km + 85 m
1,040 km – 63 m

3

a) Welche Strecke legen die Teilnehmer insgesamt zurück?

b) Ein Sportler trainiert auf der gleichen Anlage für einen großen Wettkampf: 1800 m Schwimmen, 80 km Rad fahren, 42 km Laufen. Wie oft muss er durch den See schwimmen? Wie viele Runden muss er Rad fahren und laufen?

4 Verwandle in die Einheit, die in der Klammer steht. Rechne im Kopf.

Wie heißt die Umwandlungszahl?

a)
45 000 cm^2 (dm^2, m^2)
87 500 cm^2 (dm^2, m^2)
75 000 mm^2 (cm^2, dm^2)
3 500 mm^2 (cm^2, dm^2)

b)
85 dm^2 (cm^2, mm^2)
3,7 dm^2 (cm^2, mm^2)
2,8 m^2 (dm^2, cm^2)
0,75 m^2 (dm^2, cm^2)

c)
65 000 m^2 (ha, km^2)
7 200 m^2 (ha, km^2)
2,25 km^2 (ha, a)
0,35 km^2 (ha, a)

5 Wandle in eine gleiche Einheit um und rechne.

a) 34 mm^2 + 7,4 cm^2
2,67 dm^2 – 83 cm^2
620 dm^2 + 3,75 m^2

b) 0,37 m^2 – 86 cm^2
85 mm^2 + 0,5 dm^2
0,6 dm^2 – 844 mm^2

c) 86 m^2 – 0,37 a
36 ha + 572 ha
6 km^2 – 375 ha

d) 0,8 ha + 743 m^2
1,2 km^2 – 900 a
4500 a + 1,5 km^2

6 Dominik und Isabel bauen ein Regal für ihre Stereoanlage. Sie lassen die Bretter zuschneiden. 1 m^2 Platte kostet 9,80 €. Wie viel kostet das Holz?

Anzahl	Maße in cm	Stärke
2	45,0 x 40,0	16 mm
2	56,0 x 40,0	16 mm
1	56,0 x 41,8	16 mm

7 Die Gemarkung von Altfeld umfasst 3,572 km^2. Davon entfallen auf das Ackerland 73,5 ha, auf das Weideland 1,624 km^2 und den Ort 1830 a. Welche Fläche ist Brachland?

8 Zwischen zwei Ackerflächen von 168 a und 318 a verläuft ein 280 m langer und 4,5 m breiter Weg. Bei einer Flurbereinigung wird der Weg beseitigt.

a) Wie viel Ackerfläche wird gewonnen?

b) Wie groß ist die gesamte Ackerfläche nach der Flurbereinigung?

- Beschreibe das Bild.
- Diskutiert, wie der Künstler dieses Bild gestaltet hat.

1

So kannst du selbst aus geometrischen Formen Muster nach Escher erstellen und damit Flächen füllen:

1. Zeichne ein Rechteck und verändere die beiden langen Seiten. Beachte: Jede Einbuchtung hat eine Ausbuchtung.
2. Verändere nach dem gleichen Prinzip die beiden kurzen Seiten.
3. Färbe nun die entstandenen Flächen. Nimm
   - unterschiedliche Farben
   - eine Farbe in mehreren Abstufungen
   - Komplementärfarben,

   sodass ein Muster entsteht.

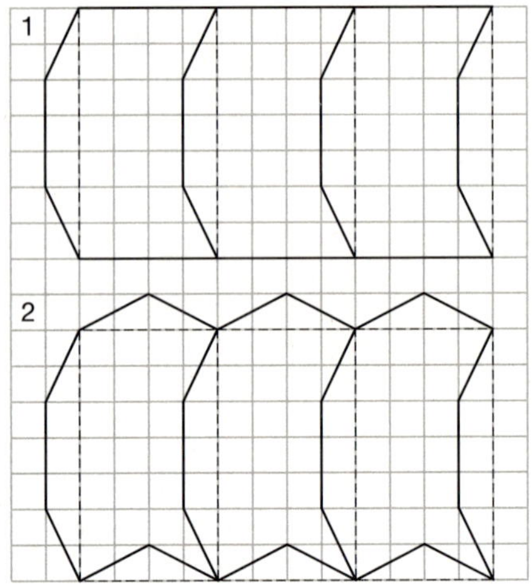

Hier sind weitere Vorschläge. Suche dir einen aus oder erfinde selbst neue Muster.

a)

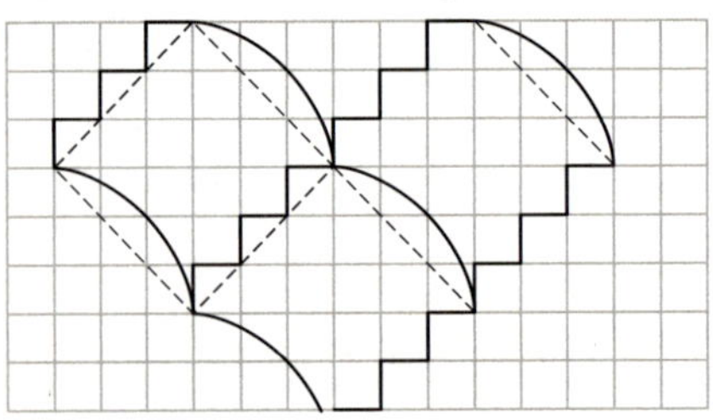

b)

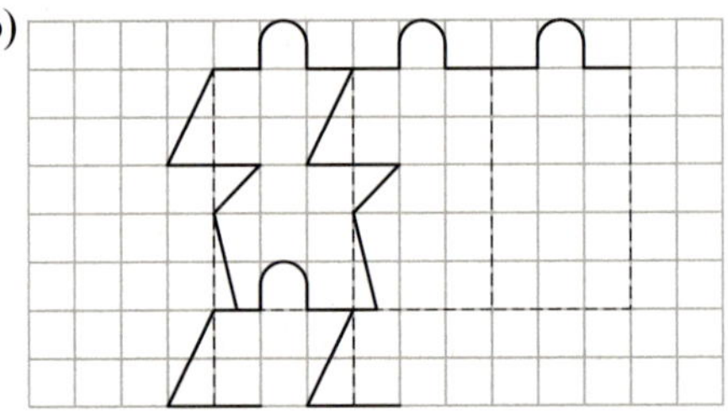

c)

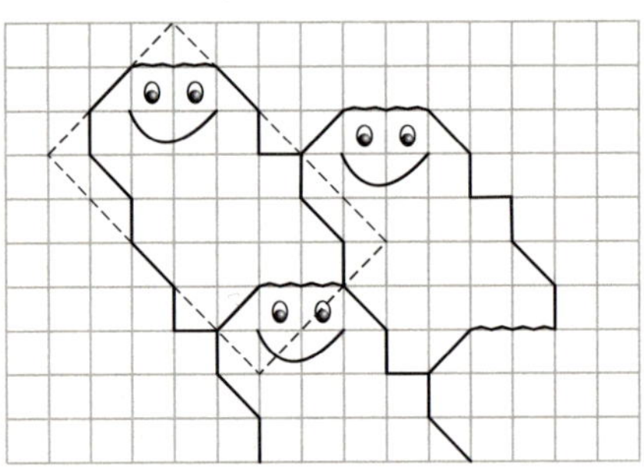

d)

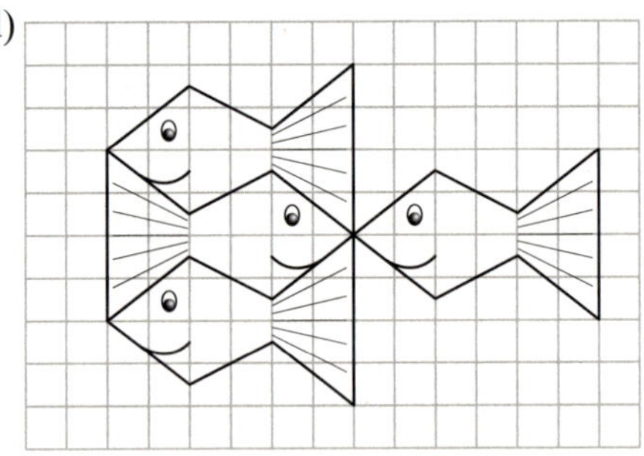

2 Du siehst ein Element der Symmetriezeichnung Nr. 70 von Escher. Versuche das Bild nachzuzeichnen.

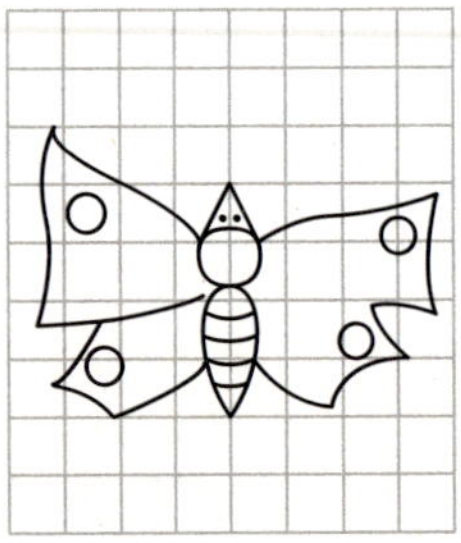

1 Auch mit dem Computer kannst du Escherbilder erstellen. Am leichtesten geht es, wenn du das Programm „Paint“ benutzt. Doch du kannst auch mit „Word“ arbeiten. Suche dann den Stift (Autoformen → Linien → Freihandform).

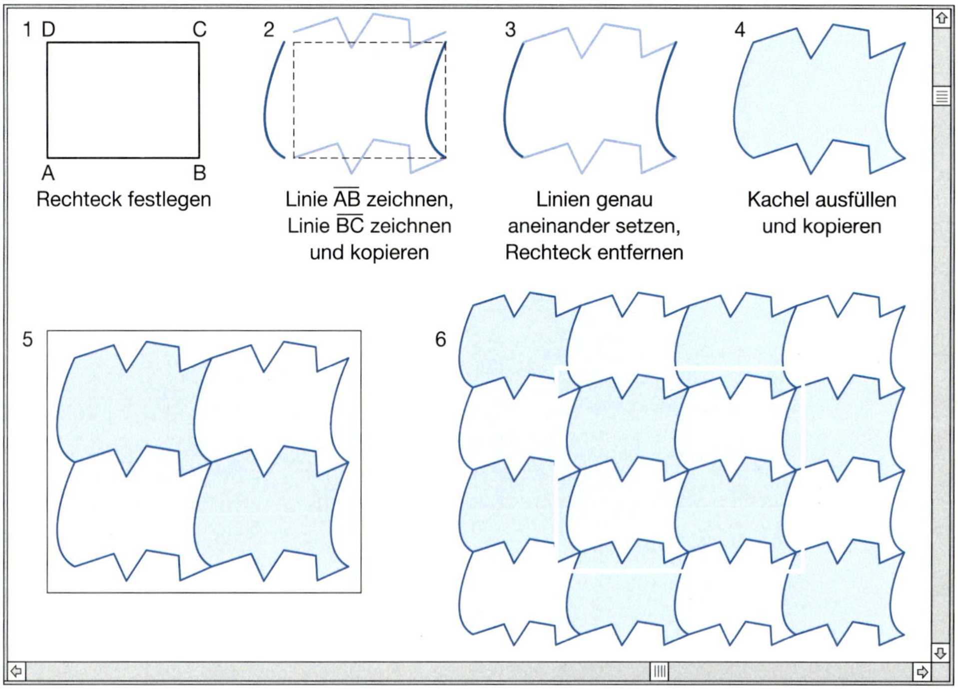

Versuche selbst ein Muster zu erstellen.

2 Hier etwas für Könner: Strom und Gegenstrom. Für diese Aufgabe benötigst du ein Zeichenprogramm.

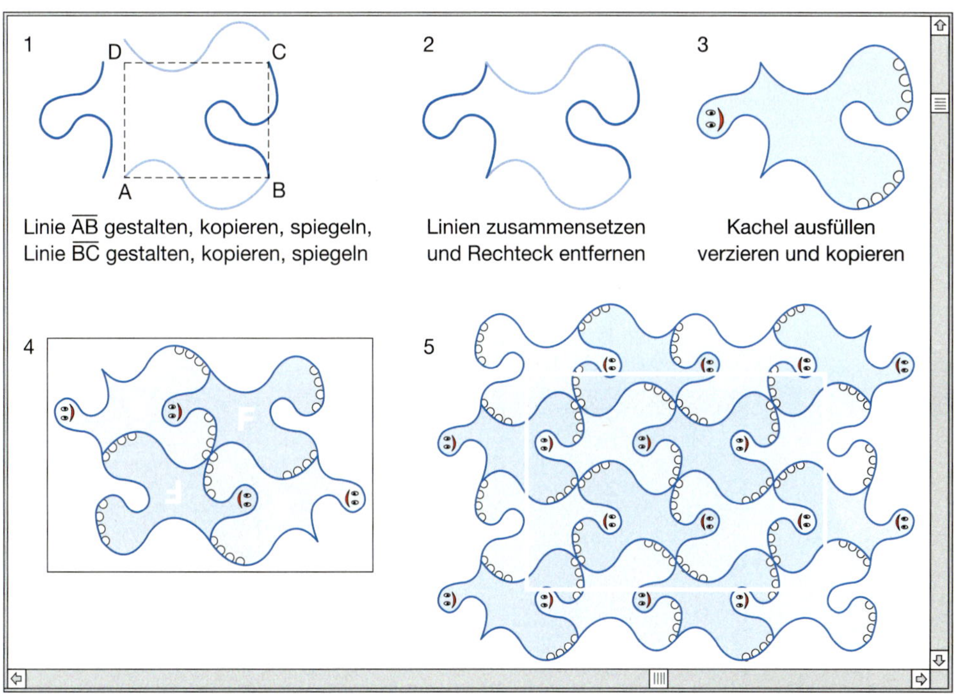

1

Karin darf ihr Zimmer renovieren. In einem Baumarkt informiert sie sich über Fliesen und Tapetenmuster.
Sie entscheidet sich für einen Laminatboden und hat nun unterschiedliche Muster zur Auswahl. Suche dir ein oder zwei Muster aus und zeichne sie ins Heft.

2

Ihr Vater und sogar ihr kleiner Bruder helfen ihr beim Tapezieren. Drei Wände will sie weiß streichen, nur die vierte Wand soll eine Tapete bekommen. Suche dir ein oder zwei Muster aus und zeichne sie ins Heft.

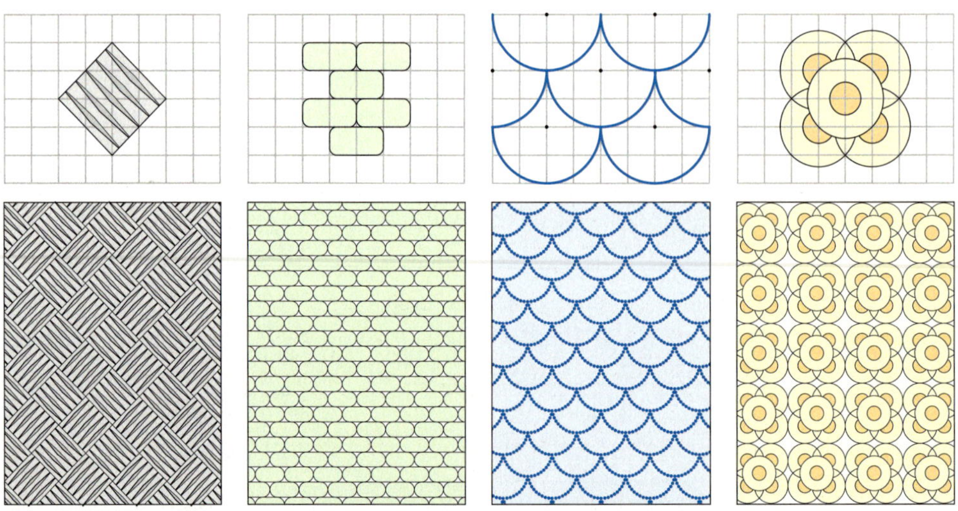

1

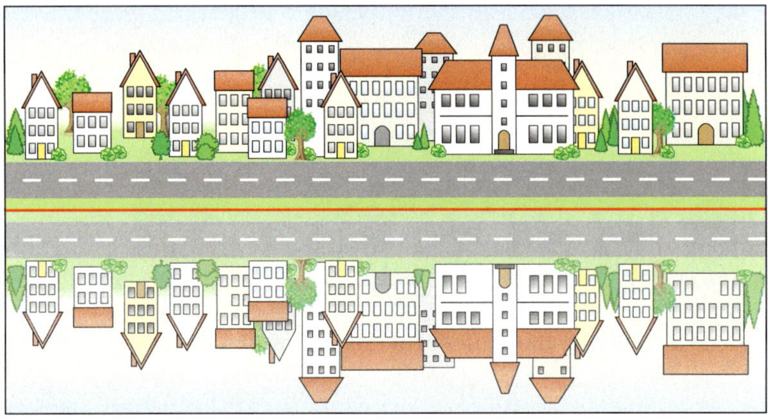

Suche Fehler im Bild. Wie prüfst du, ob das Spiegelbild korrekt ist?

2 Übertrage die Figuren in dein Heft und zeichne ihr Spiegelbild.

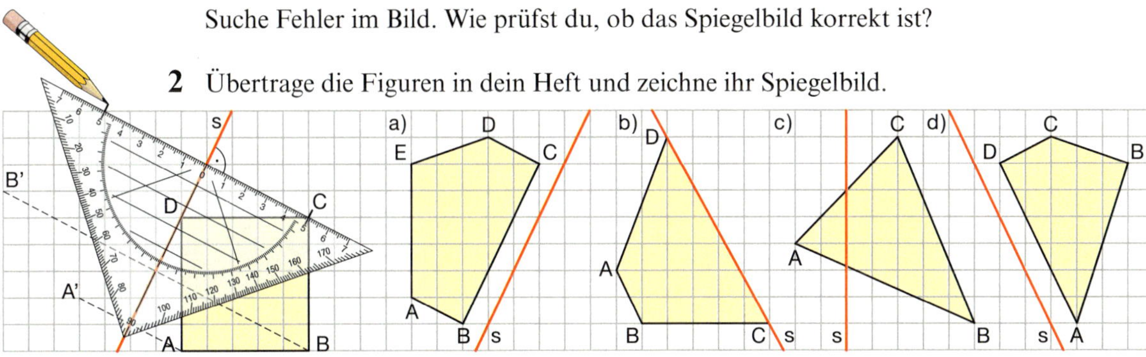

3 a) Übertrage das Koordinatensystem in dein Heft. Spiegele das Dreieck ABC an s. Gib die Koordinaten der Bildpunkte an.

b) Zeichne das Viereck mit den Eckpunkten A (6|0), B (10|2), C (6|4) und D (2|2) in ein Koordinatensystem. Spiegele es an der Geraden durch die Punkte G (2|4) und H (11|4). Gib die Koordinaten der Bildpunkte an.

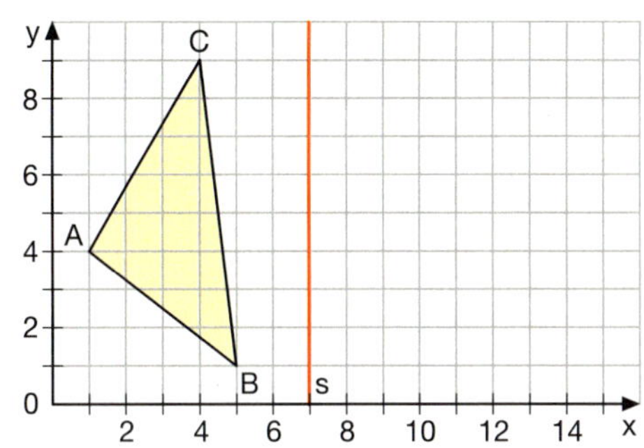

4 Verbinde die Punkte in einem Koordinatensystem (Einheit 0,5 cm) zur angegebenen Figur. Spiegele die Figur an der Geraden durch E (4|9) und F (16|9). Gib die Koordinaten der Bildpunkte an.

Quadrat	A (6|1), B (11|1)
	C (11|6), D (6|6)

Parallelogramm	A (1|4), B (5|2)
	C (5|7), D (1|9)

Dreieck	A (13|3), B (16|2)
	C (15|5)

5 Zeichne Original- und Bildfigur in ein Koordinatensystem und trage die Spiegelachse s ein. Gib die fehlenden Koordinaten der Bildpunkte an.

a)

Original	Bild
A (3|4)	A' (3|8)
B (8|1)	B' (8|11)
C (13|4)	C' (13|8)
D (8|3)	D' (8|9)

b)

Original	Bild
A (2|4)	A' (2|12)
B (9|2)	B' (9|14)
C (12|5)	C' (12|11)
D (5|7)	D' (5|9)

c)

Original	Bild
A (2|3)	
B (8|2)	B' (12|2)
C (7|7)	

1 

Erstelle selbst ein Bandornament. Du kannst dir auch ein anderes Muster ausdenken.

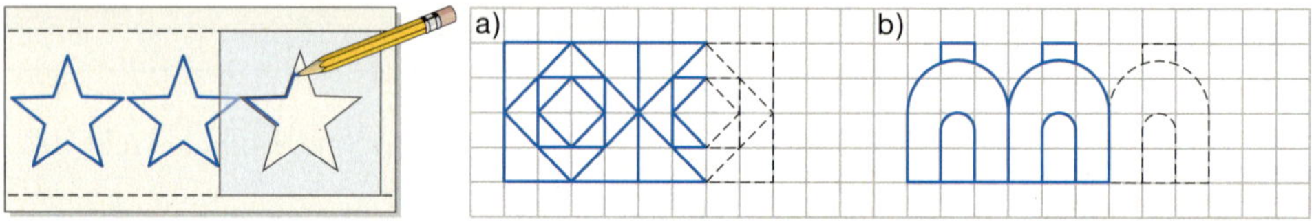

2 Zeichne die Figuren ins Heft und verschiebe sie.

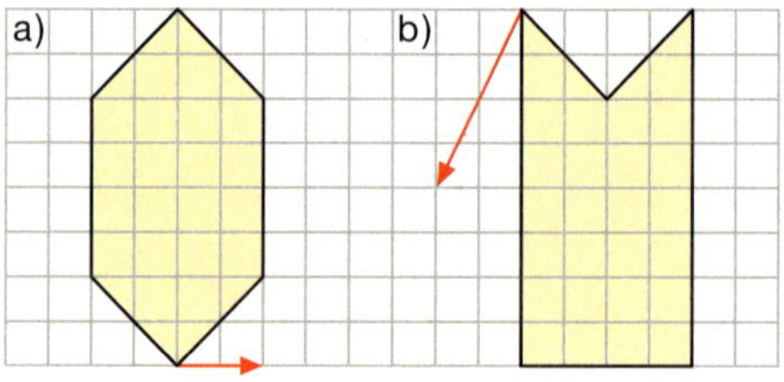

3 Erkläre deinem Nachbarn die Parallelverschiebung der Originalfigur.
Verwende dabei die Begriffe
- Originalpunkt/Bildpunkt
- Verschiebungspfeile
- gleich lang und parallel
- Verschiebungsvorschrift:
  7 Kästchen nach rechts und …

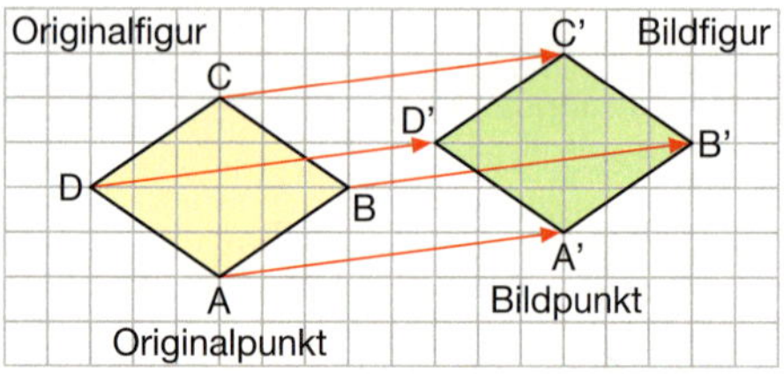

4 a) Übertrage das Koordinatensystem (Einheit 0,5 cm) mit den eingetragenen Figuren in dein Heft.
b) Verschiebe die einzelnen Figuren mit dem eingezeichneten Pfeil.
Gib die Verschiebungsvorschrift und die Koordinaten der Bildpunkte an.

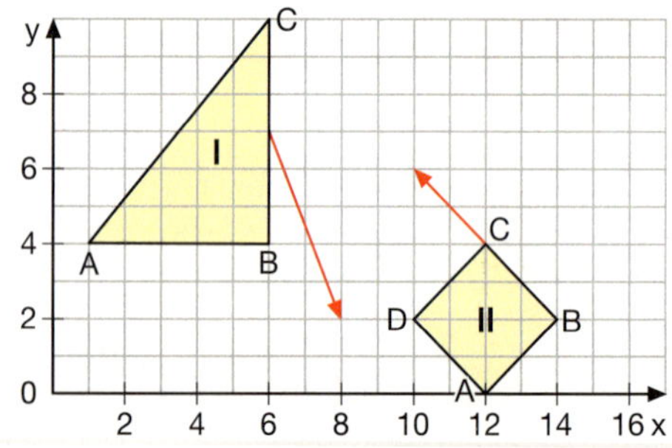

5 Das Dreieck A' B' C' ist ein Bild des Dreiecks ABC bei einer Verschiebung. Gib die Verschiebungsvorschrift und die fehlenden Koordinaten der Bildpunkte an. Übertrage dazu die angegebenen Punkte in ein Koordinatensystem (Einheit 0,5 cm).

	a)	b)	c)
Original	A (2|2), B (8|3), C (4|6)	A (10|1), B (15|3), C (12|6)	A (1|6), B (8|13), C (2|12)
Bild	B' (13|7)	A' (3|3)	C' (8|7)

1

a) Welche Bewegung ist hier dargestellt?

b) Fertige eine Skizze an. Markiere dabei den Drehpunkt und die Drehrichtung.

2 Übertrage die Figur in dein Heft und drehe sie wie angegeben.

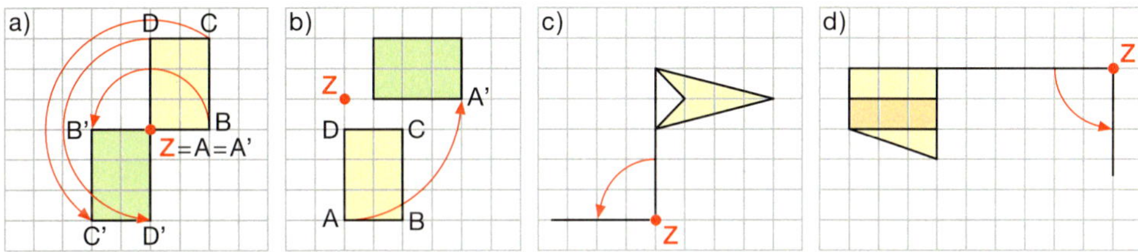

3 Erkläre die Drehung mit eigenen Worten.
Verwende die Begriffe
- Drehwinkel
- Drehrichtung
- Drehpunkt.

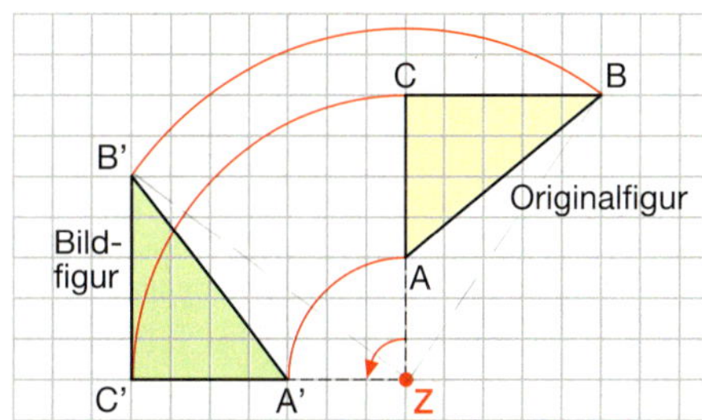

4 So kannst du den Punkt A um den Drehpunkt Z um 90° drehen:

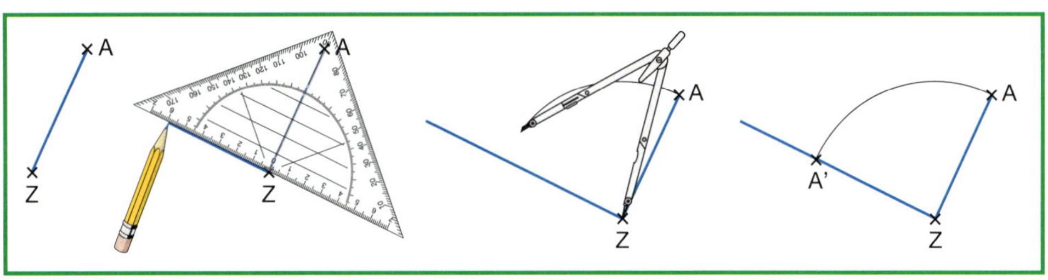

Übertrage in dein Heft und drehe die Figuren mithilfe des Zirkels um 90° (180°, 270°).

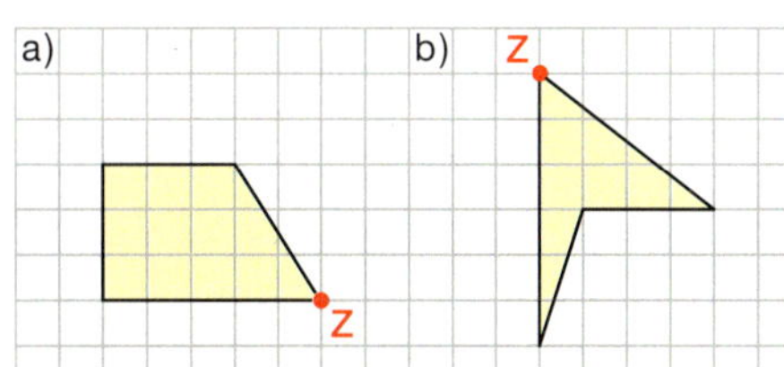

5 a) Zeichne die Figuren jeweils in ein Achsenkreuz (Einheit = 0,5 cm).

Dreieck:	A (6|16),	B (14|16),	C (10|20)		Drehpunkt = Z (10|11)
Viereck:	A (12|15),	B (19|15),	C (16|18),	D (9|18)	Drehpunkt = Z (9|12)

b) Drehe jede Figur um 90° (180° und 270°).

c) Überprüfe mit dem Geodreieck die Länge der Seiten und die Größe der Winkel.

d) Gib die Koordinaten der Bildpunkte an.

1 Übertrage das Dreieck in dein Heft und führe eine Halbdrehung um Z aus. Welche Gesamtfigur entsteht?

Halbdrehung = Punktspiegelung

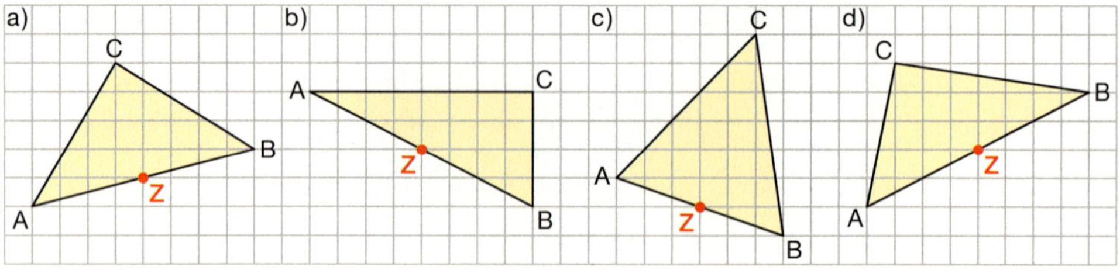

2 a) Wie hat Angela die abgebildete Schmuckfigur hergestellt?
b) Bestimme den Drehwinkel.
c) Übertrage die Figur ins Heft und färbe die einzelnen Felder.
d) Stelle selbst solche Figuren her.

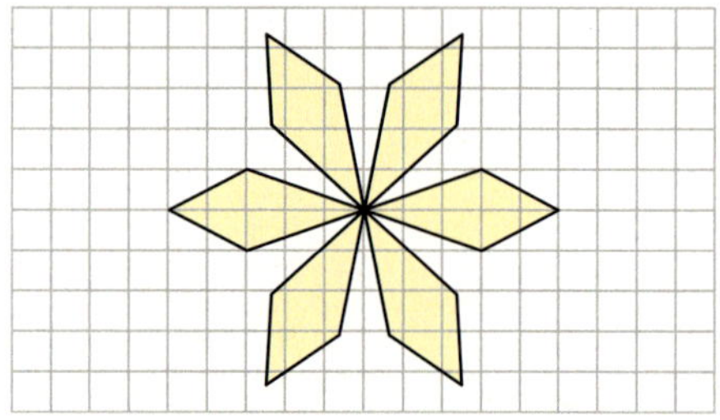

3 a) Welche Bildfiguren sind durch Verschiebung, welche Bildfiguren sind durch Spiegelung entstanden?
b) Zeichne ab und trage die fehlenden Bildpunkte, Spiegelachsen und Verschiebungspfeile ein.
c) Gib die Koordinaten der Bildpunkte an.

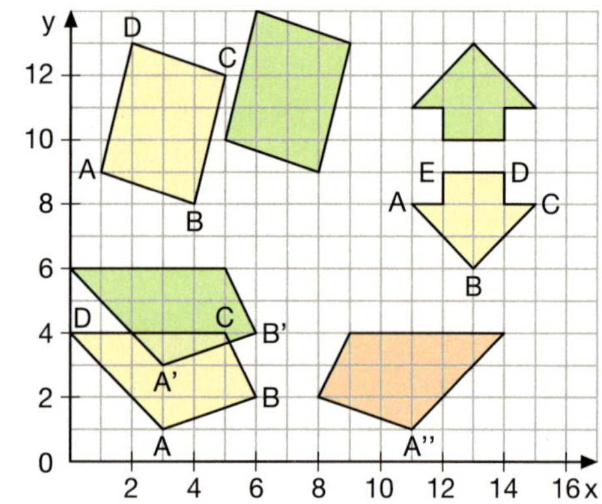

4 Trage die in der Tabelle angegebenen Original- und Bildpunkte eines Dreiecks in ein Koordinatensystem (Einheit 0,5 cm) ein.
Gib an, ob das Bild des Dreiecks ABC durch eine Spiegelung oder durch eine Verschiebung entstanden ist. Zeichne jeweils die zugehörigen Spiegelachsen und Verschiebungspfeile ein.

a)

Original	Bild
A (1|1)	A' (7|6)
B (7|3)	B' (13|8)
C (2|5)	C' (8|10)

b)

Original	Bild
A (2|5)	A' (16|5)
B (8|4)	B' (10|4)
C (7|10)	C' (11|10)

c)

Original	Bild
A (2|6)	A' (12|2)
B (10|7)	B' (20|3)
C (7|12)	C' (17|8)

5 Zeichne vom Punkt A beginnend eine durchgehende Linie.
Jede der 16 Strecken soll dabei genau einmal überschritten werden.

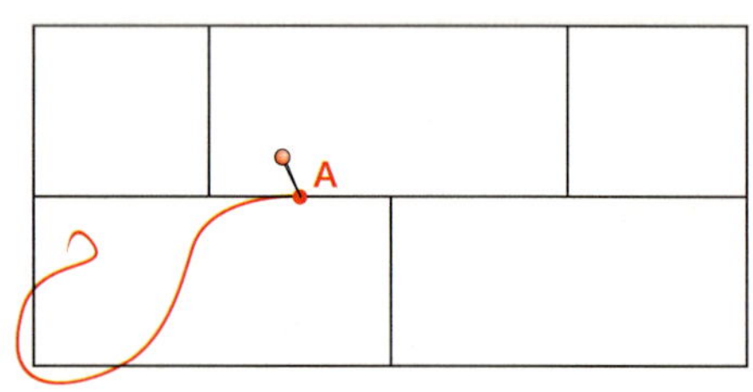

1

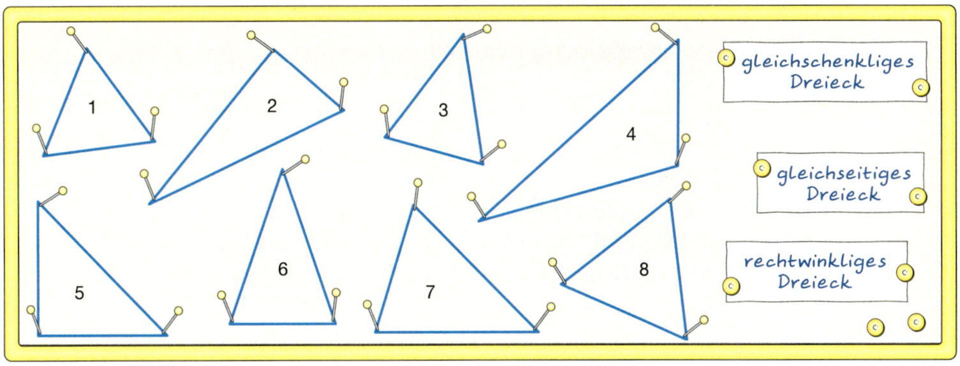

a) Ordne die einzelnen Dreiecke den Begriffen richtig zu.
b) Begründe deine Entscheidung. Dein Lerntagebuch hilft dir dabei.

2 a) Übertrage die Dreiecke in dein Heft.

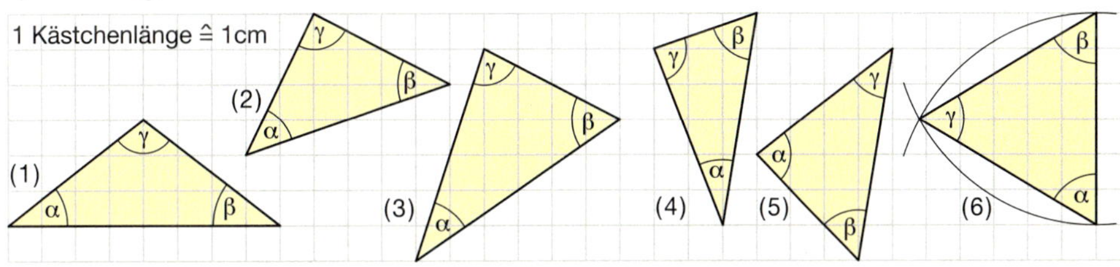

b) Benenne jedes Dreieck. Zeichne die Symmetrieachsen ein.
c) Miss in jedem Dreieck die Winkel und bilde die Winkelsumme.
d) Erkläre deinen Mitschülern, warum die Winkelsumme in jedem Dreieck gleich groß ist.

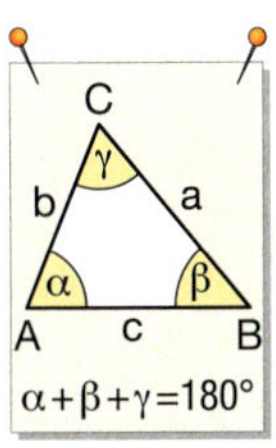

3 a) Berechne den fehlenden Winkel des Dreiecks.
b) Welche Form hat das Dreieck?

	a)	b)	c)	d)	e)	f)
α	45°	78°	■	110°	■	21°
β	■	25°	60°	35°	27°	■
γ	45°	■	60°	■	63°	138°

4 a) Welche Dreiecksform haben die Giebel?
b) Berechne die Dachneigung.

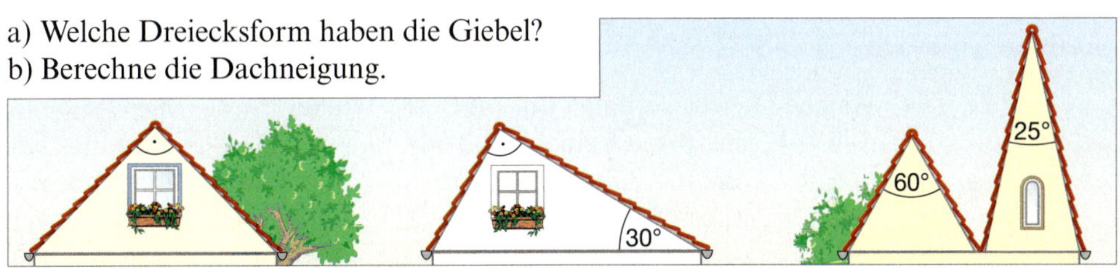

5

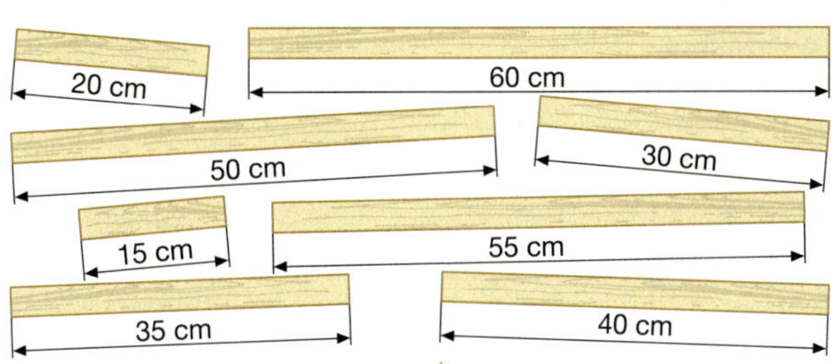

Die Schülerinnen und Schüler sollen aus der 60 cm langen Holzleiste und zwei weiteren Leisten ein Dreieck anfertigen. Welche Holzleisten auf dem Tisch können sie auswählen?

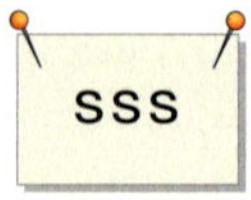

1 Ein Dreieck mit den Seiten a = 13 cm, b = 9 cm und c = 11 cm soll gezeichnet werden.
a) Übertrage die 3 Strecken auf Folie. Schneide drei Streifen aus und lege das Dreieck.
b) Befestige die Streifen in den Punkten A und B mit Stecknadeln.
Bewege sie und beschreibe den Weg der Endpunkte C.

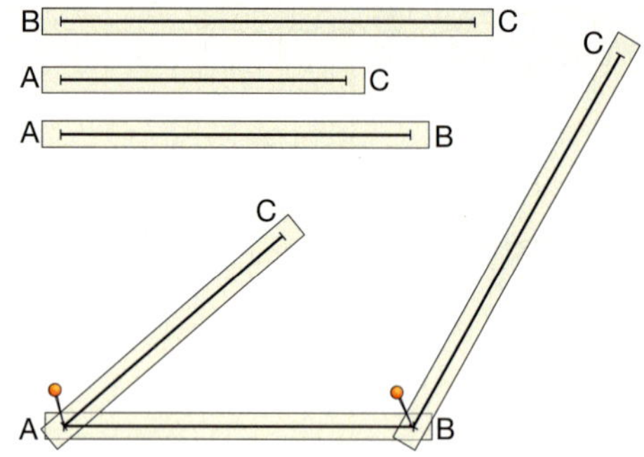

2 So kannst du ein Dreieck aus drei Seiten (SSS) zeichnen:

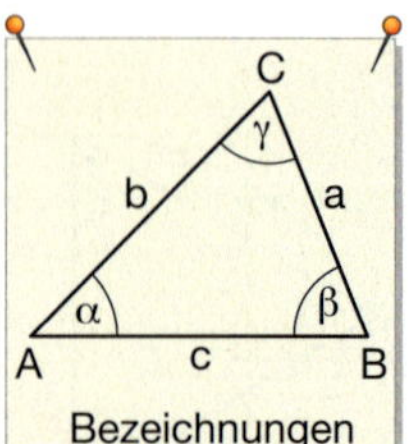

Bezeichnungen am Dreieck

Gegeben: a = 5 cm b = 6 cm c = 4 cm

Planfigur:

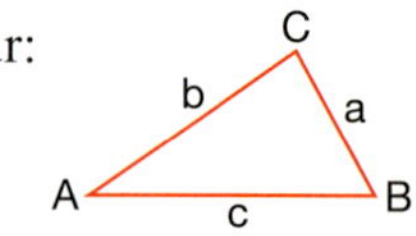

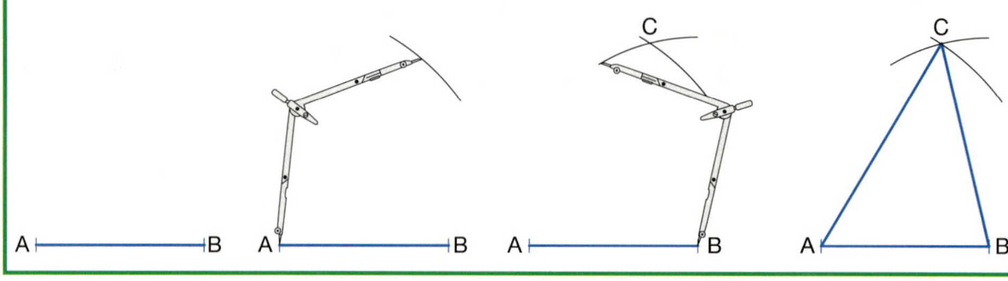

a) Erkläre deinem Nachbarn mit eigenen Worten, wie du ein Dreieck zeichnest.
b) Zeichne das Dreieck in dein Heft.
c) Trage die Planfigur, die Zeichnung und die Beschreibung in dein Lerntagebuch ein.

3 Zeichne das Dreieck nach der Planfigur.

a)

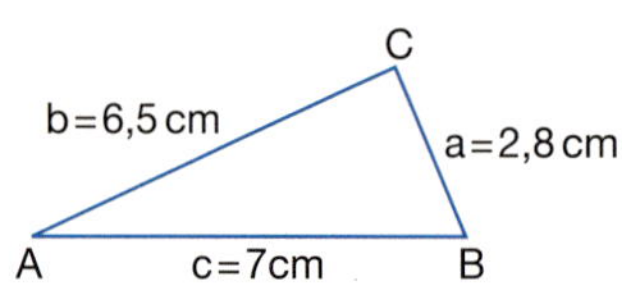

b)

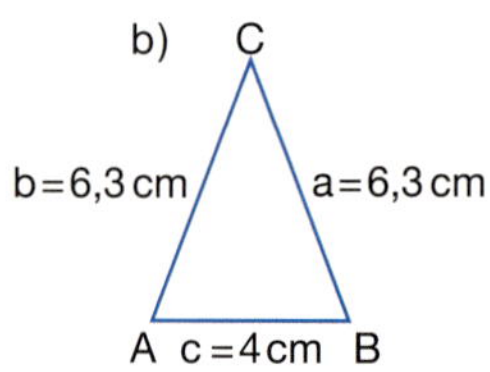

c)

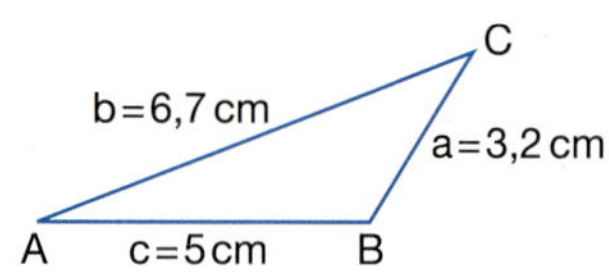

4 Welche Dreiecke erhältst du? Miss ihre Winkel.
a) a = 4,5 cm, b = 4,5 cm, c = 3,2 cm
b) a = 5,6 cm, b = 5,6 cm, c = 5,6 cm
c) a = 7,2 cm, b = 3,8 cm, c = 9 cm
d) a = 6,1 cm, b = 2,7 cm, c = 6,1 cm
e) a = 6 cm, b = 7,5 cm, c = 4,5 cm
f) a = 8,2 cm, b = 4,3 cm, c = 4,3 cm

5 Kannst du aus den Angaben Dreiecke zeichnen? Untersuche und begründe, wo es nicht geht.
a) a = 5 cm, b = 3 cm, c = 9 cm
b) a = 5 cm, b = 6 cm, c = 9 cm
c) a = 5,6 cm, b = 11,5 cm, c = 5,9 cm
d) a = 4,6 cm, b = 11 cm, c = 5,9 cm

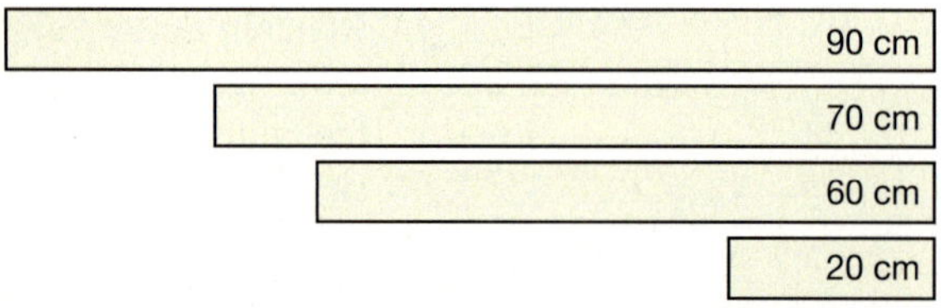

6 a) Inga und Franz haben vier Stäbe mit verschiedenen Längen. Sie wählen drei aus und bauen sie zu einem Dreieck zusammen. Geht das immer?
b) Zeichne die Dreiecke in dein Heft. (Maßstab 1 : 10)

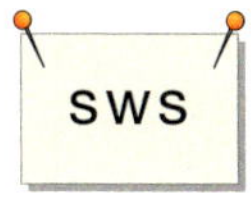

1 Zeichne die Strecken b = 7 cm, c = 5,5 cm und den Winkel α = 65° auf Folie. Schneide die Streifen und den Winkel aus. Kannst du damit ein Dreieck legen?

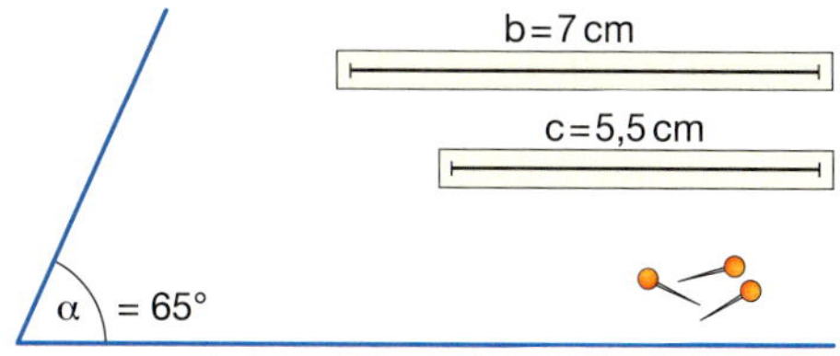

2 So kannst du ein Dreieck aus zwei Seiten und einem Winkel (SWS) zeichnen:

Gegeben: b = 5 cm c = 4,5 cm α = 50°

Planfigur:

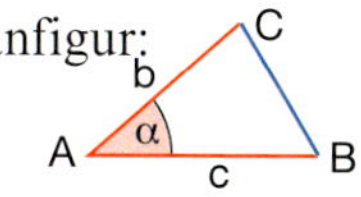

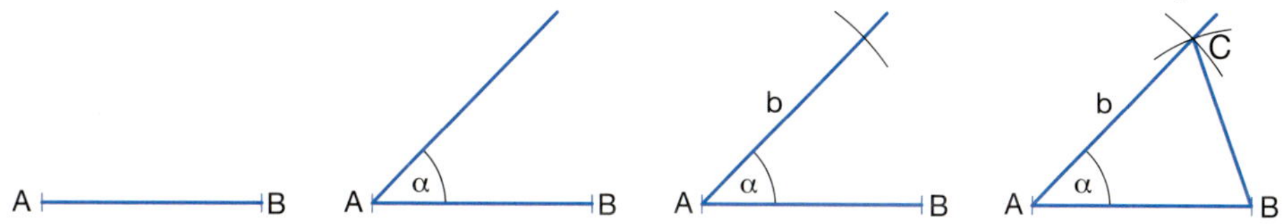

a) Erkläre deinem Nachbarn mit eigenen Worten, wie du das Dreieck zeichnest.
b) Zeichne das Dreieck in dein Heft.
c) Trage die Planfigur, die Zeichnung und die Beschreibung in dein Lerntagebuch ein.

3 Zeichne das Dreieck nach der Planfigur.

a)

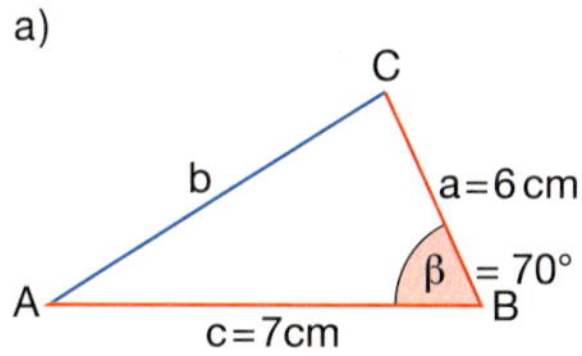

b)

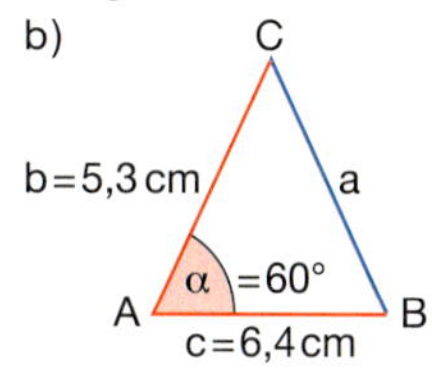

c)

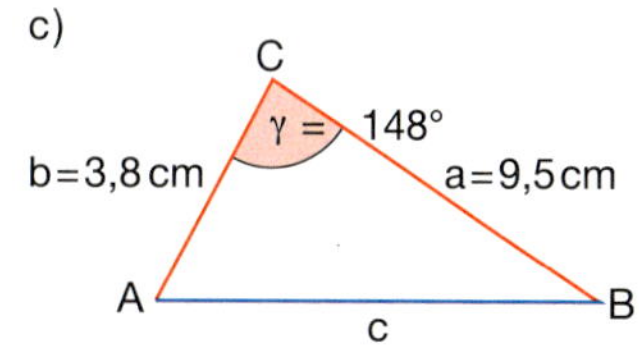

4 Auch aus zwei Winkeln und einer Strecke kannst du ein Dreieck zeichnen. Zeichne c = 8 cm, die Winkel α = 35° und β = 75° auf Folie. Schneide aus und lege ein Dreieck.

5 So kannst du ein Dreieck aus einer Seite und zwei Winkeln (WSW) zeichnen:

Gegeben: c = 5,5 cm α = 45° β = 70°

Planfigur:

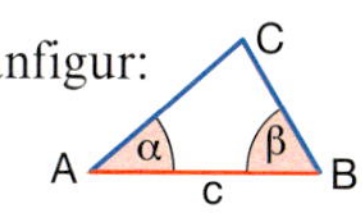

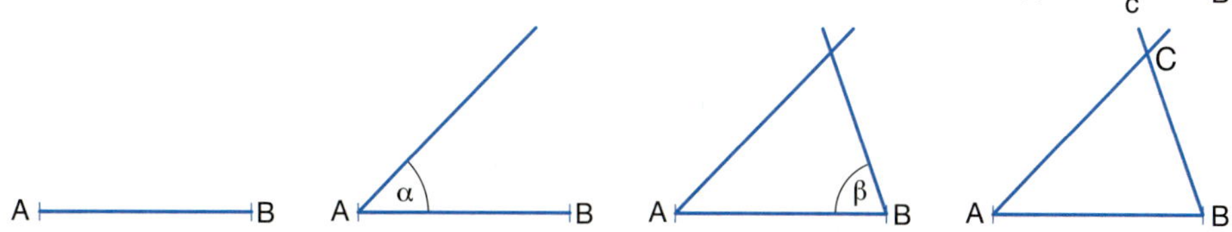

a) Erkläre deinem Nachbarn mit eigenen Worten, wie du das Dreieck zeichnest.
b) Zeichne das Dreieck in dein Heft.
c) Trage die Planfigur, die Zeichnung und die Beschreibung in dein Lerntagebuch ein.

6 Zeichne zuerst die Planfigur.

a) c = 6,3 cm, α = 72°, β = 50°
b) a = 7,5 cm, β = 49°, γ = 60°
c) b = 5,2 cm, α = 52°, γ = 82°
d) c = 4,7 cm, α = 20°, β = 90°
e) a = 4,8 cm, β = 115°, γ = 47°
f) b = 10,3 cm, α = 18°, γ = 135°

1 Zeichne das Dreieck. Schreibe auf, um welchen Dreieckstyp es sich handelt.

a)	b)	c)	d)
a = 6,3 cm	a = 4,1 cm	b = 5,2 cm	c = 4 cm
b = 6,3 cm	b = 7 cm	c = 5,2 cm	α = 54°
c = 4,8 cm	c = 8,8 cm	α = 60°	β = 72°

2 Franz lässt seinen Lenkdrachen steigen. Wie hoch steht der Drachen?

3 Im Gelände einer Gartenschau soll ein Steg von A nach B gebaut werden. Zeichne ein Dreieck aus den gemessenen Entfernungen und dem Winkel und bestimme die Länge des Steges. Verwende einen geeigneten Maßstab.

4 Die Höhe des Kirchturms in Niederau wird ermittelt.

a) Beschreibe, wie die Vermessungstechniker vorgehen.

b) Fertige eine maßstabsgerechte Zeichnung an und bestimme daraus die Höhe des Kirchturms.

5 Herr Kercher will die Regenrinne seines Hauses reinigen. Er stellt seine 8 m lange Leiter an die Hauswand. Sie reicht bis zu 7,50 m hoch. Wie weit steht sie am Boden von der Wand entfernt? Fertige zunächst eine Skizze an.

6 Zeichne die abgebildete Figur ins Heft.
a = 2,5 cm
b = 5 cm

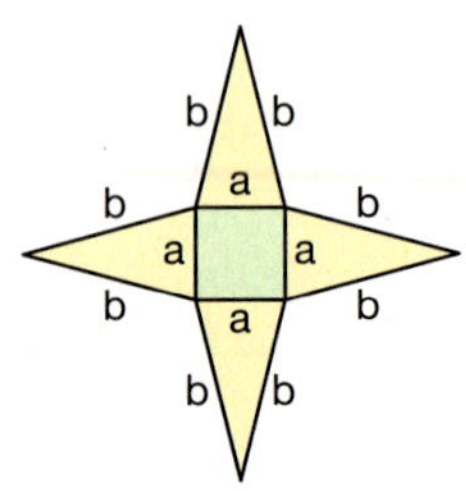

7 Untersuche, ob du aus den gegebenen Größen ein Dreieck zeichnen kannst. Begründe.

a) a = 5,6 cm, b = 11,5 cm, c = 6,9 cm
b) a = 5,6 cm, b = 11,5 cm, c = 5,9 cm
c) α = 85°, c = 8 cm, β = 70°
d) α = 110°, c = 7,8 cm, β = 70°

Bezeichnungen am Dreieck

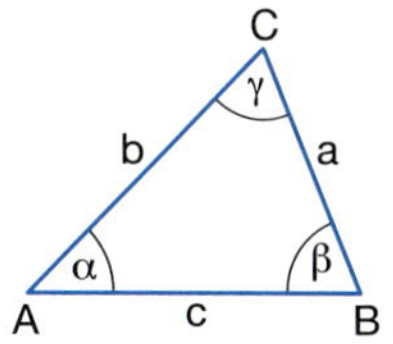

Dreieck aus drei Seiten zeichnen (SSS)

Planfigur

gegeben: a = 5 cm b = 6 cm c = 4 cm

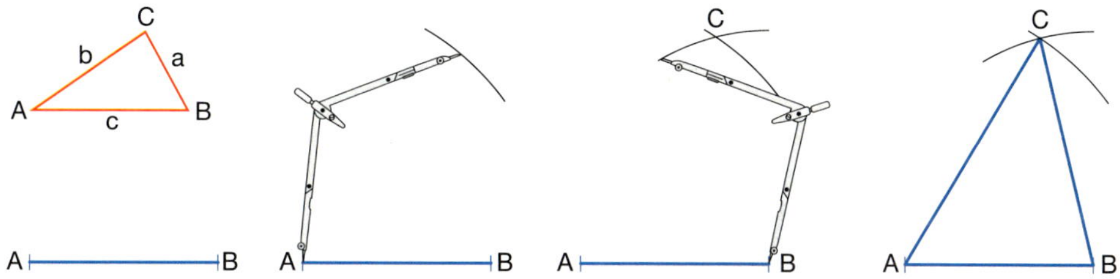

1. Zeichne $\overline{AB}$ c = 4 cm
2. Zeichne einen Kreisbogen um A mit dem Radius b = 6 cm
3. Zeichne einen Kreisbogen um B mit dem Radius a = 5 cm
4. Verbinde C mit A und B

Dreieck aus zwei Seiten und eingeschlossenem Winkel zeichnen (SWS)

Planfigur

gegeben: b = 5 cm c = 4,5 cm α = 50°

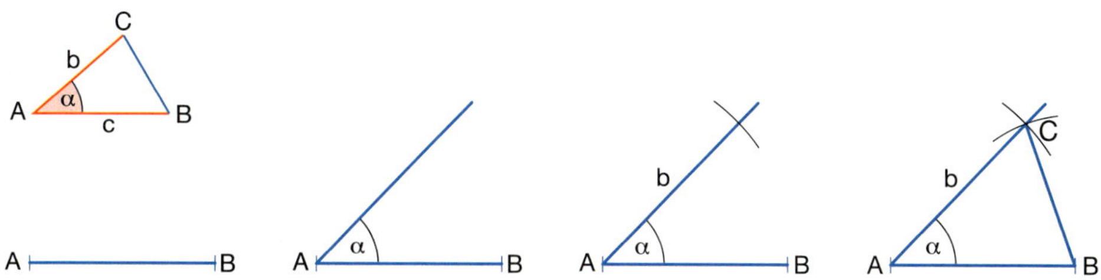

1. Zeichne $\overline{AB}$ c = 4,5 cm
2. Trage den Winkel α = 50° an.
3. Zeichne einen Kreisbogen um A mit dem Radius b = 5 cm, Schnittpunkt ist C.
4. Verbinde C und B

Dreieck aus einer Seite und beiden anliegenden Winkeln zeichnen (WSW)

Planfigur

gegeben: c = 5,5 cm α = 45° β = 70°

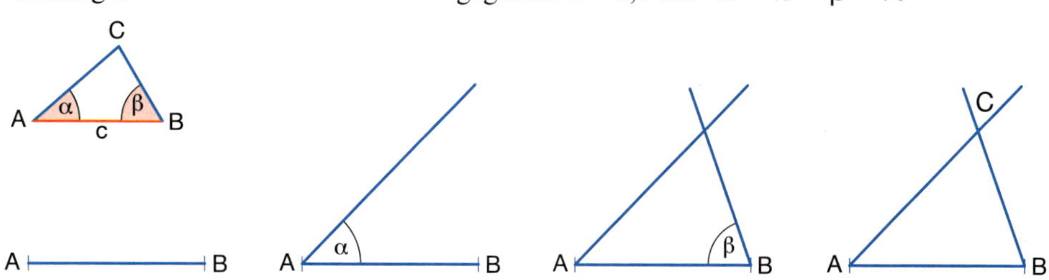

1. Zeichne $\overline{AB}$ c = 5,5 cm
2. Trage den Winkel α = 45° an.
3. Trage den Winkel β = 70° an.
4. Der Schnittpunkt ist C.

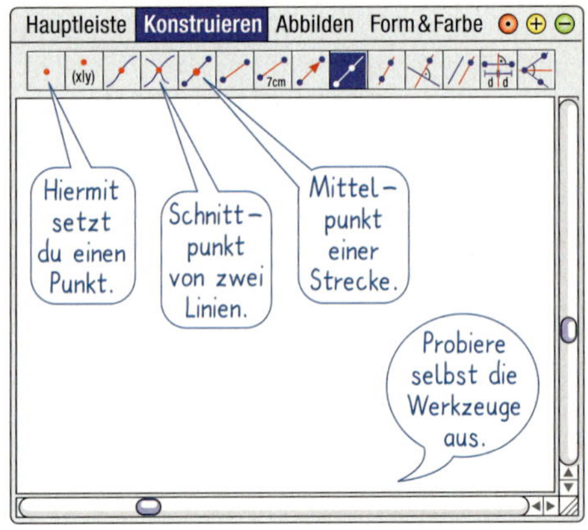

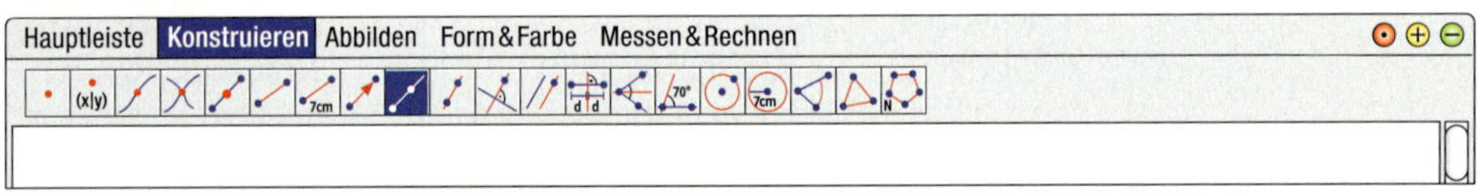

Arbeitsauftrag 1: Dreieck zeichnen

Punkte setzen

Punkte verbinden

Eckpunkt wählen, linke Maustaste gedrückt halten, Punkt in andere Position ziehen

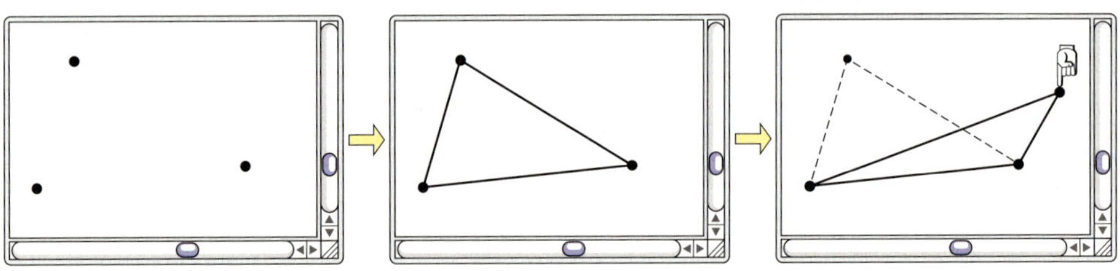

Arbeitsauftrag 2: Eckpunkte benennen

Buchstabe für Eckpunkt eingeben

Buchstabe für Seiten eingeben

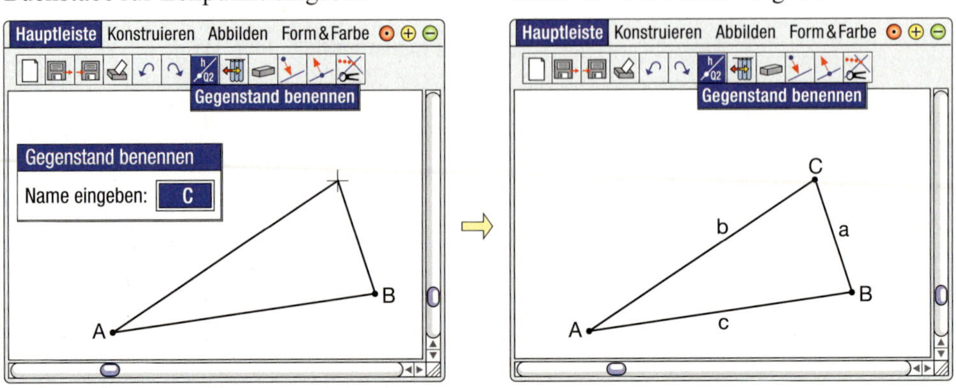

Arbeitsauftrag 3: Seitenlängen eines Dreiecks messen

„Messen" anklicken
Seitenlänge bestimmen → Abstand: Punkt-Punkt

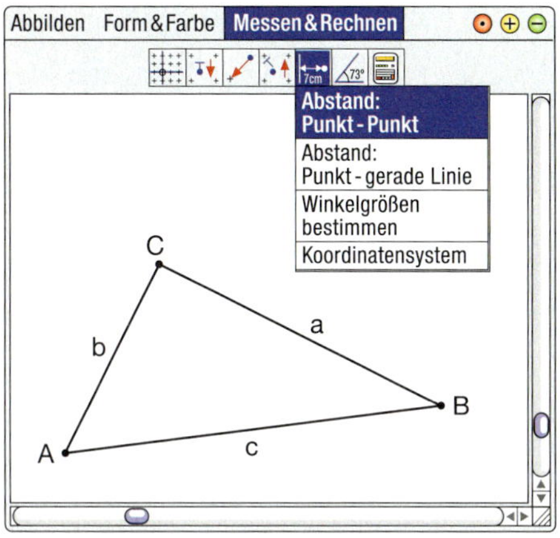

Winkelgrößen bestimmen

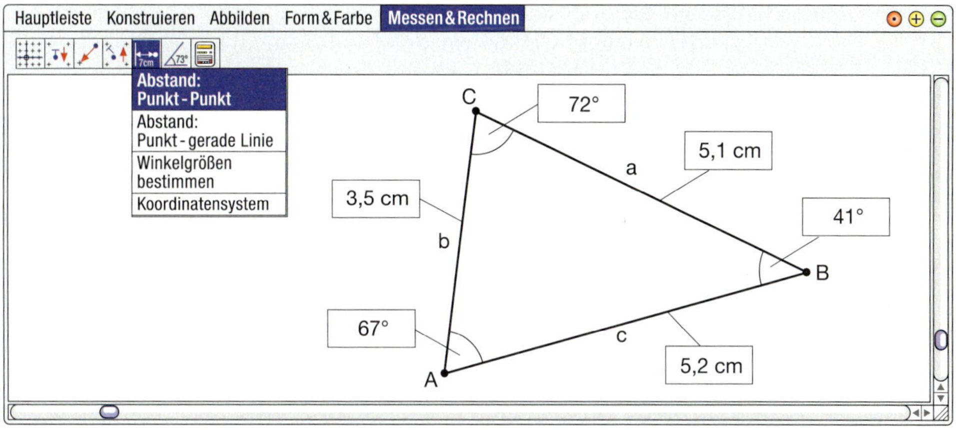

Arbeitsauftrag 4: Parallelogramm zeichen

Punkte setzen

Punkte verbinden

Parallele zu $\overline{AB}$ durch C und Parallele zu $\overline{BC}$ durch A zeichnen

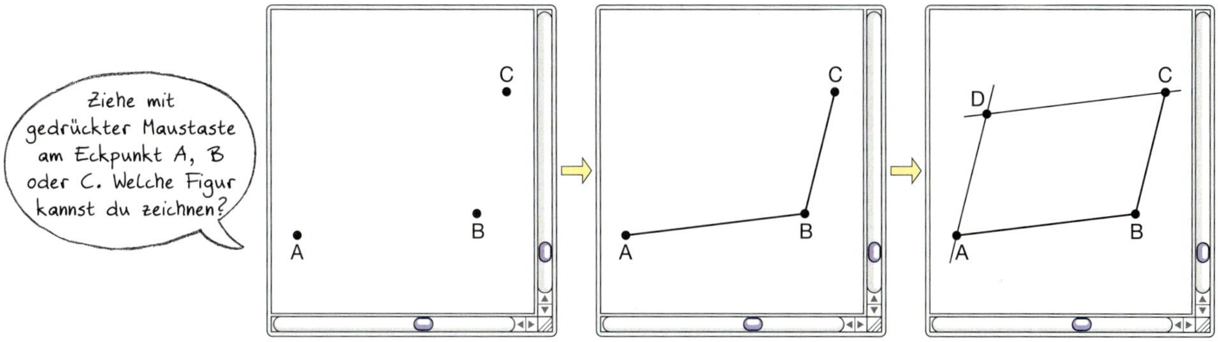

1 Beschreibe, wie die Schüler halbieren.

2 Erkläre deinem Nachbarn, wie du mit dem Zirkel eine Strecke halbierst.

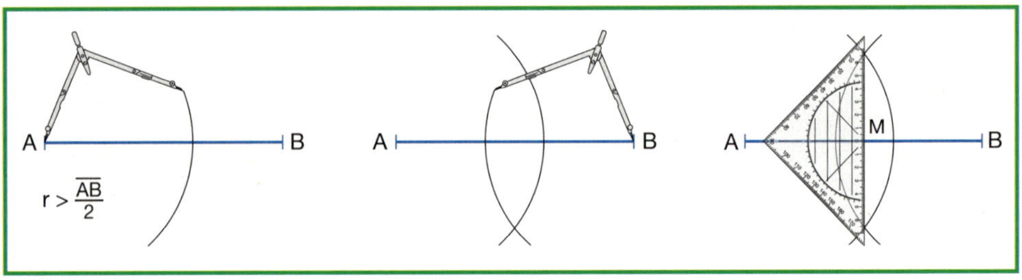

3 Zeichne die Strecken und halbiere sie.
a) $\overline{AB}$ = 6 cm b) $\overline{CD}$ = 7 cm c) $\overline{KL}$ = 6,8 cm d) a = 7,1 cm e) b = 17,5 cm f) c = 9,9 cm

4 Zeichne die Mittelpunkte der Strecken und gib ihre Koordinaten an.

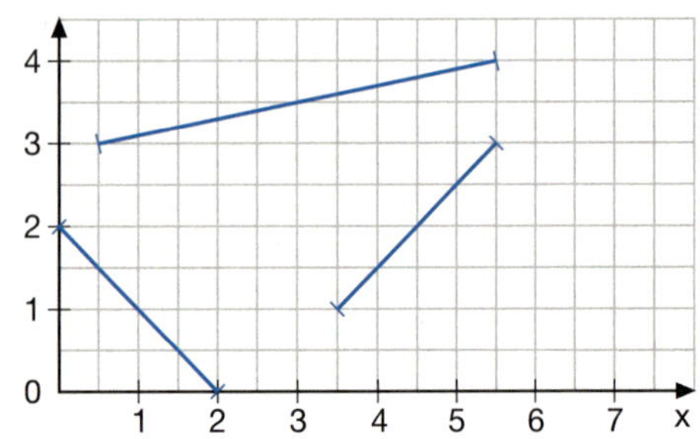

5 Zeichne in ein Koordinatensystem die Strecken $\overline{AB}$ mit den Punkten A (2|1), B (2|7), $\overline{CD}$ mit C (3|5), D (9|5) und die Strecke $\overline{EF}$ mit den Punkten E (3|0) und F (7|4). Halbiere die Strecken mit dem Zirkel und bestimme die Koordinaten der Mittelpunkte.

Der Schnittpunkt heißt Schwerpunkt.

6 Zeichne das Dreieck ABC mit A (1|2), B (8|2) und C (5|8). Halbiere die Seiten. Verbinde die Mittelpunkte der Seiten a, b und c mit den gegenüberliegenden Ecken. Was stellst du fest?

7 a) Übertrage das Koordinatensystem und das eingezeichnete Dreieck in dein Heft.
b) Zeichne die Seitenhalbierenden des Dreiecks. Gib die Koordinaten des Schwerpunktes S an.

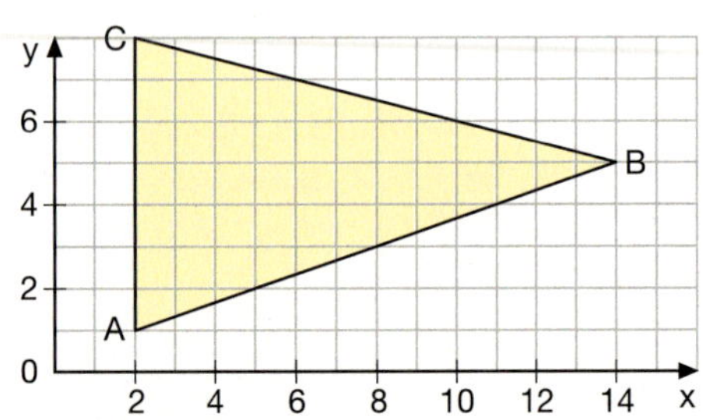

1

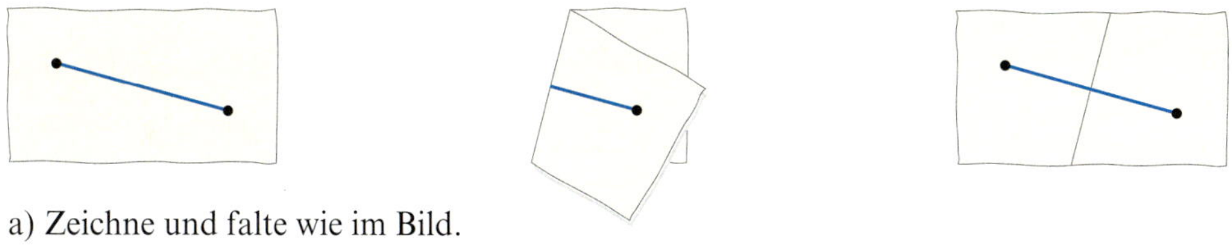

a) Zeichne und falte wie im Bild.
b) Begründe, warum die Faltachse die Strecke halbiert und senkrecht zu ihr verläuft.

2 Erkläre deinem Nachbarn mit eigenen Worten, wie du die Mittelsenkrechte zeichnest.

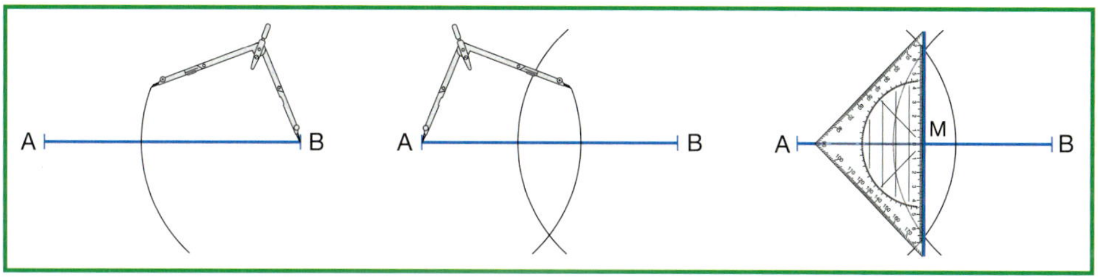

3 Zeichne die Strecken und zeichne die Mittelsenkrechten.
a) $\overline{AB} = 8$ cm b) $\overline{CD} = 5$ cm c) $\overline{EF} = 9{,}4$ cm d) $\overline{KL} = 6{,}8$ cm e) $\overline{PQ} = 44$ mm

4 Übertrage die Strecken in dein Heft. Zeichne jeweils die Mittelsenkrechte ein.

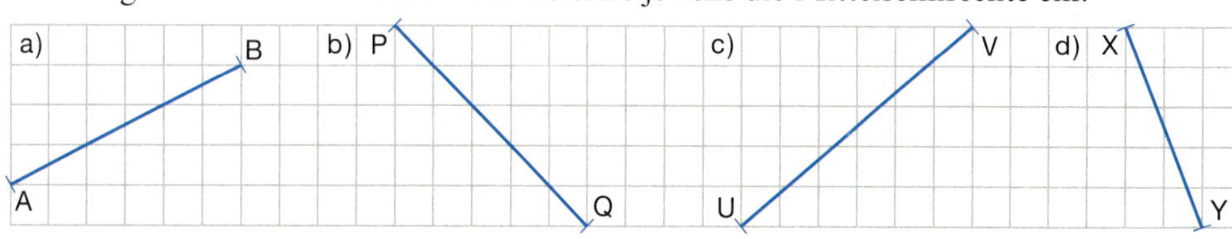

5 Zeichne die Strecke $\overline{AB}$ mit der Länge 10,2 cm. Zeichne die Mittelsenkrechte und markiere auf ihr drei beliebige Punkte C_1, C_2 und C_3. Verbinde diese Punkte mit A und B. Beschreibe die Form der entstandenen Dreiecke.

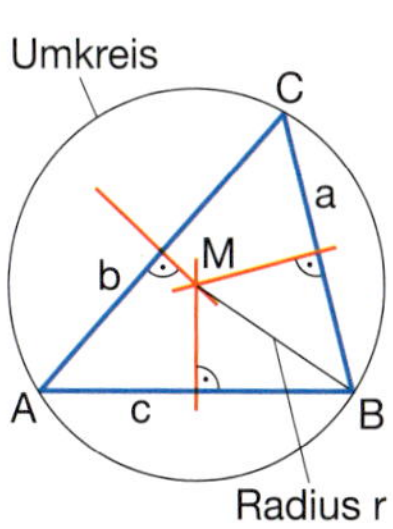

6 Bei einem Geländespiel im Schullandheim wird ein Schatz versteckt.
a) Wo müssen die Schüler suchen?
b) Zeichne die Punkte A (1|1), B (13|3) und C (4,5|11,5) in ein Koordinatensystem. Zeichne nach Augenmaß Punkte ein, an denen du den Schatz vermutest. Überprüfe dann mit dem Zirkel.
c) Kennzeichne den Mittelpunkt des Kreises, der durch alle Eckpunkte geht.

Die **Mittelsenkrechte m** halbiert die Strecke $\overline{AB}$ und steht senkrecht auf ihr. Sie ist die Symmetrieachse der Strecke.

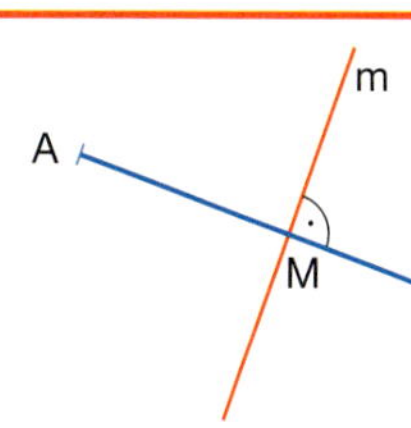

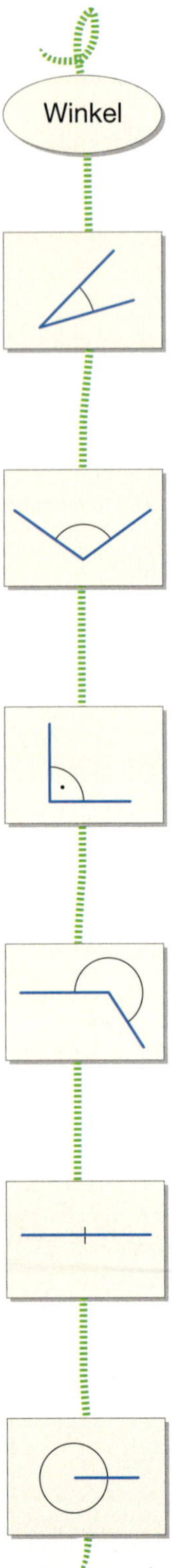

1 Max hat beim Basteln einen Winkel aus Pappe geschnitten. Er will den Winkel durch Zusammenfalten halbieren. Wie kann er die Winkelhalbierende bestimmen?

2 Erkläre deinem Nachbarn mit eigenen Worten, wie du einen Winkel halbierst.

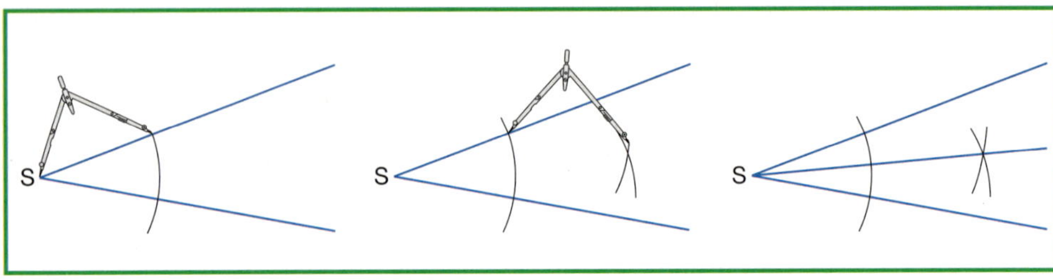

3 Zeichne die Winkel und halbiere sie.
a) 48° b) 60° c) 90° d) 180° e) 120° f) 144° g) 236° h) 310°

4 Schau dir die Winkelkette auf dem Rand an und schreibe die Namen der Winkelarten auf. Gib zu jeder Winkelart eine mögliche Gradzahl an.

5 Zeichne ein Rechteck mit a = 8 cm und b = 5 cm. Zeichne alle vier Winkelhalbierenden ein. Beschreibe das Viereck, das von den Winkelhalbierenden gebildet wird.

6 a) Zeichne den Winkel $\alpha = 62°$. Zeichne die Winkelhalbierende w ein.
b) Wähle auf der Winkelhalbierenden zwei verschiedene Punkte. Zeichne um sie Kreise, die die Schenkel von α berühren.
c) Welche Eigenschaften haben diese Punkte? Begründe.

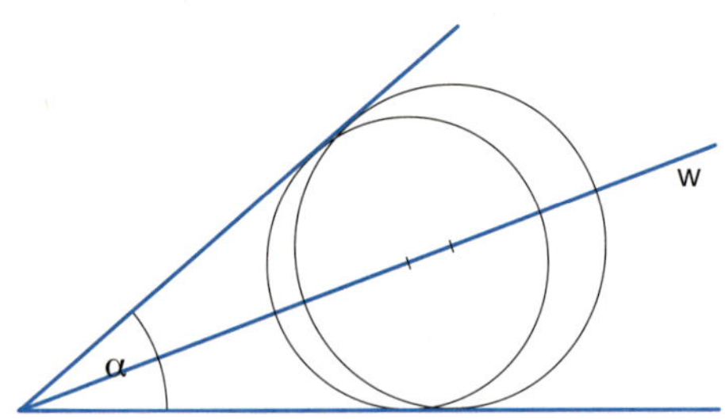

7 a) Zeichne ein Dreieck ABC und die Winkelhalbierenden. Was stellst du fest?
b) Zeichne einen Kreis, der die drei Seiten innen berührt.

8

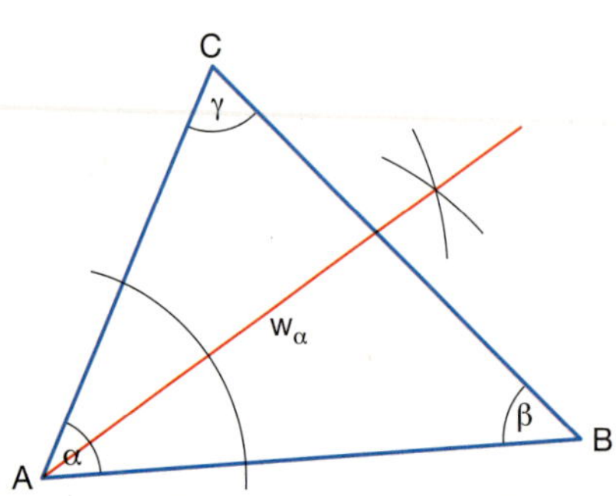

Zeichne das Dreieck ABC mit den angegebenen Eckpunkten in ein Koordinatensystem (Einheit 0,5 cm).
Zeichne die Winkelhalbierenden und den Inkreis des Dreiecks. Gib die Koordinaten des Kreismittelpunktes an.
A (2|2), B (22|2), C (2|17)

So halbierst du mit dem Zirkel eine Strecke.

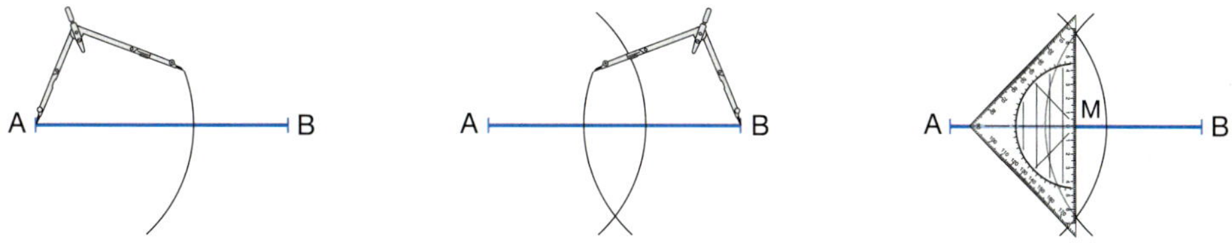

1. Zeichne um A einen Kreisbogen mit $r < \frac{\overline{AB}}{2}$.
2. Zeichne um B einen Kreisbogen mit dem gleichen Radius.
3. Die Verbindungsstrecke der Schnittpunkte halbiert $\overline{AB}$.

So zeichnest du eine Mittelstrecke.

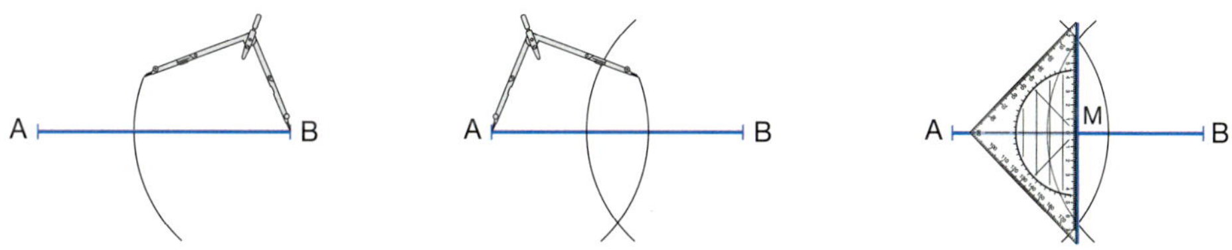

1. Zeichne um A einen Kreisbogen mit $r < \frac{\overline{AB}}{2}$.
2. Zeichne um B einen Kreisbogen mit dem gleichen Radius.
3. Die Verbindungsstrecke der Schnittpunkte ist die Mittelsenkrechte von $\overline{AB}$.

So halbierst du einen Winkel.

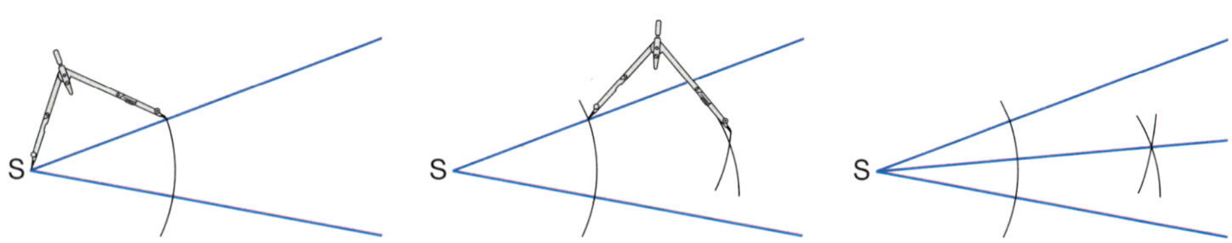

1. Zeichne einen Kreisbogen um S.
2. Zeichne Kreisbögen mit dem gleichen Radius um die Schenkelschnittpunkte.
3. Verbinde S mit dem Schnittpunkt.

Besondere Linien und Punkte im Dreieck.

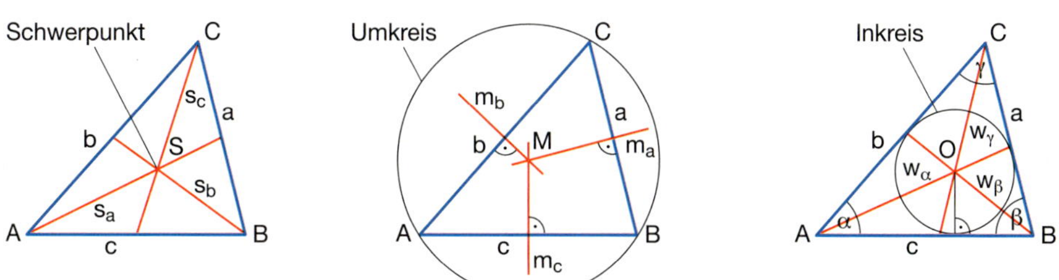

Die drei Seitenhalbierenden schneiden sich im Punkt S. Dies ist der **Schwerpunkt**.

Die drei Mittelsenkrechten schneiden sich im Punkt M. Dies ist der Mittelpunkt des **Umkreis**es.

Die drei Winkelhalbierenden schneiden sich im Punkt O. Dies ist der Mittelpunkt des **Inkreis**es.

1 Damit ein elektronischer Tachometer richtig funktioniert, muss man den Durchmesser des Rades wissen. Diese Angabe findet man auf dem Mantel in Zoll (1 Zoll = 2,54 cm).

a) Schlag in einem Lexikon nach, was π *(lies: pi)* bedeutet.
b) Welchen Wert gibt der Taschenrechner an?

2 Der Tachometer berechnet aus der Größe des Raddurchmessers die Länge der Strecke, die das Rad bei einer Umdrehung zurücklegt.

a) Jana und Steffi messen den Umfang ihres Rades. Beschreibe die Abbildungen.
b) Welche Strecke legt dein Rad (Durchmesser 26 oder 28 Zoll) bei einer Umdrehung zurück? Probiere aus.

3 a) Miss an folgenden Gegenständen zuerst den Durchmesser und anschließend den Umfang mit einem Maßband.

b) Lege eine Tabelle an und trage die Werte ein.
c) Berechne, wie oft bei jedem einzelnen Gegenstand der Durchmesser in den Umfang passt ($\frac{u}{d}$). Was stellst du fest?

Gegenstand	Umfang u	Durchmesser d	u : d
Dose			

d) Suche weitere Gegenstände. Trage auch diese Werte in die Tabelle ein.

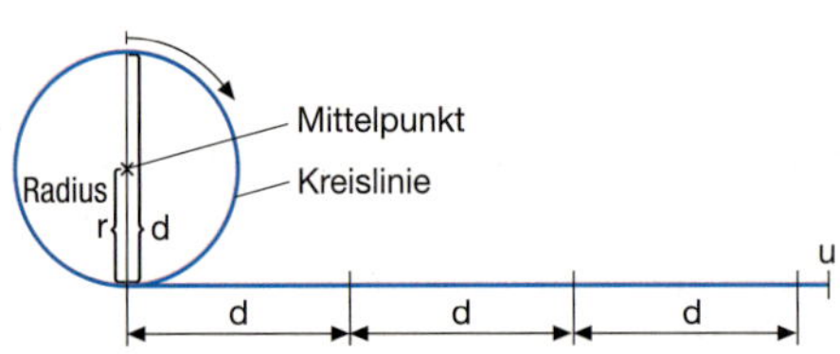

Der Umfang des Kreises ist ungefähr 3,14…-mal so groß wie sein Durchmesser.

$\mathbf{u = \pi \cdot d}$ **oder**
$\mathbf{u = 2 \cdot \pi \cdot r}$ $\mathbf{\pi \approx 3{,}14}$

1 Berechne den Umfang der Gegenstände. Überschlage zuerst das Ergebnis.

Teelicht
d = 4 cm

Volleyball
r = 10 cm

Ring
d = 3,2 cm

Fußball
r = 10,9 cm

Klebeband
d = 7,6 cm

Basketball
r = 11,3 cm

2 Berechne den Umfang des Kreises. Überschlage zuerst das Ergebnis.

a)
d = 4 cm
d = 8 cm
d = 16 cm

b)
r = 4 cm
r = 8 cm
r = 12 cm

c)
d = 3,3 cm
d = 1,68 cm
d = 68 mm

d)
r = 3,7 cm
r = 6,7 m
r = 2,5 km

3 a) Was ist der Äquator der Erde?
b) Wie lang ist jeweils der Äquator der Planeten?

4 a) Wie weit rollen Vorderrad und Hinterrad bei einer Umdrehung?
b) Das Vorderrad macht auf einem Weg 60 Umdrehungen. Wie viele Umdrehungen macht das Hinterrad?
c) Wie oft haben sich Vorderrad und Hinterrad auf einer 9,8 km langen Spazierfahrt gedreht?

5

Die Vorderräder eines Traktors haben einen Radius von 65 cm, die Hinterräder einen Durchmesser von 155 cm.
a) Wie weit rollen Vorder- und Hinterrad bei einer Umdrehung?
b) Auf beide Räder wird unten ein Kreidestrich gemalt. Bestimme die Entfernung, bei der die Kreidestriche von Vorder- und Hinterrad wieder zugleich den Boden berühren.

1 An der Ecke eines Spielplatzes stehen fünf Bäume. Da die Baumkronen schon sehr dicht stehen, müssen einige Bäume gefällt werden. Das Forstamt beschließt, dass alle Bäume mit einem Durchmesser von ungefähr 12 cm stehen bleiben sollen.

$u = \pi \cdot d$

$40 = \pi \cdot d \,|\, :\pi$

$\frac{40}{\pi} = d$

$d = 12{,}74\,cm$

Anna

$u = 2 \cdot \pi \cdot r$ Tobias

$40 = 2 \cdot \pi \cdot r \,|\, :2 \; :\pi$

$\frac{40}{2 \cdot \pi} = r$

$6{,}37 = r$

$6{,}37 \cdot 2 = d \qquad d = 12{,}74\,cm$

Berechne den Durchmesser der übrigen Bäume. Probiere beide Rechenwege aus und entscheide dich dann.

2 Im Garten von Herrn Huber steht ein großer dicker Baum, der leider seinen Schatten nachmittags auf die Terrasse wirft. Nach langen Diskussionen beschließt Familie Huber diesen Baum zu fällen. Herr Huber kennt die Gemeindevorschrift: Bäume mit einem größeren Durchmesser als 15 cm dürfen nicht von Privatleuten gefällt werden. Herr Huber misst bei seinem Baum einen Umfang von 54 cm.

3 Bestimme die Durchmesser der Kreise.

a)
u = 1 m
u = 10 m
u = 100 m

b)
u = 22 cm
u = 12,57 cm
u = 31,4 cm

c)
u = 2,6 m
u = 60 mm
u = 7 dm

4

Der Rohbau eines Hauses soll an die Kanalisation angeschlossen werden. Dafür ist eine runde Öffnung mit dem Umfang von ca. 65 cm vorgesehen.
Auf dem LKW sind Rohre mit unterschiedlichen Durchmessern vorhanden.
Welche Rohre müssen genommen werden?

5 Neun Schülerinnen und Schüler mit einer Spannweite von durchschnittlich 1,50 m können die dicke Eiche gerade umfassen. Wie groß ist der Durchmesser der Eiche?

Hinweis zur Gruppenarbeit
Bildet Gruppen, wählt eine Aufgabe aus und stellt das Ergebnis in der Mathekonferenz vor.

Gruppe 1:

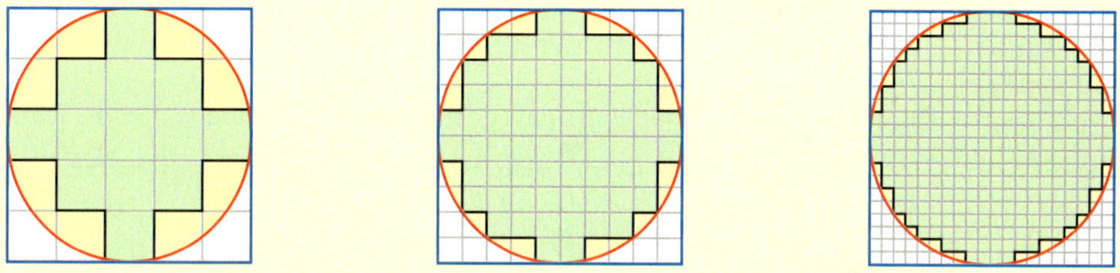

Vergleiche jeweils die Größe der angenäherten Kreisfläche (grün) mit der Größe des Quadrates. Zähle dazu die Kästchen und bestimme den Anteil der angenäherten Kreisfläche von der Quadratfläche.

Gruppe 2:

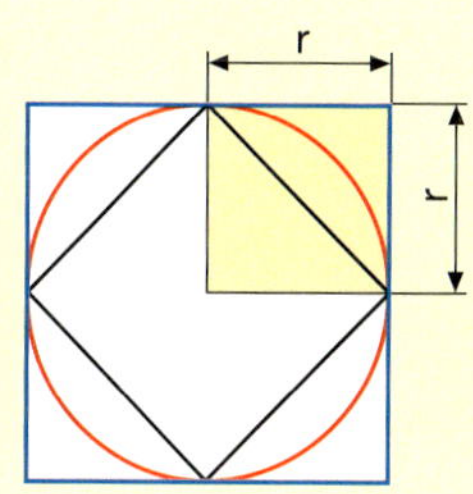

1 Welchen Flächeninhalt hat das gelbe Quadrat?
2 Wie oft passt das gelbe Quadrat in das blau umrandete Quadrat? Wie oft passt es in das rot umrandete Quadrat? Begründe.
3 Vervollständige in deinem Heft.
$\square \cdot r^2 < A_{Kreis} < \square \cdot r^2$

Gruppe 3:

1 Zeichne zwei Kreise mit r = 10 cm. Zerlege sie in sechs und acht Teile und setze sie wie im Bild zusammen.

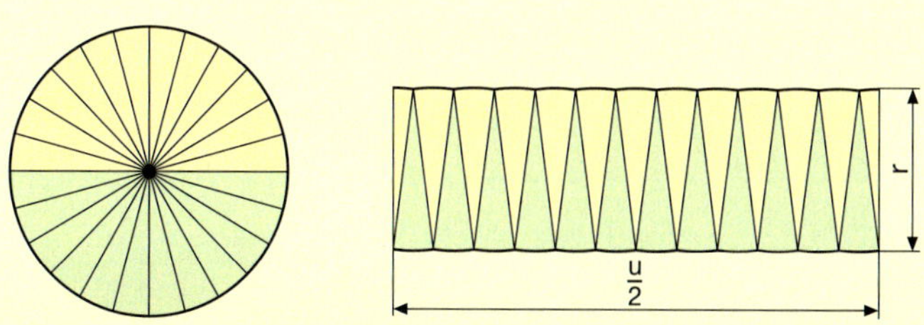

$A_{\bigcirc} = \frac{u}{2} \cdot r$

$A_{\bigcirc} = r \cdot \frac{2\pi \cdot r}{2}$

$A_{\bigcirc} = \pi \cdot r \cdot r = \pi \cdot r^2$

2 Welche Figur entsteht, wenn man den Kreis immer feiner unterteilt?

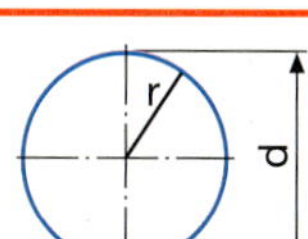

$A_{\bigcirc} = \pi \cdot r^2$ $A_{\bigcirc} = 3{,}14 \cdot r^2$

Was tippst du in den Taschenrechner ein?

1 Ein runder Spiegel hat einen Durchmesser von 40 cm. Berechne die Fläche.

2 Ein runder Badezimmerteppich hat einen Radius von 45 cm. Berechne die Fläche.

3 Ein kreisförmiges Loch für eine Dunstabzugshaube (r = 7 cm) in der Außenwand eines Hauses soll mit einem Gitter abgedeckt werden. Herr Schulze hat noch ein quadratisches Reststück von 196 cm^2. Passt es?

4 Bei einem Wäschetrockner wird einer der beiden kreisrunden Anschlüsse (d = 10 cm) mit einer Kunststoffplatte abgedeckt. Wie groß muss die Abdeckplatte sein?

5 Berechne den Flächeninhalt der Kreise. Überschlage zuerst. Runde sinnvoll.

a) r = 6 cm; r = 10 cm; r = 60 mm

b) d = 14 cm; d = 8 km; d = 25 dm

c) r = 0,6 m; d = 0,6 m; d = 60 cm

d) d = 0,005 m; r = 0,05 m; r = 5 cm

e) r = 15,4 km; d = 4,8 m; r = 0,75 m

6 Ein Supermarkt bietet als Sonderposten Gartentische an. Berechne jeweils den Flächeninhalt.

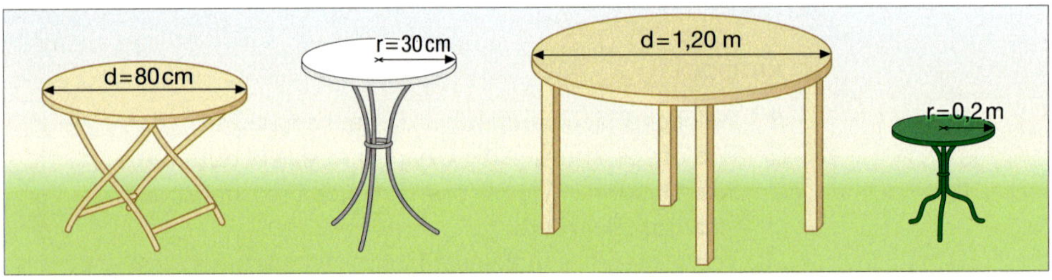

7 Familie Müller will in ihre rechteckige Diele mit der Seitenlänge von 2,50 m und 4 m einen runden Teppich legen. Zwei Angebote eines Teppichhauses zieht sie in die engere Wahl.

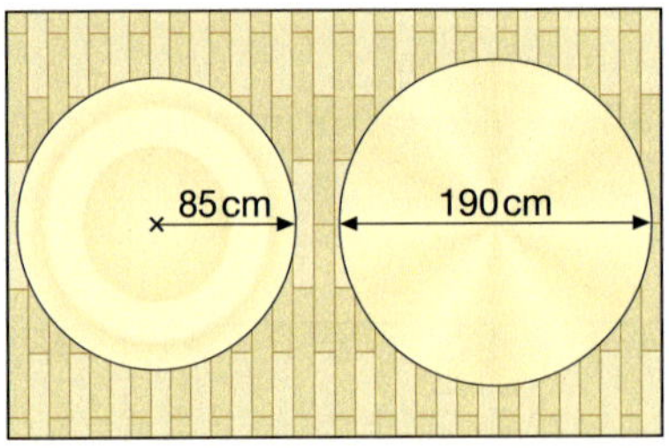

a) Berechne den Flächeninhalt der beiden Teppiche.
b) Berechne den Flächeninhalt der Diele.
c) Wie viel Prozent der Fläche werden jeweils bedeckt?

8 Frau Krause will ihren Sitzplatz im Garten (d = 180 cm) mit Verbundsteinen pflastern. Sie vergleicht zwei Angebote:

Für welches Angebot soll sie sich entscheiden?

1 a) Berechne den Umfang der Kreise. b) Berechne den Flächeninhalt der Kreise.

r = 8,4 cm	d = 48 cm	d = 2,5 m	r = 2,5 m
d = 59 mm	r = 2,5 m	r = 5 cm	d = 5 cm
r = 7,2 dm	d = 2,38 km	d = 10,5 km	r = 10,5 km

2 Gärtner Hanke bepflanzt drei Rundbeete. Das größte Beet (r = 5 m) liegt vor dem Haus, zwei kleinere Beete (r = 3 m und r = 2 m) liegen hinter dem Haus.
a) Wie viele Pflanzen muss der Gärtner kaufen, wenn auf 1 m^2 5 Stauden gesetzt werden sollen?
b) Um alle Beete setzt Herr Hanke Kantensteine von 12 cm Länge. Wie viele Steine benötigt er mindestens?
c) Erfinde selbst eine ähnliche Aufgabe und stelle sie deinem Nachbarn.

3 Hier siehst du ein rundes Fenster in einem Giebel.
a) Berechne die Glasfläche.
b) Zwischen Fenster und Mauerwerk befindet sich ein Bleirahmen. Berechne die Länge.

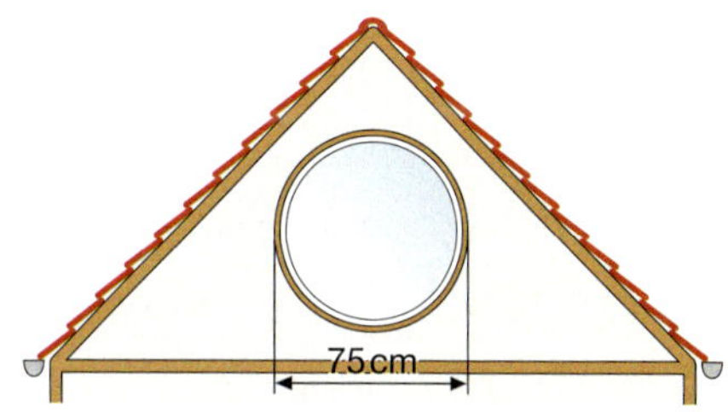

4 Für einen Basar bastelt die Klasse 8 b silberne Armreifen. Von den kleineren mit 7 cm Durchmesser werden 30 Stück, von den größeren mit 8 cm Durchmesser 50 Stück angefertigt.
a) Wie viel Meter Draht werden benötigt?
b) Bei der Herstellung wird mit einem Verschnitt von 6 % gerechnet. Wie viel Meter Silberdraht müssen eingekauft werden?
c) Wie hoch sind die Kosten pro Armband, wenn ein Meter Silberdraht 2,75 € kostet? Beachte auch den Verschnitt.

5 Farbige Markierungspunkte gibt es in unterschiedlichen Größen. Sie werden aus Rechtecken von 12 cm Länge und 8 cm Breite gestanzt. Berechne jeweils den prozentualen Anteil des Abfalls.
a) d = 18 mm b) d = 12 mm c) d = 8 mm

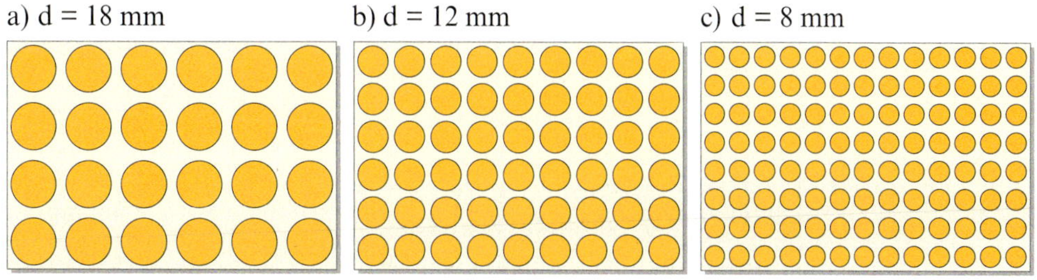

6 Berechne den Umfang der Kreise mit dem Radius r = 3 cm, r = 6 cm und r = 9 cm.
Wie verändert sich der Umfang des Kreises, wenn man den Radius verdoppelt, halbiert, verdreifacht?

7 Berechne den Flächeninhalt der Kreise mit dem Radius r = 3 cm, r = 6 cm und r = 9 cm.
Wie verändert sich der Flächeninhalt des Kreises, wenn man den Radius verdoppelt, halbiert, verdreifacht?

Kreis:
Umfang berechnen

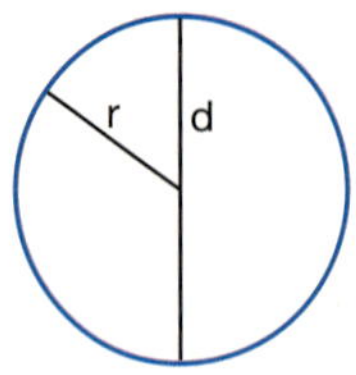

$u = \pi \cdot d$

Beispiel
$d = 4$ cm

Rechnung: $3{,}14 \cdot 4 = 12{,}56$
Ergebnis: 12,56 cm

$r = 4$ cm

Rechnung: $3{,}14 \cdot 2 \cdot 4 = 25{,}12$
Ergebnis: 25,12

Kreis:
Durchmesser berechnen

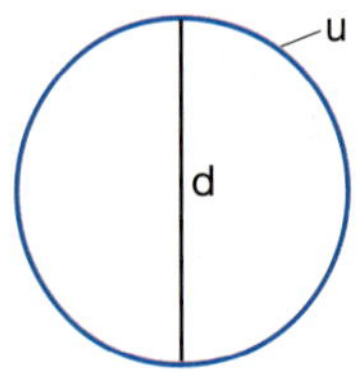

$u = \pi \cdot d$

Beispiel
$u = 30$ cm

Rechnung: $30 = 3{,}14 \cdot d \mid : 3{,}14$
Ergebnis: $d = 9{,}55$ cm

Kreis:
Fläche berechnen

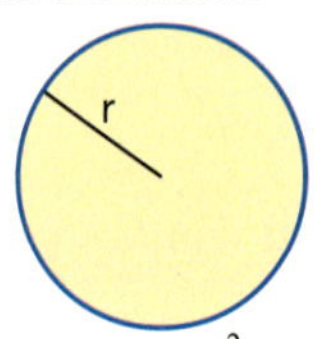

$A = \pi \cdot r^2$
$= 3{,}14 \cdot r^2$

Beispiel
$r = 5$ cm

Rechnung: $3{,}14 \cdot 5 \cdot 5$
Ergebnis: 78,5 cm^2

Rechteck

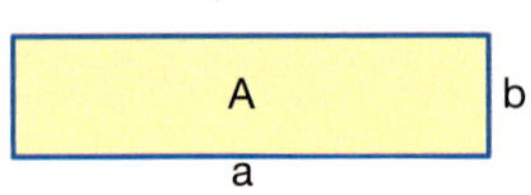

$A = a \cdot b$
Umfang = einmal rundherum

Quadrat

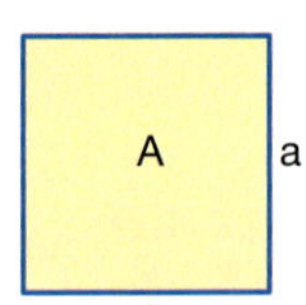

$A = a \cdot a$
$= a^2$

Parallelogramm

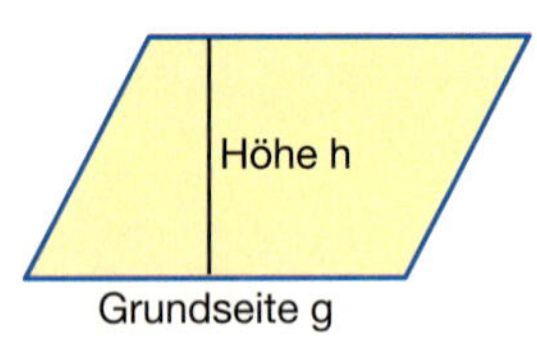

$A = g \cdot h$
Umfang = einmal rundherum

Dreieck

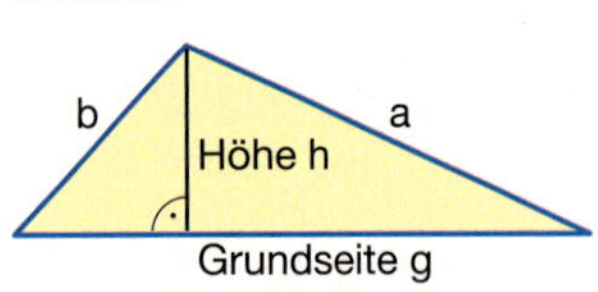

$A = \frac{g \cdot h}{2}$
Umfang = einmal rundherum

Trapez

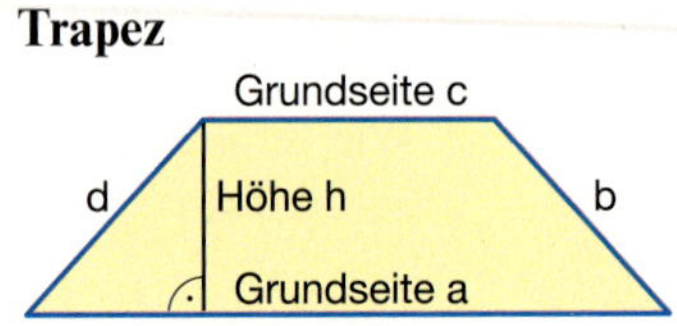

$A_{⏢} = \frac{(a + c)}{2} \cdot h$
Umfang = einmal rundherum

1 Familie Schreiner lässt die Giebelwand ihres Dachzimmers mit Holzpaneelen verkleiden.

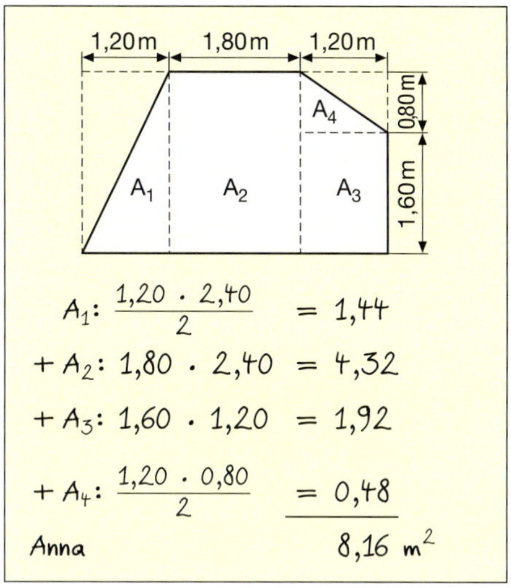

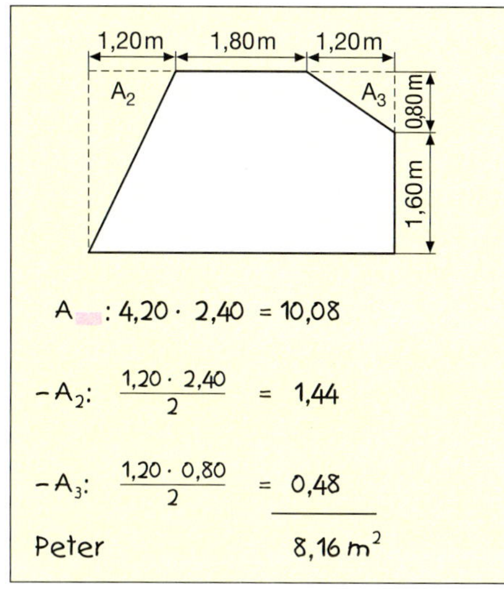

a) Diskutiert die beiden Rechenwege.
b) Pro Quadratmeter berechnet der Schreiner für Material und Verlegen 46,25 €.

2 Auch Familie Bauer möchte ihren Giebel im Dachgeschoss mit Holz verkleiden.
a) Berechne die Fläche.
b) Herr Bauer besorgt sich die Paneelen im Baumarkt und zahlt pro m² 14,25 €.

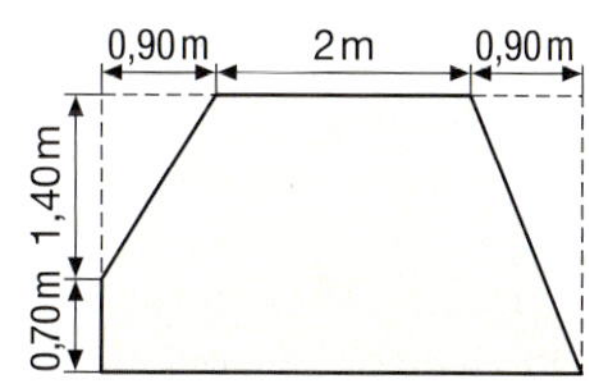

3

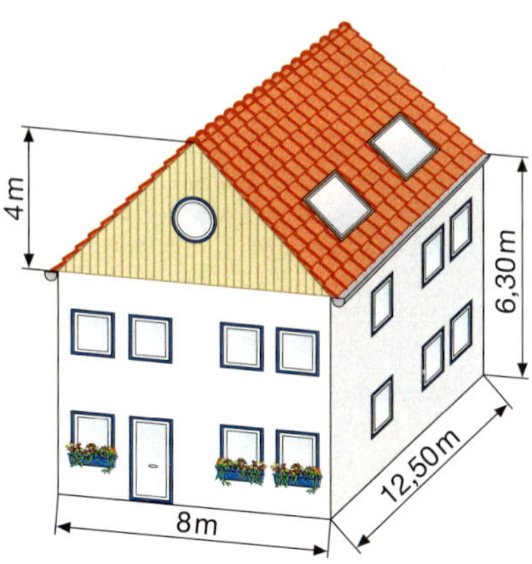

a) Wie viel Außenfläche muss gestrichen werden? (Fenster und Türen werden nicht berücksichtigt.)
b) Mit einem Eimer Farbe können 55 m² gestrichen werden. Wie viel Eimer Farbe sind bei einem doppelten Anstrich nötig?
c) Das Dachgiebelfenster hat einen Durchmesser von 64 cm. (1 m² Glas: 11,20 €)
d) Beide Dachgiebel werden mit Holz verkleidet. Wie viel m² Holz werden benötigt, wenn man mit 12 % Verschnitt rechnet?

4 Herr und Frau Huber wollen ein Haus bauen und schauen sich verschiedene Grundstücke an. Drei Grundstücke bei einem Quadratmeterpreis von 180 € stehen zur Auswahl. Für welches Grundstück entscheiden sie sich, wenn sie höchstens 100 000 € ausgeben wollen?

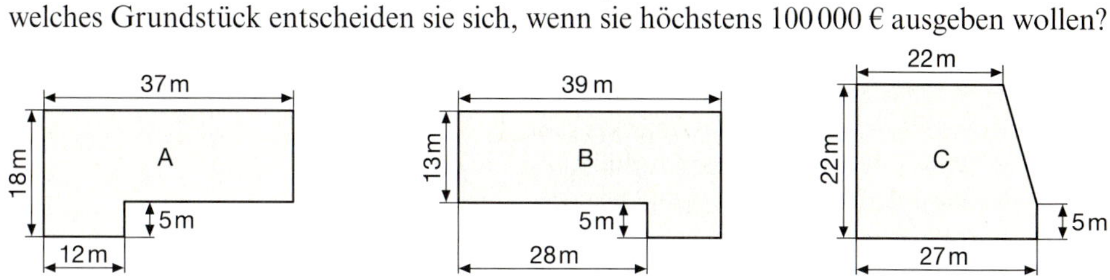

Station 6

1. Zeichne die Figuren in dein Heft.
2. Berechne den Flächeninhalt und den Umfang.

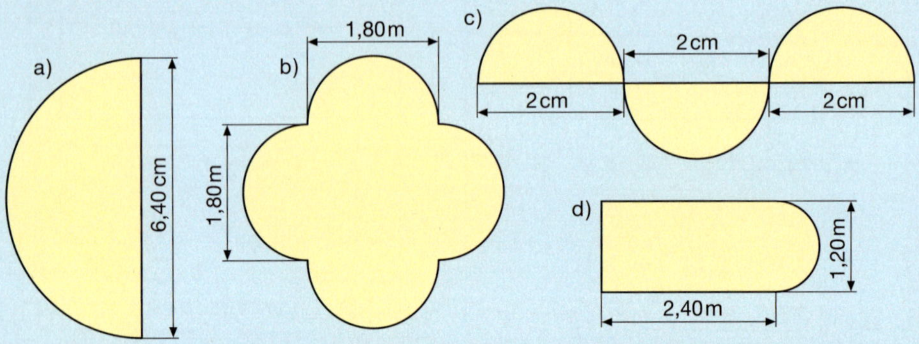

Station 5 **Herzchen**

a) Zeichne dieses Herz auf Karton.
b) Schneide die Teile an den Linien aus und lege die Figuren nach.
c) Erfinde selbst drei neue Figuren.

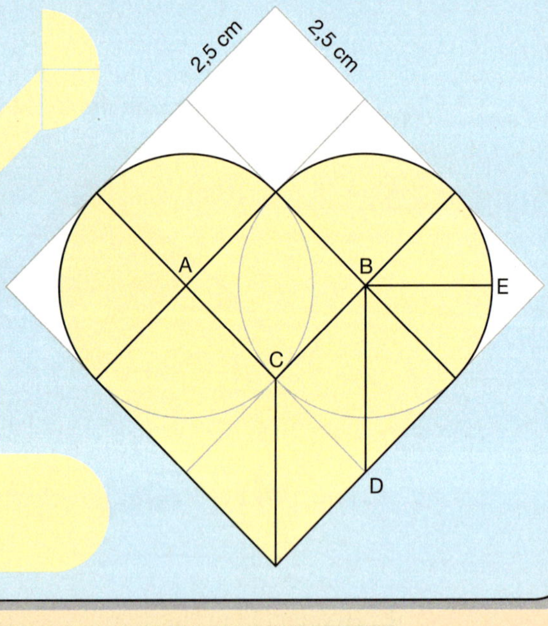

Station 4

Zeichne ein regelmäßiges Sechseck in einen Kreis (r = 3 cm). Verbinde jeden Eckpunkt des Sechsecks mit dem Mittelpunkt des Kreises, sodass du sechs Dreiecke erhältst. Wie groß sind die einzelnen Winkel eines Dreiecks? Begründe.

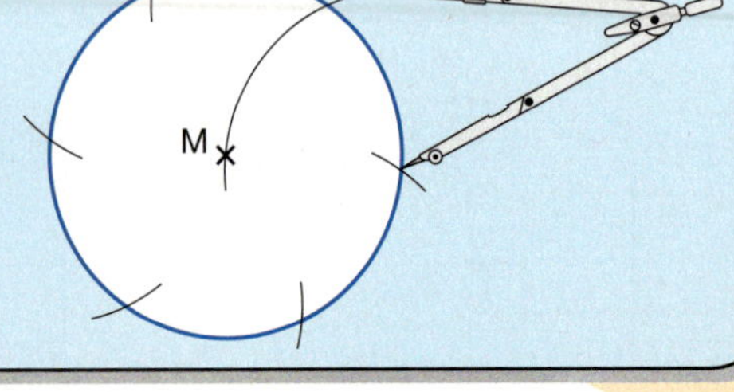

Station 1

- Zeichne auf Karton ein Dreieck. Halbiere die Seiten und verbinde mit den gegenüberliegenden Ecken.
- Schneide das Dreieck aus. Balanciere es auf der Bleistiftspitze.
- Benenne den Punkt, an dem sich das Dreieck im Gleichgewicht befindet.

Station 2

Das Bild zeigt dir, wie du ein schönes Ei in beliebiger Größe zeichnen kannst. Beginne mit dem Kreis und den beiden eingezeichneten Durchmessern.

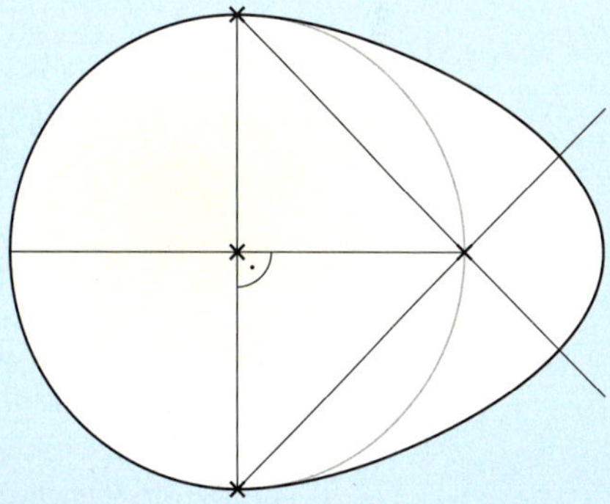

Station 3

a) Übertrage die Figuren in dein Heft (Kästchenlänge 2 cm). Miss die Winkel und bestimme die Winkelsumme.

b) Berechne jeweils den Umfang und den Flächeninhalt.

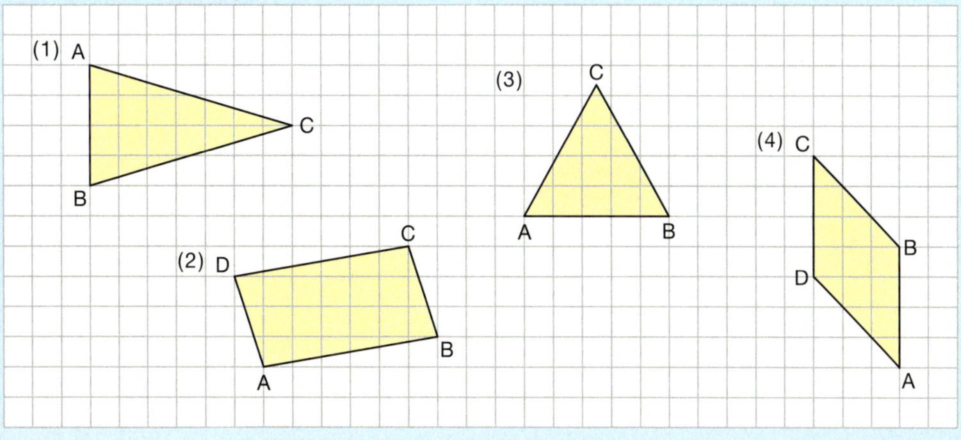

Bleibe fit!

1 a) Zeichne das Dreieck A (3|3), B (9|3) und C (3|6) und drehe es um Z (7|6) um 90°.
b) Gib die Koordinaten der Bildpunkte an.
c) Mit welcher Abbildung würdest du das Dreieck ABC auch noch erhalten?

2 Zeichne einen Winkel von 76° und halbiere ihn.

3 Zeichne das Dreieck.
a) a = 5 cm b = 5 cm c = 5 cm
b) a = 6 cm b = 6 cm $\gamma = 40°$
c) c = 7 cm $\alpha = 50°$ $\beta = 50°$

4 Berechne den Flächeninhalt.

a) Parallelogramm

	(1)	(2)	(3)	(4)
a	8 cm	3,6 dm	5,3 m	4 dm
h	5,5 cm	72 cm	53 cm	0,65 m

b) Dreieck

	(1)	(2)	(3)	(4)
g	12 cm	8 dm	2,45 m	0,450 km
h	9,5 cm	45 cm	15,5 dm	325 m

5 a) Berechne den Umfang der Kreise.

	(1)	(2)	(3)	(4)
r	7 cm	4,2 dm	6,3 m	9 dm

b) Bestimme den Flächeninhalt der Kreise.

	(1)	(2)	(3)	(4)
d	16 cm	31 dm	4,25 m	5,7 km

6 Im hinteren Teil des Gartens soll auf einer rechteckigen Fläche (4,20 m lang, 3,55 m breit) ein kreisrunder Sitzplatz eingerichtet werden.
a) Welchen Durchmesser darf der Platz höchstens haben?
b) Der runde Sitzplatz soll gepflastert werden. Pro m^2 benötigt man 62 Steine.
c) Auf die Restfläche soll Natursamen gesät werden. Auf der Packung steht: 1,5 kg für 100 m^2. Welche Menge muss auf die Fläche gesät werden?

7 Der Umfang eines Kreise beträgt 10 m.
a) Wie groß ist sein Durchmesser?
b) Berechne die Fläche.

8 An einem runden Tisch sollen acht Personen Platz finden. Für jede Person wird 60 cm Platz berechnet. Welchen Durchmesser muss der Tisch haben?

9

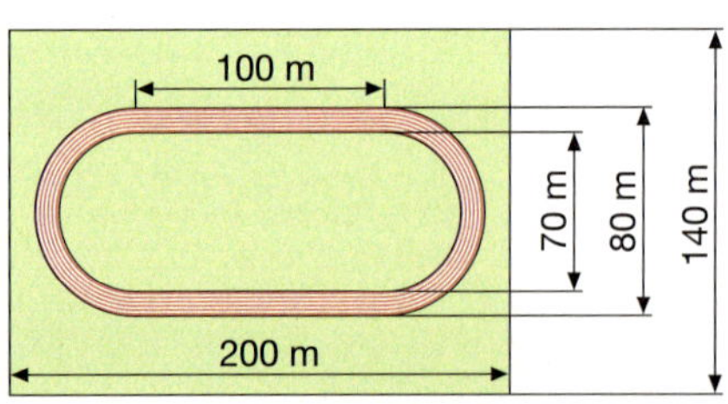

Eine Gemeinde will ein neues Sportgelände errichten und hat Land für 29 € pro Quadratmeter gekauft.
a) Wie viel Euro hat die Gemeinde ungefähr bezahlt (Überschlag)?
b) Welche Fläche ist für das Spielfeld vorgesehen?

10 Berechne den Flächeninhalt.

a)

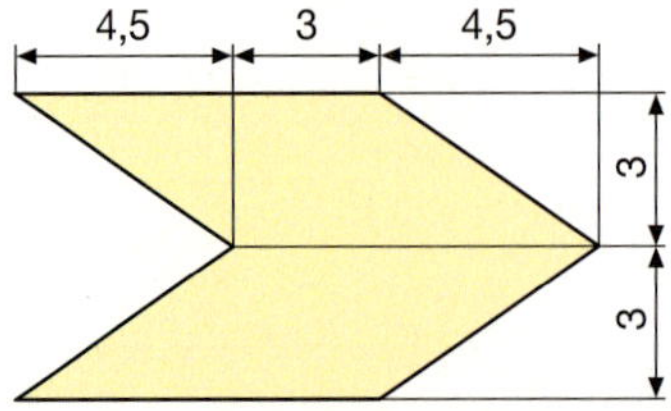

Maße in m

b)

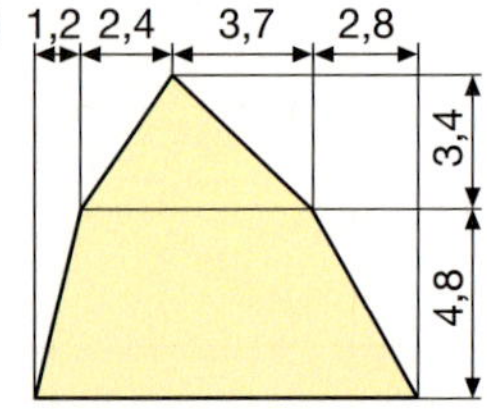

Testen

Test 1

1 a) Zeichne ein Dreieck und trage die Winkelhalbierenden ein.
b) Zeichne einen Kreis, der die drei Seiten berührt.

2 Zeichne das Dreieck. Zeichne vorher die Planfigur. $b = 5$ cm $c = 4{,}5$ cm $\alpha = 50°$

3 Berechne den Umfang und den Flächeninhalt der Kreise.
a) $r = 4$ cm b) $d = 6$ cm c) $r = 5$ cm d) $d = 12$ cm

4 Ein rundes Giebelfenster hat einen Durchmesser von 48 cm.
a) Berechne die Glasfläche. b) Wie lang ist das umliegende Bleiband?

5 Eine Firma fertigt runde Tischdecken an.
a) Wie viel Stoff benötigt die Näherin, wenn sie jeweils eine Tischdecke von $d = 90$ cm, $d = 100$ cm und $d = 120$ cm herstellt?
b) Um jede Tischdecke wird eine Abschlussborte genäht. Wie lang muss die Borte für alle drei Decken sein?

6 Berechne die fehlenden Größen der Kreise. Runde sinnvoll.
a) $u = 4{,}8$ km b) $u = 0{,}1$ m

7 Berechne den Flächeninhalt.

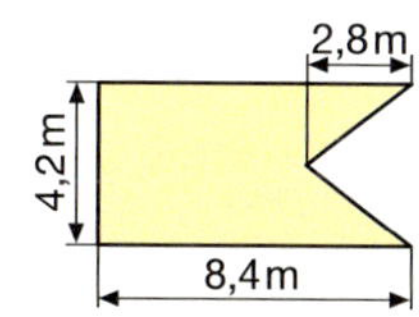

Test 2

1 a) Zeichne das Dreieck A (3|2), B (15|2), C (9|20) in ein Koordinatensystem (Einheit = 0,5 cm) ein.
b) Zeichne die Mittelsenkrechte und den Umkreis.
c) Gib die Koordinaten des Mittelpunktes an.

2 Zeichne das Dreieck. Zeichne vorher die Planfigur. $c = 5{,}5$ cm $\alpha = 45°$ $\beta = 70°$

3 a) An einer runden Verkehrsinsel ($d = 9$ m) werden die Randsteine erneuert. Sie haben eine Länge von 80 cm. Wie viele Steine werden benötigt?
b) Die Verkehrsinsel wird mit Rosenstöcken bepflanzt. Auf einen Quadratmeter passen fünf Stöcke.

4 Heikes Mutter lässt einen runden Teppich ($r = 90$ cm) reinigen. Was kostet die Reinigung, wenn sie für einen Quadratmeter 17,85 € bezahlt?

5 Berechne die fehlenden Größen eines Kreises. Runde sinnvoll.

	a)	b)
d		
u	100,48 m	23,45 cm

6 Berechne den Flächeninhalt.

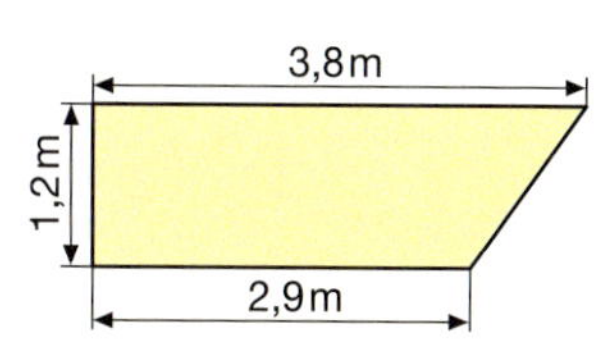

Wiederholen & Sichern

1

	Abfahrt Bremen Hbf		
12.32	IC 936 Seeadler		Gleis 4
nicht 30. XII.	Osnabrück	13.28	
	Dortmund	14.29	
	Düsseldorf	15.30	
	Köln	15.56	

	Abfahrt Köln Hbf		
16.00	IC 605 Heinrich der Löwe		Gleis 5
täglich außer 6	Bonn	16.20	
	Mainz	17.42	
	Mannheim	18.23	
	Stuttgart	19.06	
nicht 24.–31. XII.	Ulm	20.03	
	München	21.15	

Frau Brem fährt von einem Geschäftstermin von Bremen zurück nach München.

a) Als sie am Bahnhof ankommt, zeigt die Uhr 11:48. Wie viel Zeit hat sie noch?
b) Wie viel Zeit hat sie in Köln zum Umsteigen?
c) Wie lange ist Frau Brem mit der Bahn unterwegs?
d) Kurz nach Düsseldorf will Frau Brem im Speisewagen einen Imbiss nehmen. Reicht die Zeit bis zum Umsteigen?

Frankfurt

12.00 Uhr

New York

6.00 Uhr

Tokio

20.00 Uhr

2 Gib in zwei Einheiten an. 438 s = 7 min 18 s

a) 540 s 998 s 2000 s 5603 s 10 000 s
b) 111 min 671 min 148 min 5999 min

3 a) Herr Brenzek fliegt um 13.30 Uhr ab Frankfurt nach New York. Die Flugzeit beträgt 8 h 30 min. Wann kommt er in New York an?
b) Frau Utter fliegt um 16.45 Uhr ab Frankfurt nach Tokio. Der Flug dauert 11,5 Stunden.

4 Berechne die durchschnittliche Geschwindigkeit eines Autos in $\frac{km}{h}$.

a) 320 km in 4 h; 225 km in 3 h
b) 15 km in 30 min; 20 km in 10 min
c) 34 m in 8 s; 42 m in 12 s
d) 525 km in 3,75 h; 120 km in 1,25 h

5 Übertrage die Tabellen in dein Heft und ergänze.

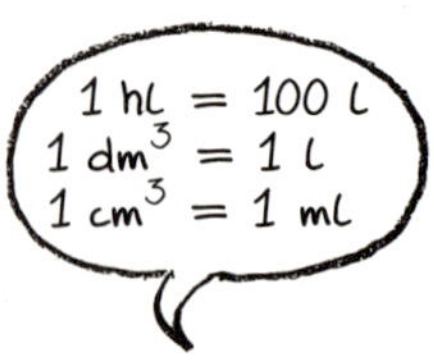

a)

dm^3	cm^3	mm^3
3,5		
	750	
		6300
7,5		

b)

m^3	dm^3	cm^3
2,5		
	3,5	
		650 000
0,25		

c)

hl	*l*	ml
0,52		
	75	
		450 000
0,875		

6 a) In einer Stadt mit 6000 Einwohnern wird täglich mit 18 000 Spülungen gerechnet. Wie viel m^3 Wasser werden dabei verbraucht?
b) Bei $\frac{2}{3}$ der Spülungen könnte der Sparhebel benützt werden. Wie viel Liter Wasser werden täglich gespart?

Helfen Sie Wasser sparen
Verwenden Sie den Sparhebel.
Statt 9 *l* Wasser werden dann nur 5 *l* Wasser verbraucht.
Einfacher Einbau!
Kleiner Preis – große Wirkung

7 Für ein Vereinsfest will eine Gruppe 25 Bleche Nuss-Honig-Kuchen backen. Wie viel müssen sie von jeder Zutat einkaufen?

Nuss-Honig-Kuchen (1 Blech)
80 g Mehl, 100 g Honig, 4 Eier, 10 g Hefe, 1 Teelöffel Zucker, etwas Milch, 75 g geriebene Nüsse, abgeriebene Schale einer halben Zitrone

Schaubilder zur Berufswahl

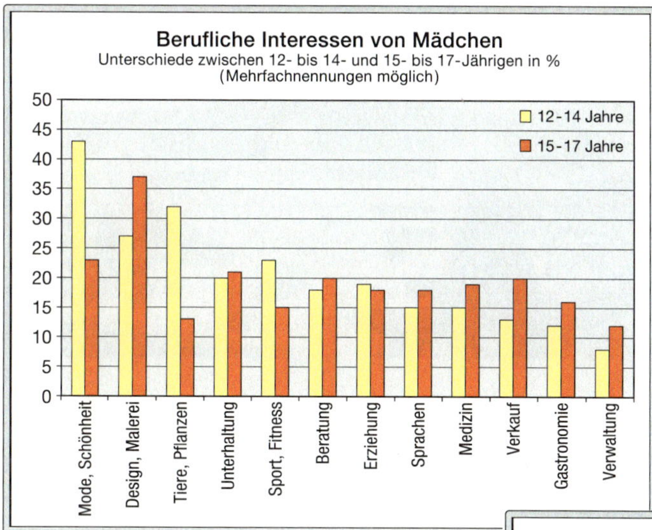

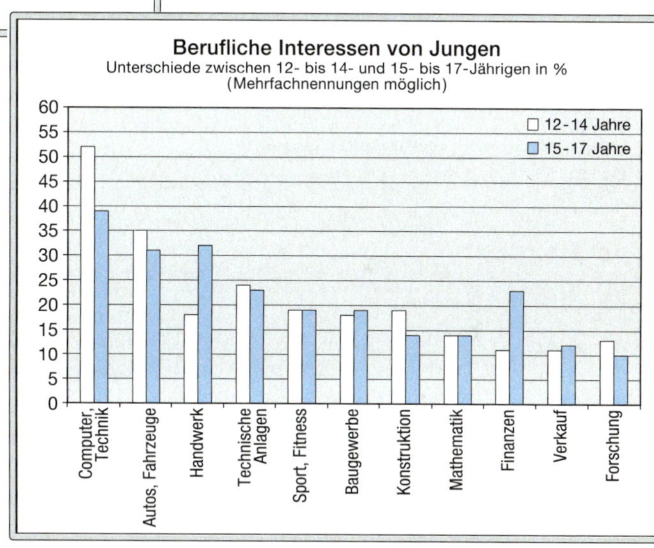

Für welche Berufe interessierst du dich? Warum?

Geschwister-Scholl-Schule führt Berufs-Orientierungs-Woche durch

Mehrere außerschulische Lernpartner in der Schule – Schüler sind begeistert

„Ich weiß jetzt genau, was ich machen will!" jubelt Tim, nachdem er den Vortrag des Vertreters der Handelskammer gehört hat. So geht es vielen Schülerinnen und Schülern des achten Jahrgangs. Am Ende der Berufs-Orientierungs-Woche geben 65 % der Schülerinnen und Schüler an, einen eindeutigen Berufswunsch zu haben, 25 % sind sich noch nicht ganz sicher. Nur 8 Schüler haben noch keine Idee, welchen Beruf sie ergreifen sollen.

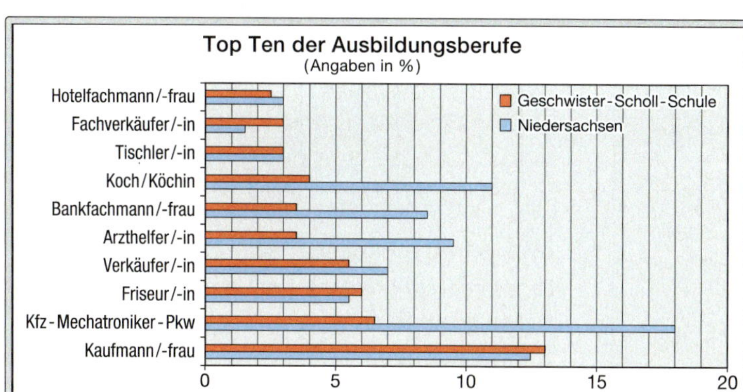

1 Artur und Pia schreiben einen Artikel über die Praxistage für die Schülerzeitung. Welches Problem haben Pia und Artur? Finde mit deinem Partner eine Lösung.

2

Klasse 8 a:

Grundwert (Ganzes): G = 28

Prozentwert (Teil): P = 7

Prozentsatz (Anteil):

$p\% = \frac{7}{28} = \frac{1}{4} = \frac{25}{100} = 25\%$

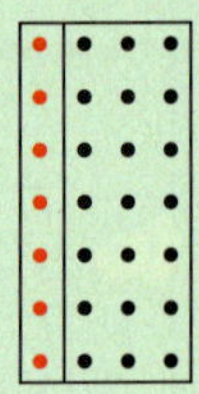

Klasse 8 b:

Grundwert (Ganzes): G = 20

Prozentwert (Teil): P = 6

Prozentsatz (Anteil):

$p\% = \frac{6}{20} = \frac{3}{10} = \frac{30}{100} = 30\%$

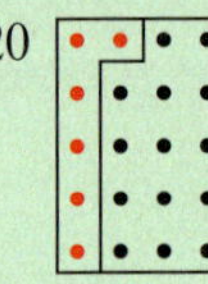

Wie wurde gerechnet? Erkläre. Formuliere einen Antwortsatz.

3 In der 8a waren bei den Praxistagen von 25 Schülern 10 in Handwerksbetrieben. In der 8b sind 20 Schüler. Von ihnen waren 8 im Handwerk beschäftigt.

Merke dir:

$\frac{1}{2} = 50\%$

$\frac{1}{3} = 33\frac{1}{3}\%$

$\frac{1}{4} = 25\%$

$\frac{3}{4} = 75\%$

$\frac{1}{5} = 20\%$

$\frac{1}{8} = 12\frac{1}{2}\%$

$\frac{1}{10} = 10\%$

$\frac{1}{20} = 5\%$

$\frac{1}{25} = 4\%$

$\frac{1}{50} = 2\%$

$\frac{1}{100} = 1\%$

4 In einem 8. Jahrgang geben 18 der 25 Mädchen an, gerne in dem Beruf arbeiten zu wollen, den sie während der Praxistage kennen gelernt haben. Von den 48 Jungen gaben dies 36 an. Bei welchem Geschlecht ist der Anteil größer?

5 Nach den Praxistagen wurde in der Wilhelm-Busch-Schule eine Umfrage durchgeführt. In welcher Klasse waren die Schüler zufriedener?

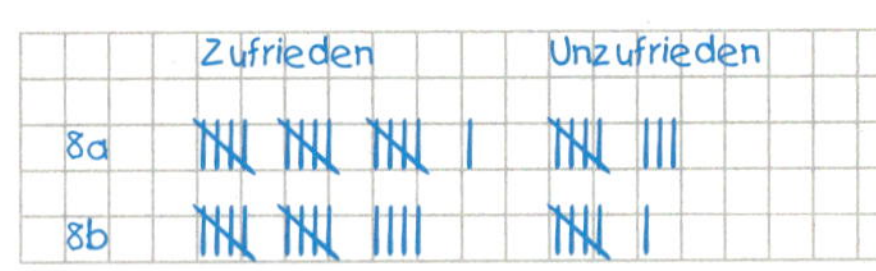

6 In welcher Figur ist der Anteil größer? Gib als Bruch und Prozent an.

a)

b)

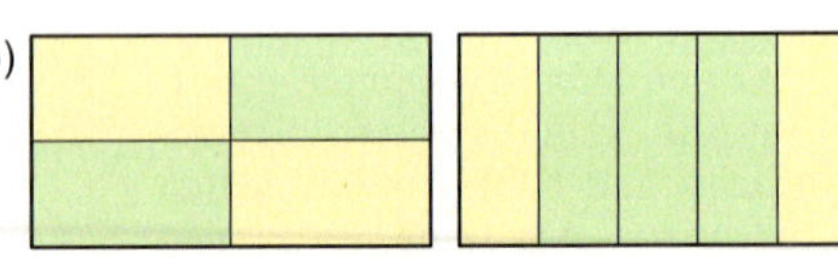

7 Was gehört zusammen? Schreibe in dein Heft und erkläre mit eigenen Worten.

$\frac{15}{100}$ 0,75 37% 0,08 15% $\frac{2}{25}$ $\frac{8}{100}$ $\frac{75}{100}$ 0,37 8% $\frac{3}{4}$ 0,15 $\frac{37}{100}$ $\frac{3}{20}$ 75%

1 Schreibe als Hundertstel und als gekürzten Bruch.
a) 20% 25% 50% 60% 90% b) 4% 16% 24% 66% 72%

2 Schreibe als Hundertstel und als Prozent.
a) 0,01 0,05 0,09 0,1 0,12 b) $\frac{4}{50}$ $\frac{19}{25}$ $\frac{11}{25}$ $\frac{17}{20}$ $\frac{7}{20}$ $\frac{9}{10}$ $\frac{7}{10}$

3 Übertrage die Tabelle in dein Heft und fülle sie aus.

Bruch	$\frac{1}{4}$	■	■	■	■	■	$\frac{3}{5}$	■	■	■	■	■	$\frac{8}{25}$
Hundertstel	■	$\frac{20}{100}$	■	■	■	$\frac{4}{100}$	■	$\frac{3}{100}$	■	■	■	$\frac{15}{100}$	■
Dezimalbruch	■	■	0,7	■	0,07	■	■	■	0,75	■	0,18	■	■
Prozentsatz	■	■	■	80%	■	■	■	■	■	56%	■	■	■

4 Was ist gegeben, was ist gesucht? Lege eine Tabelle an und ordne die Angaben entsprechend zu. Die Buchstaben der gesuchten Aufgabe ergeben in der richtigen Reihenfolge das Lösungswort.
a) 55 % der 400 Mofas haben keine Mängel.
b) Peter erhält 34 Stimmen, das sind 40 % der abgegebenen Stimmen.
c) Von 270 Schülern einer Schule sind 30 % Fahrschüler.
d) Von 30 € Taschengeld werden 9 € gespart.
e) 18 Schüler sind in einem Verein. Das sind 30 %.
f) 5 % der 20 kg Schrauben sind Ausschuss.

	Grundwert	*Prozentsatz*	*Prozentwert*
a)	E	I	S
b)	C	G	T
c)	K	A	H
d)	E	U	I
e)	L	I	C
f)	M	F	E

5 Bei den Bundesjugendspielen holten 15 von den 25 Schülerinnen und Schülern der 8a eine Urkunde. Bei der 8b errangen 12 von 20 Schülerinnen und Schülern eine Urkunde. Vergleiche.

6 Eine Kfz-Werkstatt stellt regelmäßig Auszubildende ein. 1997 waren noch 56 Hauptschüler unter den 80 Bewerbern. 2007 besuchten 36 von 64 Bewerbern eine Hauptschule.

7 In einem Erlebnisbad waren von 500 Gästen 180 jünger als 12 Jahre, am Tag zuvor waren es 140 von 400 Gästen. Wann war der Anteil der Kinder geringer?

8

Was meinst du, wer hat Recht? Begründe.

9 Zeichne drei 6 cm lange und 4 cm breite Rechtecke in dein Heft. Färbe beim ersten 62,5% der Fläche, beim zweiten $58\frac{1}{3}$% und beim dritten 37,5% der Fläche mit Bleistift ein. Erkläre deinem Nachbarn, wie du vorgegangen bist.

1 Anton bekommt 180 € zum Geburtstag. Er spart 35 %. Wie viele Euro sind das?

Svenja	Leonie	Ahmed
:100 (100 % ≙ 180 €) :100 · 35 (1 % ≙ $\frac{180}{100}$ = 1,80 €) · 35 35 % ≙ 35 · 1,8 = 63 € Antwort: Anton spart 63 €.	100 | $\frac{180 \cdot 35}{100}$ 1 | 35 | 35 % ≙ 63 € Antwort: Anton spart 63 €.	$P = \frac{G \cdot p}{100}$ $P = \frac{180 \cdot 35}{100}$ P = 63 € Antwort: Anton spart 63 €.

Vergleiche die Rechenwege miteinander. Achte besonders auf die Farben: Grundwert grün, Prozentwert rot und Prozentsatz blau. Welche Zusammenhänge siehst du?

2 a) Berechne jede Aufgabe auf jeweils zwei Arten. Vergleiche die Ergebnisse.
b) Peter ist 30 km mit dem Fahrrad gefahren. 35 % der Strecke gingen bergauf. Wie viel Kilometer sind das?
c) Von 540 Spielsachen fielen 12 % durch die Qualitätskontrolle. Wie viele sind das?
d) Von 360 Schülerinnen und Schülern bekommen 65 % bei den Bundesjugendspielen eine Urkunde. Wie viele Schülerinnen und Schüler bekommen eine Urkunde?

3 Die Geschwister-Scholl-Schule wird von 480 Schülern besucht. 65 % von ihnen sind Jungen. Wie viele Jungen besuchen die Schule?

4 Herr Hoffmann verdient 2420 € im Monat. Von seinem Lohn gehen 28 % Lohnsteuer ab. Wie viel Lohnsteuer muss er monatlich abgeben?

5 Frau Grunewald möchte abnehmen. Durch bewusste Ernährung und viel Bewegung schafft sie es, 12 % ihrer 96 kg zu verlieren. Wie viel Gewicht hat sie verloren?

6 Rechne im Kopf. Kannst du Rechenvorteile nutzen? Erkläre.

a) 10 % von	b) 20 % von	c) 60 % von	d)
200 €	180 kg	100 m^2	1 % von 130 $
650 €	240 kg	200 m^2	8 % von 130 $
230 €	600 kg	600 m^2	10 % von 130 $
950 €	350 kg	150 m^2	80 % von 130 $
			11 % von 130 $
			18 % von 130 $

7 Schokolade besteht, je nach Hersteller und Geschmacksrichtung, aus unterschiedlichen Bestandteilen.
a) Die Maxi-Tafel dieser Schokoladensorte wiegt 300 g. Wie viel g Kohlehydrate enthält sie?
b) Die Minis wiegen 20 g und kosten im 6er-Pack 1,19 €. Wie viel g Eiweiß enthält eine Mini-Tafel?
c) Sergej behauptet, ein Riegel einer normalen 100-g-Tafel hat weniger als 5 g Fett. Hat er Recht?

Kohlenhydrate	Fett	Eiweiß	Wasser
52 %	36 %	9 %	3 %

1 Das Modehaus „Modisch und Chic" hat zum 25-jährigen Jubiläum viele Teile reduziert.

a) Maike kauft die Bluse. Wie viel spart sie?
b) Wie viel Geld muss sie noch bezahlen?
c) Olga kauft die Hose. Wie viel muss sie bezahlen?
d) Aischa will den Rock kaufen. Sie hat 30 € dabei.

- Bluse 36 €, 25 % reduziert
- Hose 42 €, 17 % reduziert
- Rock 35 €, 12 % reduziert

2 Herr Bauer verdient 1860 € (Bruttolohn). Ihm werden aber insgesamt 38 % seines Lohns für Lohnsteuer und Sozialabgaben abgezogen. Wie viel Geld bekommt er ausbezahlt?

3 Frau Kern hat einen Bruttolohn von 1567 €. Ihre Abzüge belaufen sich auf 42 % des Bruttolohns. Wie hoch ist ihr Nettolohn?

4 Bei einer Lkw-Kontrolle wurde bei 56 % der 75 Fahrer festgestellt, dass sie ihre Lenkzeiten überschritten hatten. Wie viele Fahrer haben sich an die Lenkzeiten gehalten?

5 An einer Hauptschule in Münster fand ein Ehemaligen-Treffen statt. Die 10c hat die Chance für ein Statistikprojekt genutzt und die Ehemaligen gebeten, einen Fragebogen auszufüllen. 120 Gäste beteiligten sich an der Aktion.

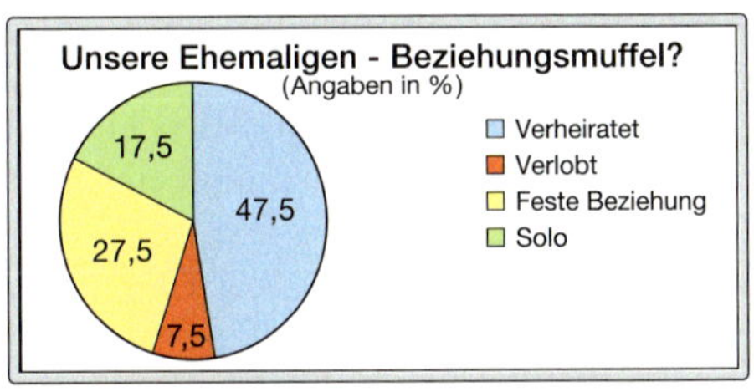

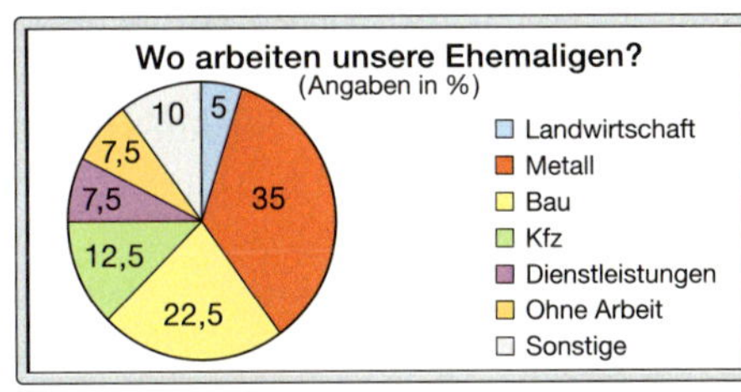

a) Worum geht es in den Diagrammen?
b) Beantworte die folgenden Fragen mithilfe der Diagramme:
Wie viele Ehemalige
... arbeiten in der Landwirtschaft?
... arbeiten im Kfz-Bereich?
... sind verheiratet, wie viele solo?
... haben keine Kinder?
... haben mindestens 2 Kinder?
... haben höchstens 2 Kinder?

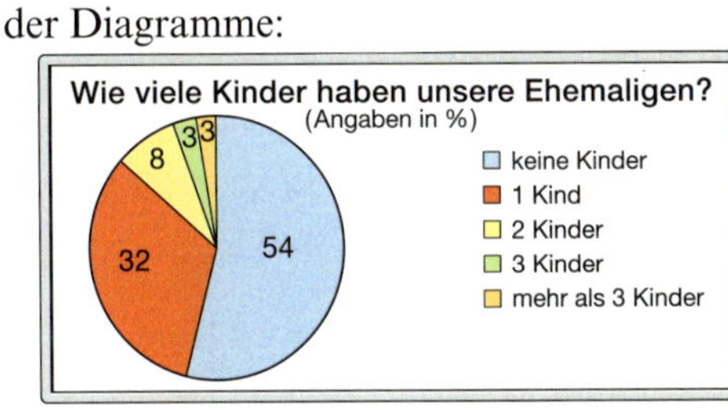

c) Denke dir selbst weitere Fragen zu den Diagrammen aus.

6 Herr Clausen hat einen quadratischen Garten mit einer Fläche von 225 m^2 gekauft. Der Gartenverein schreibt genau vor, wie dieser Garten genutzt werden darf.

a) Zeichne ein maßstabsgetreues Bild des Gartens.
b) Wie kann der Garten eingeteilt werden? Skizziere maßstabsgetreu. Beachte die Vorschriften.
c) Herr Clausen möchte einen Holzzaun bauen. Erkundige dich im Fachhandel oder im Internet nach Preisen. Mit welchen Kosten muss er rechnen?
d) Stelle die Ergebnisse in der Klasse vor.

Bebauungsvorschriften

- mindestens $\frac{1}{3}$ Rasen
- Schuppen, Hütten usw. weniger als 5 %
- Befestigte Wege und Flächen weniger als 10 %
- Grabeland zwischen 40 % und 60 %
- Blumenbeete mindestens 5 %
- Zaunhöhe mindestens 80 cm, höchstens 120 cm.

1 Ein Kino ist mit 156 Zuschauern zu 65% ausverkauft. Wie viele Plätze hat das Kino?

Markus:

$$65\,\% \triangleq 156 \text{ Zuschauer}$$

(:65) $1\,\% \triangleq \frac{156}{65} = 2{,}4 \text{ Zus.}$ (:65)

(· 100) $100\,\% \triangleq 240 \text{ Zuschauer}$ (· 100)

Raika:

65	
1	$\frac{156 \cdot 100}{65}$
100	

Ahried:

$$G = \frac{P \cdot 100}{p}$$

$$G = \frac{156 \cdot 100}{65}$$

$$G = 240 \text{ Zuschauer}$$

Vergleiche die Rechenwege miteinander. Erkläre, wie du vom Dreisatz zur Formel kommst.

2 Berechne jede Aufgabe auf zwei Arten. Welchen Rechenweg bevorzugst du? Begründe.

a) Die Anzahlung für ein Auto beträgt 1080 €. Das sind 12% des Kaufpreises. Wie teuer ist das Auto?

b) Beim Springreiten macht Julia an 3 Hindernissen Fehler. Das sind 15% aller Hindernisse. Wie viele Hindernisse hat der Parcours?

c) Ein Profiboxer hat 14 seiner Kämpfe gewonnen. Das sind 35% seiner Kämpfe. Wie viele Kämpfe hat er bestritten?

3 In der Nachmittagsvorstellung sahen 234 Personen ein Musical. Damit war das Musical zu 93,6% ausverkauft. Wie viele Personen können maximal eine Vorstellung besuchen?

4 Frau Görner bestellt einen neuen Laptop. Sie zahlt 428,67 € an. Das sind 33% des Kaufpreises. Wie teuer ist der Laptop insgesamt?

5 Julius gewinnt bei einem Computerspiel 80 Rennen. Das sind 64% seiner Rennen. Wie viele Rennen ist Julius gefahren?

6 Bei einer Geschwindigkeitskontrolle der Polizei sind 165 Autos „geblitzt“ worden. „Das sind 30% aller kontrollierten Fahrzeuge, ein erschreckendes Ergebnis!“ kommentierte die Polizei.

7 Rechne im Kopf.

a) 1% ≙	b) 10% ≙	c) 25% ≙	d) 50% ≙
7 €	20 €	13 m^2	18 kg
25 €	35 €	25 m^2	75 kg
987 €	237 €	800 m^2	350 kg
23,50 €	11,50 €	1,50 m^2	25,5 kg

8 Frühstücksmüsli wird in weitgehend automatisierten Fabriken aus den Zutaten gemischt und verpackt.

a) Welches Füllgewicht hat eine Packung Frühstücksmüsli, wenn sie 187,5 g Nüsse enthält?

b) Eine Vorratspackung des gleichen Müslis enthält 787,5 g Buchweizen. Welches Füllgewicht hat die Vorratspackung?

c) Ein Lieferant bringt eine Tonne Sesam. Für wie viel Müsli reicht das? Wie vielen Packungen entspricht das?

1 Zur Eröffnung seines neuen Autohauses lässt Herr Faber Handzettel mit Eröffnungsrabatten verteilen.
a) Wie viel Prozent des ursprünglichen Preises muss man noch bezahlen?
b) Wie teuer ist das Auto ohne Eröffnungsrabatt?
c) Wie viel Geld spart man beim Kauf des Autos?

2 Okan kauft sich einen neuen Roller. Weil es ein Ausstellungsstück ist, gibt ihm der Verkäufer einen Rabatt von 18 %. Ahmed bezahlt noch 2214 €. Wie viel Geld hat er gespart?

3 Im Räumungsverkauf wurde alles um 15 % reduziert. Tina kauft ein Top für 26,35 €. Reicht das gesparte Geld für einen 3,50 € teuren Eisbecher?

4 Bei einer Umfrage geben 279 Personen an, dieses Jahr mehr als einmal in den Urlaub zu fahren. Das sind 12 % aller Befragten. Wie viele Menschen wurden befragt?

Indiens Bevölkerung wächst

Indien ist nach China das bevölkerungsreichste Land der Erde. Schon 1900 lebten 16,44 % aller Menschen in Indien, um 1950 fiel der Anteil an der Weltbevölkerung auf 14,6 %, um zum Ende des Jahrtausends wieder bei 16,7 % zu liegen. Dabei bedeckt Indien mit einer Fläche von 3 287 590 Mio. km² nur 2,28 % der Landmasse der Erde.

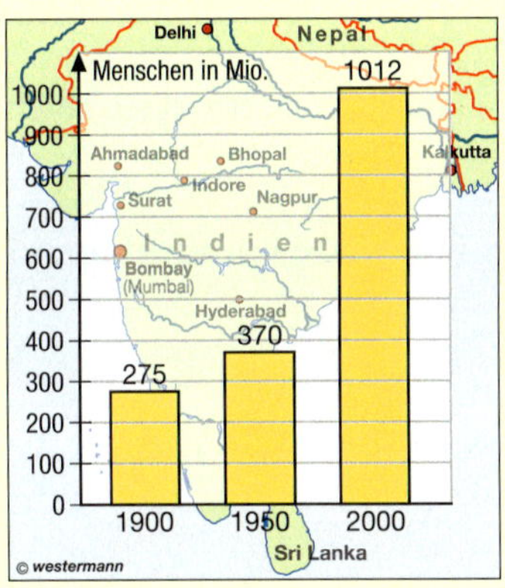

5 Beantworte mithilfe des Zeitungsartikels die folgenden Fragen. Runde sinnvoll:
a) Wie viele Menschen lebten um 1950 auf der Erde?
b) Wie hoch war die Weltbevölkerung im Jahr 2000?
c) Wie groß ist die Landfläche der Erde?
d) Die Landfläche beträgt nur ungefähr 14,3 % der Gesamtfläche unserer Erde, der Rest ist Wasser. Welche Gesamtfläche hat die Erde?

6 Übertrage die Teilfiguren in dein Heft und ergänze sie zu einer Gesamtfigur. Findest du mehrere Möglichkeiten?

a) Dargestellt sind 25 % der Figur.

b) Dargestellt sind 20 % der Figur.

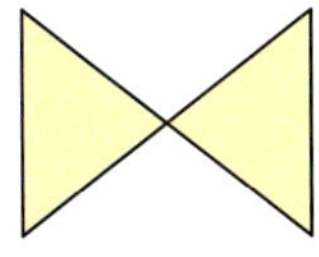

c) Dargestellt sind 60 % der Figur.

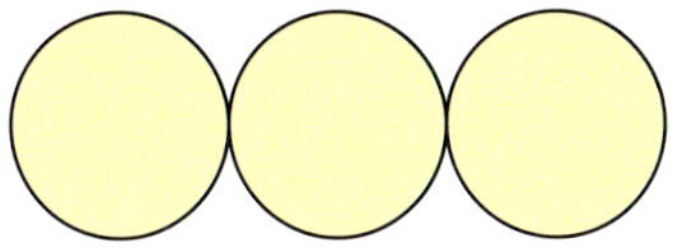

d) Dargestellt sind 80 % der Figur.

1 a) Von 300 überprüften Mofas haben 84 erhebliche Mängel. Welchem Prozentsatz entspricht das?

$:300$ / $\cdot 84$

300 Mofas $\triangleq$ 100 %

1 Mofa $\triangleq$ $\frac{100}{300} = \frac{1}{3}\,\%$

84 Mofas $\triangleq$ $\frac{100 \cdot 84}{300} = 28\,\%$

$:300$ / $\cdot 84$

Tatjana

200	
1	$\frac{84 \cdot 100}{300}$
84	

Carola

$p = \frac{P \cdot 100}{G}$

$p = \frac{84 \cdot 100}{300}$

$p = 28\,\%$

Rene

b) Vergleiche die Rechenwege miteinander. Erkläre, wie du vom Dreisatz zur Formel kommst.

2 Berechne jede Aufgabe auf zwei Arten. Welchen Rechenweg bevorzugst du?
a) Max wiegt 60 kg. Durch gesunde Ernährung und viel Bewegung nimmt Max 8,4 kg ab. Wie viel nimmt er prozentual ab?
b) In der 8c sind von 24 Schülern 15 Jungen. Wie groß ist der Anteil der Jungen in Prozent?
c) Ein Teeservice soll 125 € kosten. Wegen eines Farbfehlers reduziert der Verkäufer den Preis um 20 €. Wie viel Prozent des Originalpreises sind das?

3 Von 600 Schülern einer Schule sind 330 Mädchen. Welchem Prozentsatz entspricht das?

4 Jenny muss im Training 15 km laufen. 10,5 km ist sie bereits gelaufen. Wie viel Prozent hat sie bereits geschafft?

5 Von 70 erreichbaren Punkten in einer Mathearbeit erreicht Tim 54 Punkte. Ab 80 % bekommt man eine 2.

6 Seit fünf Jahren boomt die Farbe „Silber“ beim Autokauf. „Wir haben im letzten Monat 50 Autos verkauft, 12 davon waren silbern!“, erklärt der Autoverkäufer Roth.

7 Rechne im Kopf.

a) Wie viel Prozent sind
10 € von 20 €?
10 € von 40 €?
10 € von 80 €?
20 € von 80 €?

b) Wie viel Prozent sind
20 g von 50 g?
10 g von 50 g?
5 g von 50 g?
2 g von 50 g?

c) Wie viel Prozent sind
400 m von 2 km?
80 ct von 4 €?
50 g von 2 kg?
40 min von 2 h?

8 a) Berechne den prozentualen Anteil von Eiweiß und Fett an Kartoffelchips.
b) Philip meint, Kartoffelchips enthalten weniger als 1 % Wasser. Hat er Recht?
c) Die Herstellerfirma experimentiert mit fettreduzierten Kartoffelchips. Das Fett wurde um die Hälfte reduziert und dafür der Gewichtsanteil an Kohlehydraten und Eiweiß zu gleichen Teilen erhöht. Berechne den prozentualen Anteil der genannten Zutaten an den fettreduzierten Kartoffelchips.

150 g Kartoffelchips enthalten:
75 g Kohlenhydrate
13 g Zellulose
3 g Wasser
9 g Eiweiß
50 g Fett

1 Von seinen 177 Formel-1-Rennen gewann Niki Lauda 25 Rennen.
a) Wie viel Prozent der Rennen hat Niki Lauda gewonnen, wie viel Prozent hat er dann nicht gewonnen?
b) Wie viele Rennen hat Lauda nicht gewonnen?
Welchem Prozentsatz entspricht dies?
c) Vergleiche die beiden Lösungen. Was fällt dir auf?

2 Ein Fahrradhändler bietet ein Mountainbike für 456 € statt für 654 € an. Ein anderer bietet das gleiche Fahrrad mit 25 % Rabatt an. Bei welchem Händler ist das Rad günstiger?

3 a) Ein quadratisches Kinderpuzzle hat 49 Teile. Berechne den prozentualen Anteil der Puzzleteile mit Rand.
b) Ein rechteckiges Puzzle für Kleinkinder hat 24 Teile. Wie viel Prozent der Puzzleteile haben keinen Rand?

4 Die 8b hat während des Projekts „Wir in Europa" alle 350 Schüler einer Schule nach ihrem Geburtsland gefragt und die Ergebnisse in eine Europakarte übertragen.
a) Wie hoch ist der Prozentsatz der deutschen, russischen und türkischen Schüler in der Schule?
b) In die 9a gehen 26 Schüler. In dieser Klasse ist der Prozentsatz der Italiener 10 % höher als im Schuldurchschnitt.
c) Die 6c wird von 21 Schülern besucht. Wie viele von ihnen sind Polen, wenn der Schuldurchschnitt eingehalten wird?
Runde alle Ergebnisse sinnvoll.

Führe selbst eine Befragung durch!

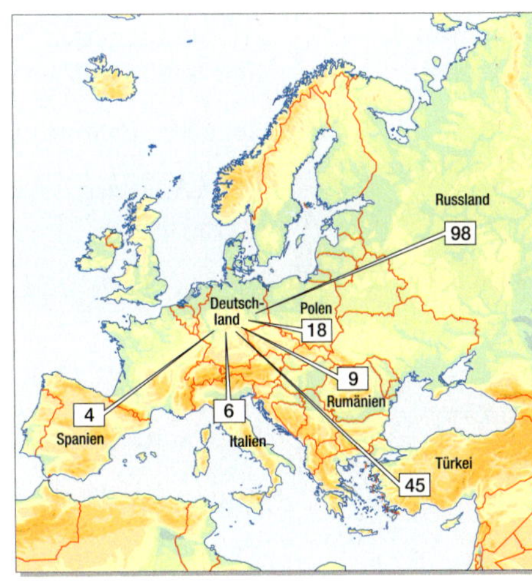

5

Hallo, hier ist das Ergebnis unserer Schulsprecherwahl:
Alexandra 9 Stimmen, Emre 12 Stimmen, Lukas 6 Stimmen, Raima 3 Stimmen.
Wir brauchen ein passendes Diagramm für die Schülerzeitung.
Vielen Dank! Fr. Schulz

6 Die Grafik zeigt das Ergebnis einer Umfrage an der Lise-Meitner-Schule.
a) Erläutere, worum es in der Grafik geht.
b) Führt eine entsprechende Umfrage in eurer Klasse durch und wertet sie aus.
c) Gibt es Unterschiede zur abgebildeten Grafik? Erkläre.

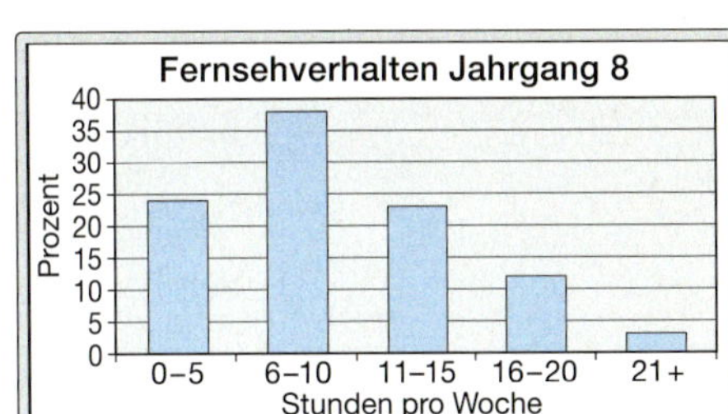

Grundwissen: Grundaufgaben der Prozentrechnung

Anteile vergleichen

Angaben in Prozent kann man leicht vergleichen. Der Grundwert ist immer 100 %.

$1\,\% = \frac{1}{100} = 0{,}01$ $25\,\% = \frac{25}{100} = 0{,}25$ $50\,\% = \frac{50}{100} = 0{,}50$ $75\,\% = \frac{75}{100} = 0{,}75$

Prozentwert berechnen

Von 480 Schülern einer Schule geben 65 % an: „Mathe ist mein Lieblingsfach." Wie viele Schüler sind das?

Gegeben: Grundwert G = 480 Schüler Prozentsatz p % = 65 % Ges.: Prozentwert P

1. Lösungsweg: Dreisatz

$100\,\% \triangleq 480$ Schüler

(: 100) $1\,\% \triangleq \frac{480}{100} = 4{,}80$ Schüler

(· 65) $65\,\% \triangleq 4{,}8 \cdot 65 = 312$ Schüler

2. Lösungsweg: Tabelle

100	480
1	4,80
65	312

3. Lösungsweg: Formel

$P = \frac{G \cdot p}{100}$

$P = \frac{480 \cdot 65}{100}$

P = 312 Schüler

Antwort: 312 von 480 Schülern haben Mathe als ihr Lieblingsfach genannt.

Grundwert berechnen

312 Schüler einer Schule geben an: „Mathe ist mein Lieblingsfach." Das sind 65 % aller Schüler. Wie viele Schüler gehen in die Schule?

Gegeben: Prozentwert P = 312 Schüler Prozentsatz p % = 65 % Ges.: Grundwert G

1. Lösungsweg: Dreisatz

$65\,\% \triangleq 312$ Schüler

(: 65) $1\,\% \triangleq \frac{312}{65} = 4{,}80$ Schüler

(· 100) $100\,\% \triangleq 4{,}8 \cdot 100 = 480$ Schüler

2. Lösungsweg: Tabelle

65	312
1	4,80
100	480

3. Lösungsweg: Formel

$G = \frac{P \cdot 100}{p}$

$G = \frac{312 \cdot 100}{65}$

G = 480 Schüler

Antwort: 480 Schüler gehen in die Schule.

Prozentsatz berechnen

312 von 480 Schülern einer Schule geben an: „Mathe ist mein Lieblingsfach." Welchem Prozentsatz entspricht dies?

Gegeben: Grundwert G = 480 Schüler Prozentwert P = 312 Schüler
Gesucht: Prozentsatz p %

1. Lösungsweg: Dreisatz

480 Schüler $\triangleq 100\,\%$

1 Schüler $\triangleq \frac{100}{480} \approx 0{,}21$

312 Schüler $\triangleq 0{,}21 \cdot 321 = 65\,\%$

2. Lösungsweg: Tabelle

480	100
1	0,21
312	65

3. Lösungsweg: Formel

$p = \frac{P \cdot 100}{G}$

$p = \frac{312 \cdot 100}{480}$

p = 65 %

Antwort: 65 % der Schüler wählen Mathe als Lieblingsfach.

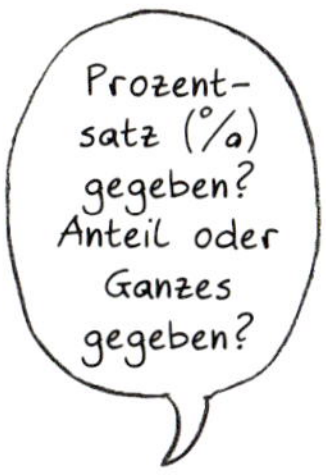

1 Was ist gegeben? Was ist gesucht? Formuliere zu jeder Aufgabe eine Frage.
a) Von 15 Kopfrechenaufgaben hat Petra 3 Aufgaben falsch gelöst.
b) An der Geschwister-Scholl-Schule nehmen 130 Schüler an der Tischtennis AG teil. Das sind 25% aller Schüler.
c) In der Klasse 8 b sind 20 Schüler. Jannis erhielt bei der Klassensprecherwahl 60% der Stimmen.

2 Bei einer Informationsveranstaltung interessieren sich 4 Schüler für den Beruf Maler und Lackierer. Das entspricht einem Prozentsatz von 16%. Wie viel Schüler nahmen an der Veranstaltung teil?

3 An der Richard-von-Weizsäcker-Schule sind 124 der 320 Schülerinnen und Schüler Fahrschüler. Wie viel Prozent entspricht dies?

4 Marina freut sich. Bei der letzten Schulsprecherwahl bekam sie 95% aller Stimmen. Nur 18 Schülerinnen und Schüler stimmten nicht für sie. Wie viele Schülerinnen und Schüler waren stimmberechtigt?

5 120 Schülerinnen und Schüler eines Schulzentrums haben ihre Sportart für das nächste Halbjahr gewählt. Berechne die Teilnehmerzahl für jeden Sportkurs.

Gewählte Sportart					
Anteil in %	20	25	15	10	30

6 In einer Klassenarbeit können 42 Punkte erreicht werden. Erreicht man mehr als 65% der Punkte, aber weniger als 80% der Punkte, bekommt man eine 3.
a) Michael hat 28 Punkte. Reicht das für eine 3?
b) Wie viel Punkte benötigt Michael für eine 2?
c) Für eine 1 benötigt man 95% der Punkte. Wie viele Punkte Abzug darf man sich erlauben?

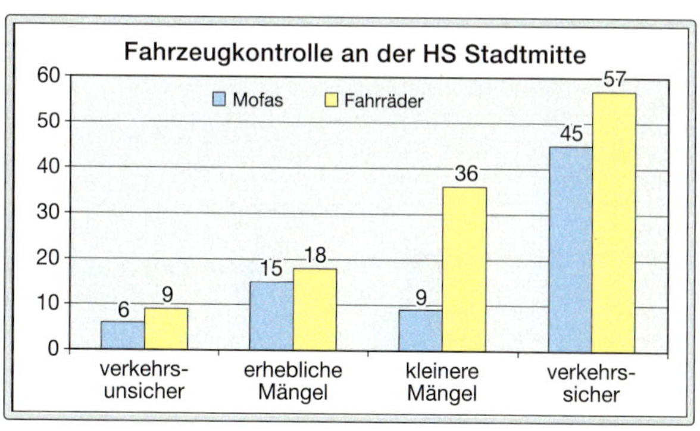

7 Bei einer Fahrzeugkontrolle wurden Fahrräder und Mofas kontrolliert.
a) Wie viel Prozent der Fahrräder wiesen keine Mängel auf?
b) Wie viel Prozent der Mofas waren verkehrsunsicher?
c) War der Prozentsatz „erhebliche Mängel" bei den Mofas oder bei den Fahrrädern geringer?

8 a) Wie viel Prozent der 640 Schülerinnen und Schüler an der Lise-Meitner-Schule kommen aus dem Ausland?
b) Berechne bei den ausländischen Schülerinnen und Schülern den Prozentsatz der Italiener, der Spanier, Türken, Osteuropäer und Sonstigen.

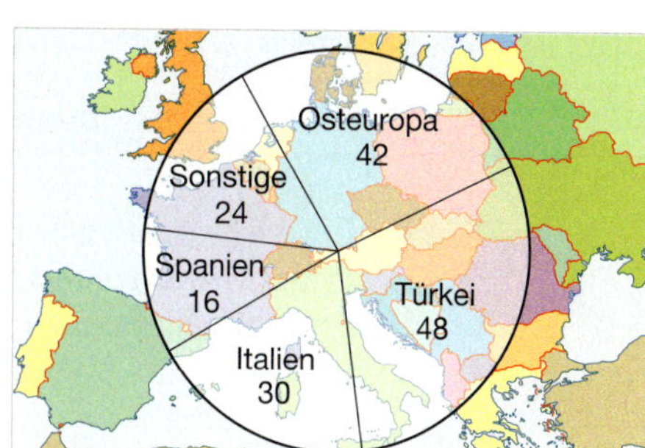

1 In einer Fußballsaison wurden 79 Elfmeter gegeben. 14-mal siegte der Torhüter im Duell gegen den Schützen und sechs Elfmeter verfehlten das Tor. Wie viel Prozent der gegebenen Elfmeter wurden verwandelt?

2 a) Berechne den Flächeninhalt des kleinsten und des größten Feldes, das möglich ist.
b) Wie viel Prozent der Fläche des größten Feldes hat das kleinste Feld?
c) Zum Aufwärmen werden 10 Runden ums Feld gelaufen. Wie groß ist dabei der Unterschied zwischen dem größten und kleinsten Feld?

Länge: 90 – 120 m
Breite: 45 – 90 m

3 Beantworte mithilfe des Zeitungsartikels folgende Fragen:
a) In welcher Vereinssportart sind die meisten Frauen aktiv? Wie viele sind es?
b) Gibt es mehr Frauen in Kegelvereinen oder in Angelvereinen?
c) Wie viele Männer sind in Fußballvereinen aktiv? Wie viele in Badmintonvereinen?
d) Im Juni 2007 waren 31,75% aller Deutschen in Sportvereinen aktiv. Wie viele Menschen waren in keinem Sportverein aktiv?
e) In einigen Sportarten ist der Anteil der Frauen sehr gering, in anderen sehr hoch und in wieder anderen etwa ausgeglichen. Erkläre dieses Phänomen an einigen Beispielen.

Sport-Freunde 11.06.2007

Sport tut gut. Er macht körperlich fit und sorgt für seelischen Ausgleich. Mehr als 23 Millionen Deutsche sind in Sportvereinen aktiv.
Die größte Gruppe stellen mit 6,3 Millionen Mitgliedern die Fußballer. Allerdings sind unter ihnen nur 14 % Frauen. Anders als bei den Turnvereinen. Die rund fünf Millionen Mitglieder sind zu 70 Prozent weiblich. Den höchsten Frauenanteil haben mit 71 Prozent die Reitvereine; fast ausschließlich Männer interessieren sich fürs Angeln (Frauenanteil: 4 Prozent).

23,2 Millionen deutsche Sport-Freunde

Vereinssportarten	Mitglieder	Frauenanteil in %
Fußball	6312020	14
Turnen	4862300	70
Tennis	1920468	41
Schützen	1550580	23
Leichtathletik	862240	49
Handball	828490	38
Reiten	772111	71
Ski	671814	23
Tischtennis	671020	44
Sportfischen	668500	4
Schwimmen	634200	37
DLRG	570780	52
Alpenverein	548730	45
Volleyball	520760	52
Golf	482812	40
Behindertensport	340069	49
Tanzsport	282650	60
Judo	260519	31
Kegeln	241168	31
Badminton	225345	41

4 Ein DIN-A3-Bogen Papier wird dreimal in der Mitte gefaltet. Dann wird er mit einem Locher einmal gelocht. Wie viele Löcher hat der Bogen, wenn man ihn wieder entfaltet?

1 In einem achten Jahrgang werden 75 Schülerinnen und Schüler über ihre Freizeitgewohnheiten befragt. „Was machst du in deiner Freizeit?“ lautete die erste Frage. Jeder durfte nur eine Beschäftigung angeben. Das folgende Streifendiagramm veranschaulicht das Ergebnis.

Streifenlänge ≙ 100%

a) Für welche Freizeitaktivität haben sich die meisten, für welche die wenigsten entschieden? Woran erkennst du das?
b) Miss die Länge des gesamten Streifens und die Länge der einzelnen Abschnitte.
c) Wie viel Prozent stellt der gesamte Streifen dar (Grundwert)?
d) Wie viel Prozent stellen die einzelnen Abschnitte dar (Prozentwerte)?
e) Warum ist die gewählte Streifenlänge sinnvoll?
f) Wie viele Schüler haben sich für die einzelnen Bereiche entschieden?

2 „Wie viele Stunden verbringst du täglich vor dem Fernseher?“ Das folgende Streifendiagramm zeigt das Ergebnis.

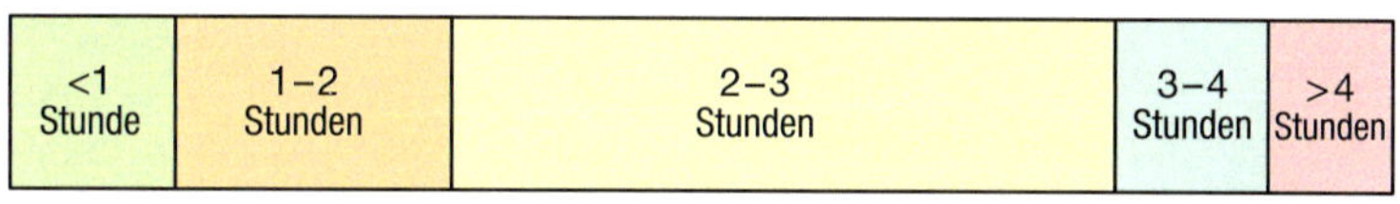

a) Bei welcher Zeitangabe haben sich die meisten, bei welcher die wenigsten eingeordnet?
b) Wie lang sind die einzelnen Abschnitte? Welchen Prozentangaben entspricht das?
c) Wie viele Schülerinnen und Schüler sehen 2–3 Stunden Fernsehen am Tag?
d) Wie viele Schülerinnen und Schüler sehen mehr als 3 Stunden am Tag Fernsehen? Wie viele weniger als 2 Stunden?

3 80 Schülerinnen und Schüler werden zum Thema „Meine Lieblingssportart“ befragt. Stelle das Ergebnis in einem Streifendiagramm dar. Benutze den Lösungsplan.

4 Bei einer Verkehrszählung wurden in einer Stunde 750 Fahrzeuge gezählt. Veranschauliche das Ergebnis in einem Streifendiagramm.

Lösungsplan „Streifendiagramm“

Prozentsätze berechnen
↓
Streifen zeichnen
↓
Streifen unterteilen
↓
Abschnitte beschriften

Produzierendes Gewerbe
- Energiewirtschaft
- verarbeitendes Gewerbe
- Handwerk
- Bauwirtschaft

Dienstleistungsbereiche
- Verkehr
- Nachrichtenübermittlung
- Wohnungswesen
- Datenverarbeitung

1 a) Worum geht es in dem Säulendiagramm? Die Überschrift und die anderen Angaben helfen dir.
b) Was versteht man unter dem Begriff „Produzierendes Gewerbe“?
c) Wann war der Anteil der Erwerbstätigen im produzierenden Gewerbe an den Gesamterwerbstätigen am höchsten? Wann am niedrigsten? Woran erkennst du das?
d) Wie viel Prozent der Erwerbstätigen waren 1980 im produzierenden Gewerbe tätig?
e) Zwischen welchen Jahren ist der größte Unterschied?

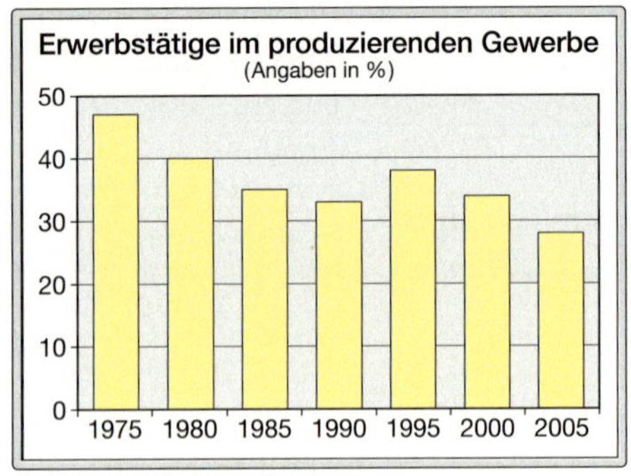

2

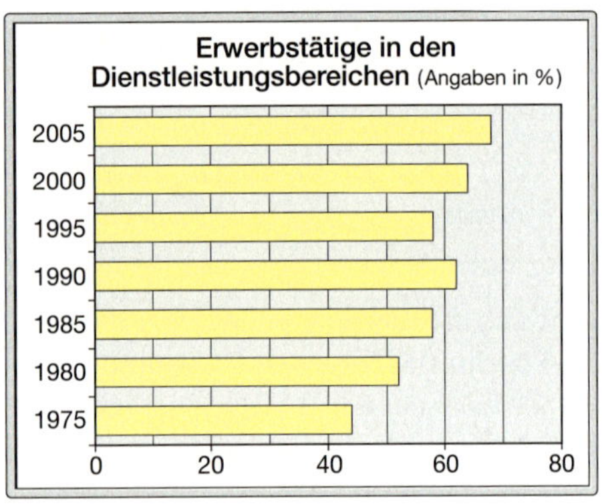

a) Worum geht es in dem Balkendiagramm?
b) Was versteht man unter dem Begriff „Dienstleistungsbereiche“?
c) Wann war der Anteil der Erwerbstätigen in den Dienstleistungsbereichen am höchsten, wann am niedrigsten?
d) Wie viel Prozent der Erwerbstätigen waren 1985 in den Dienstleistungsbereichen tätig?
e) Vergleiche Säulen- und Balkendiagramm. Wo entdeckst du Unterschiede, wo Gemeinsamkeiten?

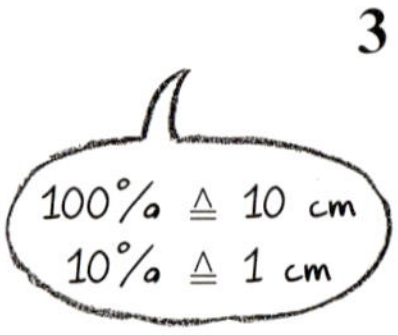

3 Stelle den prozentualen Anteil der Meeresfische an der Gesamtproduktion der Weltfischerei in einem Säulendiagramm dar. Beachte den Lösungsplan.

Die Weltfischerei			
	1960	1980	2000
Gesamtproduktion (in Mio. t)	35,4	72	130,4
Meeresfische (in Mio. t)	22,8	40,7	45,5

4 Stelle den prozentualen Anteil der Mädchen an der Gesamtschülerzahl der Pestalozzi-Schule in einem Balkendiagramm dar. Runde dabei auf ganze Prozent. Achte auf eine sinnvolle Einteilung der Achsen.

Gesamtschülerzahlen der Pestalozzi-Schule		
Schuljahr	Mädchen	Jungen
2001/02	231	220
2002/03	219	235
2003/04	209	233
2004/05	213	229
2005/06	199	253

Lösungsplan „Säulen- und Balkendiagramm“

Prozentsätze berechnen
↓
Hoch- und Querachse zeichnen (auf sinnvolle Einteilung achten!)
↓
Prozentzahlen als Säulen/Balken einzeichnen
↓
Beschriften

1 „Wo verbringen Sie im Sommer ihren Urlaub?“ Ines und Peter haben für ihre Schülerzeitung 1000 Passanten in der Fußgängerzone in Hannover befragt.

a) Welche Region wurde am häufigsten, welche am seltensten genannt? Woran erkennst du das?

b) Wie viel Prozent sind im Kreis insgesamt dargestellt?

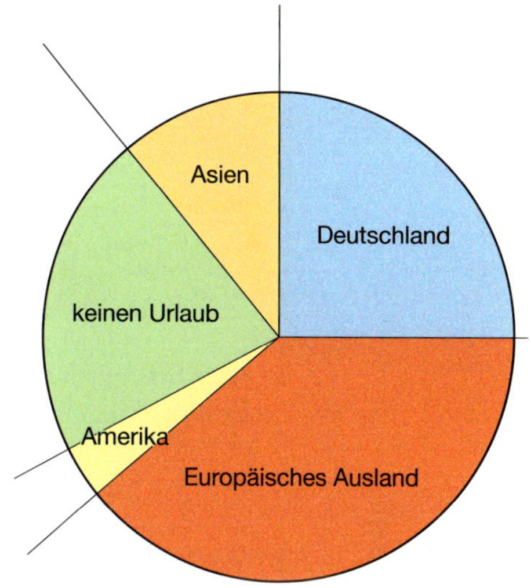

c)

Was meint Fatma damit?

d) Wie groß ist der Winkel im Kreisausschnitt für Deutschland? Wie viel Prozent entspricht das?

e) Wie viele der 1000 Befragten gaben Deutschland als ihr Reiseziel an?

f) Bestimme ebenso die Zahl der Befragten für die anderen Regionen.

2

Ein großes Autohaus hat eine Marktanalyse über die bevorzugten Farben bei Pkw-Neuzulassungen in Auftrag gegeben. Stelle das Ergebnis in einem Kreisdiagramm (r = 5 cm) dar. Benutze den Lösungsplan.

3 Im Mai verkaufte der Fahrradhändler Altig insgesamt 72 Fahrräder. Er verkaufte 18 Tourenräder, 13 Rennräder, 24 Mountainbikes und 19 Kinder-Fahrräder.

a) Gib die prozentualen Anteile der einzelnen Fahrradtypen an.

b) Zeichne ein Kreisdiagramm (r = 6 cm).

4 12 925 322 der 2003 in Deutschland lebenden Menschen waren jünger als 15 Jahre, 56 310 935 zwischen 15 und 65 Jahre, 65 Jahre oder älter waren 13 793 279.
Veranschauliche die Bevölkerungsstruktur in einem Kreisdiagramm.

Lösungsplan „Kreisdiagramm“

Prozentsätze berechnen
↓
Winkel berechnen 1 % ≙ 3,6°
30 % ≙ …
↓
Kreis zeichnen mit dem Zirkel
↓
Winkel einzeichnen
↓
Beschriften

1

a) Herr Schrage kauft die ausgestellte Tischtennisplatte.
Erläutere den Sachverhalt mithilfe des Streifendiagramms.

Alter Preis ≙ 100%	
Ermäßigter Preis ≙ 75%	Nachlass ≙ 25%

b) Vergleiche die Rechenwege miteinander. Welche Unterschiede siehst du? Gibt es Gemeinsamkeiten?

Lea	Hannes	Anastasia
Preisnachlass: 25 % von 280 € = 70 € Ermäßigter Preis: 280 € − 70 € = 210 € Antwort: Die Tischtennisplatte kostet jetzt noch 210 €.	Ermäßigter Preis: 100% − 25% = 75% 75% von 280 € = 210 € Antwort: Die Tischtennisplatte kostet jetzt noch 210 €.	Ermäßigter Preis: 100 % − 25 % = 75 % $\frac{75}{100} = 0{,}75$ 280 € · 0,75 = 210 € Antwort: Die Tischtennisplatte kostet jetzt noch 210 €.

Tipp: Mit einem Streifendiagramm kannst du dir den Sachverhalt veranschaulichen.

c) Wie viele Euro kosten die übrigen Sportartikel?
d) Wann gibt es Rabatt? Welche Gründe fallen dir ein, einen Preisnachlass zu bekommen?

2 Sabina kauft bei einem Räumungsverkauf eine Winterjacke. Auf den ursprünglichen Preis von 89 € wird ein Preisnachlass von 18 % gewährt. Wie viel muss Sabina bezahlen?

3 Ahmed kauft ein Auslaufmodell Sportschuhe, die um 35 % günstiger sind. Wie viel muss er bezahlen, wenn die Schuhe ursprünglich 79,90 € gekostet haben?

4 Weil die neue Kollektion kommt, hat ein Modegeschäft die alte reduziert.

a) Jenny will die Bluse kaufen. Wie viel muss sie bezahlen?
b) Frau Gruber interessiert sich für den Hosenrock, will aber nicht mehr als 100 € bezahlen.
c) Paula will das Kleid und den Hut kaufen. Der Verkäufer bietet ihr an, statt des angegebenen Rabatts auf beide Teile jeweils 25 % Rabatt zu geben. Was rätst du Paula?
d) Semine hat 50 € dabei. Was kann sie sich alles leisten?

1

a) Was ist die Mehrwertsteuer?

b) Erläutere den Sachverhalt mithilfe des Streifendiagramms.

Preis ohne Mehrwertsteuer (Verkaufspreis) ≙ 100 %	MwSt. ≙ 19 %
Endpreis ≙ 119 %	

c) Wie viel Euro muss Herr Krantz an der Kasse bezahlen?

Mehrwertsteuer:
19 % von 750 € = 142,50 €
Erhöhter Preis:
750 € + 142,50 € = 892,50 €
Antwort:
Herr Krantz muss 892,50 € zahlen.
Horst

Erhöhter Preis:
100 % + 19 % = 119 %
119 % von 750 €
= 892,50 €
Antwort:
Er muss an der Kasse 892,50 € bezahlen.
Mubsin

Erhöhter Preis:
100 % + 19 % = 119 %
750 € · 1,19 = 892,50 €
Antwort:
Er muss 892,50 € bezahlen.
Charlotte

Vergleiche die verschiedenen Rechenwege miteinander. Welcher gefällt dir am besten? Warum?

d) Wie teuer wären die beiden anderen Kameras gewesen?

2 Frau Steinke bestellt für den Sportverein eine Niedersprungmatte. Im Katalog ist diese für 380 € zuzüglich Mehrwertsteuer angegeben. Wie teuer ist die Matte?

3 Petra bestellt bei einem Online-Versand eine neue Skijacke. Wie viel Euro muss sie überweisen?

4 Für Bücher gilt ein Mehrwertsteuersatz von 7 %. Wie teuer ist ein Buch, das ohne Mehrwertsteuer 13,97 € kostet? Wie teuer wäre es mit 19 % Mehrwertsteuer?

5

6 Herr Hofmann kauft im Großhandel fünf 19"-Monitore für seine Firma. Auf den normalen Preis von 299 € pro Monitor erhält er einen Preisnachlass von 22 %, muss aber auf den ermäßigten Preis noch Mehrwertsteuer bezahlen.

1

a) Schildere die Situation auf dem Bild.
b) Wie teuer war das Kaffeeservice? Berechne mit dem Dreisatz.
Tipp: Preis enthält Mehrwertsteuer.
c) Veranschauliche den Sachverhalt mithilfe eines Streifendiagramms.
d) Formuliere einen Antwortsatz.

Aufpassen! Mehrwertsteuer schon drin!

2 Ein Autohändler verkauft in einem Monat Autos in einem Gesamtwert von 123 000 €. Wie hoch war sein Umsatz ohne Mehrwertsteuer? Wie viel Mehrwertsteuer muss der Händler an den Staat abführen?

3 Der Zweiradhändler Hensing verkauft ein Motorrad für 9 495 €. Wie viel Mehrwertsteuer ist in diesem Betrag enthalten?

4 Ein Sportfachgeschäft wirbt zur Eröffnung: „Heute übernehmen wir die Mehrwertsteuer für Sie!“
a) Wie teuer sind die abgebildeten Sportartikel am Eröffnungstag?
b) Wie viel Mehrwertsteuer muss das Geschäft für die Artikel abführen?

5 Michael hat für eine Grillparty eingekauft. Wie viel Mehrwertsteuer muss das Geschäft abführen? Der Mehrwertsteuersatz für Lebensmittel beträgt 7 %, für alle Non-Food-Artikel 19 %.

Holzfällersteaks	6,99 €
Bratwurst, 10er	4,49 €
Alufolie	1,09 €
Grillsauce	0,85 €
Holzkohle, 5 kg	2,85 €
Servietten	1,49 €
Summe incl. Mehrwertsteuer	17,76 €

6 Der Mehrwertsteuersatz wurde schon häufiger geändert. Ein T-Shirt kostet heute 23,80 €.
a) Wie teuer war es 1950, 1965, 1980 und 1995?
b) Veranschauliche den Sachverhalt in einem Diagramm.
c) Wie teuer wird diese Ware 2020 sein? Begründe.

7 Bis zum 31.12.2006 galt ein Mehrwertsteuersatz von 16 %. Heute beträgt dieser Steuersatz 19 %. Sind die Preise der Firma Rohe GmbH richtig angepasst worden?

Artikel	Alter Preis	Neuer Preis
MP3-Player	49 €	49,99 €
19" TFT Monitor	279 €	289 €
DVD-Brenner	119 €	121,99 €
Memory-Stick 1 GB	22,50 €	23,99 €

1 a) Schildere die Situation auf dem Bild.
b) Wie teuer waren die Ski? Berechne mit dem Dreisatz.
Tipp: Preis abzüglich Rabatt.
c) Veranschauliche den Sachverhalt mithilfe eines Streifendiagramms.
d) Formuliere einen Antwortsatz.

Aufpassen! Nachlass (Rabatt) schon abgezogen.

2 Leon kauft einen Motorroller. Weil es sich um ein Ausstellungsstück handelt, bekommt er 15% Rabatt. Er muss noch 3060 € bezahlen. Wie teuer wäre der Roller ohne Rabatt?

3 Viktoria arbeitet in einem Baumarkt. Sie bekommt dort 8% Mitarbeiterrabatt auf alle Einkäufe. Wie viel Geld hat sie gespart, wenn sie für 82,34 € einkauft?

Wird auf einen Endpreis Skonto gewährt, spricht man vom Barzahlungspreis.

4 Herr Özdemir hat sein Wohnzimmer und seine Küche neu streichen lassen. Er bezahlt den Maler direkt nach erledigter Arbeit in bar. Dafür bekommt er 2% Skonto und muss noch 640,92 € bezahlen.
a) Skonto nennt man einen Preisnachlass bei fristgerechter Bezahlung.Was denkst du, warum viele Handwerker und Händler diesen Rabatt geben?
b) Wie hoch ist der Rechnungsbetrag ohne Skonto? Wie viel spart Herr Özdemir?

5 Familie Heinemann benötigt dringend eine neue Tiefkühltruhe. Diese soll 899 € kosten. Zahlen sie bar, gewährt ihnen der Händler 2% Skonto.

6 Beim Kauf seines Motorrades spart Markus durch 2% Skonto 65 €. Wie teuer war das Motorrad und wie viel Geld musste Markus bezahlen?

7 Gerald kauft ein neues Mountainbike. Weil er es gleich bar bezahlt, bekommt er 2% Skonto und spart so 29,98 €. Wie viel musste Gerald für das Fahrrad bezahlen?

8 Stefanie ist Auszubildende im Einzelhandel. Nach einer Sonderaktion soll sie die Ware wieder mit den normalen Preisen auszeichnen.

9 Wie sollte Timo sich entscheiden?

Ermäßigte Preise berechnen

Bei der Neueröffnung gibt ein Sportgeschäft 20 % Rabatt auf alle Artikel. Wie viel Euro muss Tom für Sportschuhe bezahlen, die eigentlich 90 € kosten?

- Ich veranschauliche mir den Sachverhalt mit einem Diagramm:

Alter Preis ≙ 100 %	
Ermäßigter Preis ≙ 80 %	Nachlass ≙ 20 %

- Ich überlege:
  - Was ist gegeben? Gegeben: Alter Preis G = 90 €; Preisnachlass p % = 20 %
  - Was ist gesucht? Ermäßigter Preis P = ?

- Ich entscheide mich für einen Lösungsweg und berechne die gesuchte Größe:

1. Lösungsweg
Ich berechne zuerst den Preisnachlass:
20 % von 90 € = 18 €
Ich subtrahiere den Preisnachlass vom alten Preis und erhalte den ermäßigten Preis:
90 € – 18 € = 72 €

2. Lösungsweg
Ich berechne, wie viel Prozent noch bezahlt werden müssen:
100 % – 20 % = 80 %
Ich berechne den ermäßigten Preis:
80 % von 90 € = 72 €

3. Lösungsweg
Ich berechne, wie viel Prozent noch bezahlt werden müssen:
100 % – 20 % = 80 %
Ich bestimme den Prozentfaktor:
$80\,\% = \frac{80}{100} = 0{,}80$
Ich berechne den ermäßigten Preis:
90 € · 0,80 = 72 €

- Ich schreibe einen Antwortsatz auf: Tom muss 72 € bezahlen.

Erhöhte Preise berechnen

Herr Götz kauft eine Digitalkamera für 200 €. Hinzu kommen noch 19 % Mehrwertsteuer. Wie viel Euro muss Herr Götz bezahlen?

- Ich veranschauliche mir den Sachverhalt mit einem Diagramm:

Preis ohne Mehrwertsteuer (Verkaufspreis) ≙ 100 %	MwSt. ≙ 19 %
Endpreis ≙ 119 %	

- Ich überlege:
  - Was ist gegeben? Gegeben: Verkaufspreis G = 200 €; Preiserhöhung p % = 19 %
  - Was ist gesucht? Erhöhter Preis P = ?

- Ich entscheide mich für einen Lösungsweg und berechne die gesuchte Größe:

1. Lösungsweg
Ich berechne zuerst die Preiserhöhung:
19 % von 200 € = 38 €
Ich addiere die Preiserhöhung zum Verkaufspreis und erhalte den erhöhten Preis:
200 € + 38 € = 238 €

2. Lösungsweg
Ich berechne, wie viel Prozent noch bezahlt werden müssen:
100 % + 19 % = 119 %
Ich berechne den erhöhten Preis:
119 % von 200 € = 238 €

3. Lösungsweg
Ich berechne, wie viel Prozent insgesamt bezahlt werden müssen:
100 % + 19 % = 119 %
Ich bestimme den Prozentfaktor:
$119\,\% = \frac{119}{100} = 1{,}19$
Ich berechne den erhöhten Preis:
200 € · 1,19 = 238 €

- Ich schreibe einen Antwortsatz auf: Herr Götz muss 238 € bezahlen.

Vermehrte Grundwerte berechnen

Klaus kauft eine Stereoanlage für 595 €. Wie teuer wäre die Stereoanlage ohne Mehrwertsteuer?

- Ich veranschauliche mir den Sachverhalt mit einem Diagramm:

Endpreis (mit Mehrwertsteuer) ≙ 119%	
Preis ohne Mehrwertsteuer (Verkaufspreis) ≙ 100%	MwSt. ≙ 19%

- Ich überlege: Was ist gegeben? Gegeben: Endpreis P = 595 €
  Prozentsatz p% = 119%
  Was ist gesucht? Verkaufspreis G = ?

- Ich entscheide mich für einen Lösungsweg und berechne die gesuchte Größe:

1. Lösungsweg: Dreisatz

$119\,\% \triangleq 595\,€$

$1\,\% \triangleq \frac{595}{119} = 5\,€$

$100\,\% \triangleq 500\,€$

2. Lösungsweg: Formel

$G = \frac{P \cdot 100}{p}$

$G = \frac{595 \cdot 100}{119}$

$G = 500\,€$

- Ich schreibe einen Antwortsatz auf:
  Ohne Mehrwertsteuer würde die Stereoanlage 500 € kosten.

Verminderte Grundwerte berechnen

Zur Geschäftseröffnung gibt ein Elektrohandel 20% Rabatt. Claudia bezahlt 47,20 € für eine Mikrowelle. Wie teuer ist die Mikrowelle im normalen Verkauf?

- Ich veranschauliche mir den Sachverhalt mit einem Diagramm:

Ermäßigter Preis ≙ 80%	Rabatt ≙ 20%
Alter Preis (Grundwert) ≙ 100%	

- Ich überlege: Was ist gegeben? Gegeben: Ermäßigter Preis P = 47,20 €
  Rabatt p% = 20%
  Was ist gesucht? Alter Preis G = ?

- Ich entscheide mich für einen Lösungsweg und berechne die gesuchte Größe:

1. Lösungsweg: Dreisatz

$80\,\% \triangleq 47{,}20\,€$

$1\,\% \triangleq \frac{47{,}20}{80} = 0{,}59\,€$

$100\,\% \triangleq 59\,€$

2. Lösungsweg: Formel

$G = \frac{P \cdot 100}{p}$

$G = \frac{47{,}20 \cdot 100}{80}$

$G = 59\,€$

- Ich schreibe einen Antwortsatz auf:
  Im normalen Verkauf kostet die Mikrowelle 59 €.

1 Zu diesen Beträgen kommen 19 % Mehrwertsteuer hinzu. Berechne im Kopf.

a)	b)	c)	d)
100 €	100 €	50 €	150 €
200 €	10 €	25 €	37,50 €
500 €	1 €	12,50 €	18,75 €
1000 €	100 ct	6,25 €	8,25 €

2 Für einige Waren gelten andere Mehrwertsteuersätze als 19 %. Finde heraus für welche. Nenne Gründe für diese Abweichungen.

3 Im Sommerschlussverkauf werden T-Shirts um 70 % reduziert angeboten. Olga kauft deshalb gleich drei T-Shirts. Wie viel Euro muss sie bezahlen, wenn ein T-Shirt normalerweise 7,99 € kostet?

4 Ali findet im Internet zwei Angebote für den gleichen DVD-Player. Angebot 1: 89 € incl. Porto und versichertem Versand. Angebot 2: 69 € zzgl. Mehrwertsteuer und 5,95 € Porto.

5 Herr Adler möchte ein Auto kaufen. Sein Lieblingsmodell kostet neu 14 990 €. Ein Händler bietet dieses Auto als Vorführwagen mit 18 % Rabatt an, ein anderer hat das gewünschte Auto als Jahreswagen für 12 000 € im Angebot. Was würdest du Herrn Adler raten?

6 Mario will sich eine neue Stereoanlage kaufen. Beim Händler in seiner Stadt kostet die gewünschte Anlage 399 € abzüglich 2 % Skonto, wenn er bar bezahlt. Im Internet bietet ein Onlineversandhaus die gleiche Anlage für 333 € zuzüglich 19 % Mehrwertsteuer und 10 € Versand an. Was würdest du Mario raten?

7 a) Die 36-jährige Frau Steinmeier bezahlt für eine Brille 51,17 €. Anita ist 14 und kauft die gleiche Brille. Wie viel muss sie bezahlen?

b) Artur bezahlt für seine Brille 73,87 € statt der regulären 89 €. Wie alt ist Artur?

c) Frau Grube: „Wie viele Brillen darf ich kaufen? Ich bin übrigens 102 Jahre alt!"

8 Erkan bezahlt statt 765 € nur 567 € für sein neues Mountainbike. Wie viel Rabatt hat der Fahrradhändler ihm gewährt?

9 Der ursprüngliche Preis für ein Buch betrug 15,95 DM (1,95583 DM ≙ 1 €). Als Mängelexemplar wurde dieses Buch jetzt für 29 Cent verkauft. Um wie viel Prozent wurde der ursprüngliche Preis reduziert?

10

Joghurt, mild	5x 0,59 €	2,95 €
Taschenbuch		1,95 €
Gläserset, 6-teilig		9,50 €
Spagetti, 500 g	3x 1,11 €	3,33 €
Fleischtheke		8,71 €
Käsetheke		5,71 €
Summe inkl. 19 % MwSt.		32,15 €

Bei einem Supermarkt sind die neuen Scannerkassen falsch programmiert und berechnen auf jeden Artikel 19 % Mehrwertsteuer.
Wie viel Euro hätte der Kunde zu viel bezahlt, wäre ihm der Fehler nicht aufgefallen?

1 a) Erstelle eine Tabellenkalkulation zur Prozentrechnung.

Text eingeben: Zelle A1: Prozentwert berechnen
Zelle A2: Grundwert
Zelle A3: Prozentsatz (%)
Zelle A4: Prozentwert
Zahl eingeben: Zelle B2: 456,78
Zelle B3: 3,5
Formel eingeben: Zelle B4: = B2*B3/100

	A	B
1	Prozentwert berechnen	
2	Grundwert	456,78
3	Prozentsatz (%)	3,5
4	Prozentwert	
5		
6	Grundwert berechnen	
7	Prozentsatz (%)	6,3
8	Prozentwert	36,75
9	Grundwert	
10		
11	Prozentsatz berechnen	
12	Grundwert	735,8
13	Prozentwert	48,64
14	Prozentsatz (%)	
15		

In der Zelle B4 erscheint das Ergebnis 15,9873 für den Prozentwert. Damit der Computer auf zwei Stellen rundet, musst du folgendes tun:
Markiere mit der Maus die Zelle B4. Klicke danach in der Menüleiste auf **Format,** im erscheinenden Fenster auf **Zellen,** dann auf **Zahlen.** Im jetzt geöffneten Fenster klickst du **Zahl** an und kannst nun die Dezimalstellen eingeben und mit **OK** bestätigen.

b) Erstelle für die anderen Grundaufgaben ebenfalls eine Tabellenkalkulation wie oben beschrieben. Überlege vorher, wie die Formeln in der Zelle B9 und B14 heißen müssen.

2 Ergänze deine Tabellenkalkulation wie folgt:

	A	B	C	D	E
1	Prozentwert berechnen				
2	Grundwert	456,78	5860	1412	27
3	Prozentsatz (%)	3,5	7,5	4,5	6,75
4	Prozentwert				
5					
6	Grundwert berechnen				
7	Prozentsatz (%)	6,3	7,8	3,75	6,2
8	Prozentwert	36,75	57,45	16,48	3,95
9	Grundwert				
10					
11	Prozentsatz berechnen				
12	Grundwert	735,8	56,83	19,35	32,48
13	Prozentwert	48,64	2,45	2,64	3,72
14	Prozentsatz (%)				

a) Um nun die gesuchten Größen zu berechnen, markiere die Zelle B4. Bewege dann den Mauszeiger auf die rechte untere Ecke. Wenn aus dem dicken weißen Kreuz ein dünnes schwarzes wird, drücke die linke Maustaste und halte sie gedrückt. Markiere nun mit gedrückter Maustaste die Zelle C4 bis E4. Die gesuchten Ergebnisse erscheinen.
b) Verfahre ebenso mit den Zellen B9 und B14.
c) Vergleiche das Rechnen mit der Tabellenkalkulation mit dem Rechnen mit dem Taschenrechner. Wo siehst du Vorteile, wo Nachteile?

3 Du hast drei Möglichkeiten kennen gelernt, Preise zuzüglich Mehrwertsteuer (Endpreise) auszurechnen.
a) Frau Münsterer lässt ihr Fernsehgerät reparieren. Die Reparatur kostet 241,31 €. Hinzu kommen noch 19 % Mehrwertsteuer. Erstelle für dieses Beispiel für jeden Lösungsweg eine Tabellenkalkulation. Wie teuer ist die Reparatur insgesamt?
b) Vergleiche deine Lösungen. Welche erscheint dir am einfachsten? Warum?

4 Zu den angegebenen Preisen kommen noch 19 % Mehrwertsteuer. Berechne die Endpreise.
a) 93,65 € b) 139,48 € c) 457,34 € d) 1273,71 € e) 9772,27 €

5 Bei Büchern beträgt der Mehrwertsteuersatz 7 %. Berechne die Endpreise.
a) Taschenbuch: 7,83 € b) Wörterbuch: 17,24 € c) Lexikon: 116,50 €
d) Steuertabelle: 10,89 € e) Illustrierte: 3,27 € f) Automagazin: 6,45 €

6 Wie viel Euro Mehrwertsteuer sind bei 19 % Mehrwertsteuer in den Endpreisen enthalten?
a) Aktenordner: 2,96 € b) Papierschere: 4,85 € c) Farbstifte: 7,54 €

Frau
Herta Block
Stubengasse 12
48143 Münster

Bon Appetito
– Schülerfirma –
Kreuzstraße 3
48161 Münster

Rechnung

Bitte bei Zahlung angeben
Rg. Nr.: 0014
Datum: 31.03.07

Für das Buffet anlässlich Ihres Geburtstags erlauben wir uns zu berechnen:

Essen & Getränke	Einzelpreis	Gesamtpreis
15 „Internationale Spezialitäten"	8,50 €	127,50 €
5 „Internationale Spezialität fürs Kind"	4,50 €	21,25 €
4 Sekt, halbtrocken	5,50 €	22,00 €
1 Standarddeko	20,00 €	20,00 €
Serviceleistungen		
2 Buffet Auf- / Abbau	12,50 €	25,00 €
20 Ausleihe „Geschirr und Besteck"	2,00 €	40,00 €
15 Ausleihe „Sektgläser"	1,00 €	15,00 €
Zwischensumme		270,75 €
MwSt. 19%		51,44 €
Rechnungsbetrag		**322,19** z

Zahlbar innerhalb 14 Tagen mit 2% Skonto

1 a) Wo werden Rechnungen geschrieben? Erkläre.
b) Welche Informationen kann man der Rechnung entnehmen?

2 Timo ist in der Schülerfirma „Bon Appetito" für die Finanzen zuständig. Neben der Kontenführung ist es seine Aufgabe, Rechnungen zu erstellen.
Wie könnte die Rechnung für das „All Bavarian Breakfast" bei Herrn Paulsen aussehen?

Hallo Timo,
hatten gestern ein „All Bavarian Breakfast" bei Herrn Paulsen, Leibnizstraße 12 in 48161 Münster. Es waren 12 Erwachsene da, wir mussten auf- und abbauen, 12x Besteck und Geschirr, sowie Weizengläser wurden ausgeliehen. Ach ja, eine Spezialdeko haben wir auch geliefert. Die Rechnung brauche ich spätestens morgen.
Gruß Karin

Weil Timo viele Rechnungen schreiben muss, hat er sich eine Tabellenkalkulation eingerichtet. Entwirf auch eine.

Bon Appetito

Essen & Getränke	
All Bavarian Breakfast	7,00 €
Buffet „Internationale Spezialitäten"	8,50 €
Buffet „Deutsche Küche"	6,50 €
Belegte Brötchen	3,00 €
Sekt (trocken oder halbtrocken, 0,75 *l*)	5,50 €
Cola, Fanta usw. (1,5 *l*)	2,00 €
Wasser (0,75 *l*)	1,00 €

(Preise gelten pro Person bzw. pro Flasche, zzgl. 19% Mehrwertsteuer)

Serviceleistungen (Preise zzgl. Mehrwertsteuer)	
Aufbau/Abbau	je 12,50 €
Geschirr- und Besteckausleihe	je 2,00 €
Gläserausleihe	je 1,00 €
Standarddekoration	je 20,00 €
Spezialdekoration	je 25,00 €

1

a) Worum geht es in der Situation?
b) Wie würdest du die Jahreszinsen berechnen? Erkläre.

2 Welche Begriffe gehören zusammen? Schreibe sie in dein Heft.

Zinssatz p % | Kapital K | Prozentsatz p % | Prozentwert P | Zinsen Z | Grundwert G

Die Rechenwege findest du auf der Grundwissenseite.

3 Marina hat 450 € zur Konfirmation bekommen. Sie legt das Geld für ein Jahr an. Die Bank gibt 2,4 % Zinsen. Wie viel Euro Zinsen bekommt Marina nach einem Jahr?

4 Johann hat 775 € gespart. Was kann er sich nach einem Jahr von den Zinsen leisten, wenn er das Geld zu 2,1 % anlegt?

5 Jonas leiht sich für einen Computer 800 € bei seiner Tante. Sie vereinbaren, dass er das Geld nach einem Jahr einschließlich 4,5 % Zinsen zurückzahlt.
a) Wie viel Euro Zinsen muss Jonas nach einem Jahr bezahlen?
b) Wie viel Euro muss er insgesamt zurückzahlen?

6 Nicole will sich ein Mofa kaufen. Ihr fehlen aber noch 1200 €. Ihre Bank bietet ihr einen Kredit zu 6,7 % für ein Jahr an. Wie viel Euro muss Nicole an die Bank zurückzahlen?

7 Vergleiche die Angebote. Welches würdest du nehmen? Begründe.

sofort Bargeld	sofort Barkredit	sofort Ratenkredit
5000 €	**5000 €**	**5000 €**
Rückzahlung 1 Jahr	Rückzahlung 1 Jahr	Rückzahlung 1 Jahr
Zinssatz 7,25 %	Zinssatz 6,5 %	4 Raten zu jeweils 1375 €
Keine Bearbeitungsgebühr	50 € Bearbeitungsgebühr	Keine Bearbeitungsgebühr

8 Diese Anzeige stand in der Zeitung. Was meinst du zu dem Angebot?

Schnellkredit! 5000 € sofort
Rückzahlung: Nur 6200 € nach einem Jahr.

1 Frau Mohn hat ihr Girokonto für 18 Tage um 540 € überzogen. Dafür zahlt sie 11 % Zinsen. Wie viel Euro muss sie zahlen?

1. Schritt: Zinsen für 1 Jahr

:100 (100 % ≙ 540 €
1 % ≙ 540 € : 100 = 5,40 €
·11 (11 % ≙ 5,40 € · 11 = 59,40 €

2. Schritt: Zinsen für 18 Tage

:360 (360 Tg ≙ 59,40 €
1 Tg ≙ $\frac{59{,}40}{360}$ €
·18 (18 Tg ≙ $\frac{59{,}40 \cdot 18}{360}$ € = 2,97 €

Antwort: Sie muss 2,97 € Zinsen zahlen.

Lukas

Gegeben: Kapital K = 540 €
Zinssatz p % = 11 %
Tage t = 18

Gesucht: Zinsen Z

Formel: $Z = K \cdot \frac{p}{100} \cdot \frac{t}{360}$

$Z = 540 \cdot \frac{11}{100} \cdot \frac{18}{360}$

Z = 2,97 €

Anwort: Sie muss 2,97 € Zinsen zahlen.

Samira

Erkläre, wie Lukas und Samira vorgegangen sind. Vergleiche die Rechenwege miteinander. Welche Vorteile und welche Nachteile siehst du jeweils?

2 Herr Özdemir muss sein Konto für 24 Tage um 1290 € überziehen. Der Zinssatz für den Dispositionskredit beträgt 10 %. Berechne die fälligen Zinsen mit beiden Rechenwegen.

3 Berechne die Zinsen.

	a)	b)	c)	d)	e)	f)	g)	h)
Kapital (€)	750	1800	3600	1250	2700	3500	5490	9820
Zinssatz	8 %	5 %	6 %	4 %	7 %	3 %	8,4 %	4,5 %
Zeit	12 Tage	48 Tage	87 Tage	90 Tage	104 Tage	4 Monate	5 Monate	10 Monate

4 a) Frau Peters hat 8500 € für 150 Tage zu 3,6 % fest angelegt. Wie viel Euro Zinsen bekommt sie dafür?
b) Wie viel Euro kann sie insgesamt abheben?

5 Herr Rehse benötigt zum Hausbau für 7 Monate einen Zwischenkredit über 56 000 €. Die Bausparkasse berechnet einen Zinssatz von 5,75 %. Wie viel Zinsen muss er bezahlen?

6 Das Kapital auf dem Girokonto von Herrn Dormann verzinst sich abhängig vom Guthaben. Wie viel Habenzinsen erhält Herr Dormann?

Kontostand	Dauer
2854,16 €	4 Tage
2165,13 €	9 Tage
1476,39 €	25 Tage

Easy-Giro
Das Konto, das mitwächst

Guthaben	Zinsen p. A.
bis 1000 €	0,5 %
1000 bis 2000 €	0,75 %
2000 € und mehr	1,25 %

7 Herr Schneider eröffnet zu Jahresbeginn ein Easy-Girokonto. Der Zinssatz für einen Dispositionskredit beträgt 14,9 %.

Auszug 01/07 vom 07.02.07

Datum	Kontobewegung	Kontostand
01.01.07	Einzahlung 2500 €	2500,00 € +
09.01.07	Einzahlung 150 €	2650,00 € +
24.01.07	Auszahlung 1895 €	755,00 € +
26.01.07	Auszahlung 1068 €	313,00 € –

Zinsrechnung ist Prozentrechnung

Diese Begriffspaare merke ich mir: Grundwert G – Kapital K
Prozentwert P – Zinsen Z
Prozentsatz p % – Zinssatz p %

Vereinbarungen im Bankwesen

- In der Zinsrechnung hat jeder Monat 30 Tage.
- Das Jahr hat in der Zinsrechnung 360 Tage.

Zinsen für ein Jahr berechnen

- Ich überprüfe zuerst: Was ist gegeben? Was ist gesucht?

Beispiel: Herr Hoppe legt 2500 € für ein Jahr bei einem Zinssatz von 4% an.

Gegeben: Kapital K = 2500 €
Zinssatz p % = 4%

Gesucht: Zinsen Z = ?

- Ich überlege eine sinnvolle Frage:
Wie viel Euro Zinsen erhält Herr Hoppe nach einem Jahr?

- So berechne ich die Zinsen mit einem der drei Lösungswege:

Dreisatz

100% ≙ 2500 €
(: 100)
1% ≙ $\frac{2500}{100}$ = 25 €
(· 4)
4% ≙ 25 · 4 = 100 €

Tabelle

100	2500
1	25
4	100

Formel

$Z = \frac{K \cdot p}{100}$

$Z = \frac{2500 \cdot 4}{100}$

$Z = 100$ €

- Antwortsatz: Herr Hoppe erhält nach einem Jahr 100 € Zinsen.

Zinsen für den Teil eines Jahres berechnen

Beispiel: Frau Mose legt 800 € bei einem Zinssatz von 2,5% für 126 Tage an.

Gegeben: Kapital K = 800 €
Zinssatz p% = 2,5%
Zeitraum t = 126 Tage

Gesucht: Zinsen Z = ?

- Ich überlege eine sinnvolle Frage:
Wie viel Euro Zinsen erhält Frau Mose nach 126 Tagen?

- So berechne ich die Zinsen mit einem der Lösungswege:

1. Lösungsweg: Doppelter Dreisatz

1. Schritt: Zinsen für ein Jahr berechnen.
Ich weiß: 100% ≙ 800 €
Über 1% rechnen: 1% ≙ 800 : 100 = 8 €
Ich suche: 2,5% ≙ 20 €
2. Schritt: Tageszinsen berechnen
Ich weiß: 360 Tg = 20 €
Über die 1 rechnen: 1 Tg = $\frac{20}{360}$ €
Ich suche: 126 Tg = $\frac{20 \cdot 126}{360}$ € = 7 €

2. Lösungsweg:

Gegebene Werte in die Formel einsetzen.

$Z = K \cdot \frac{p}{100} \cdot \frac{t}{360}$

$Z = 800 \cdot \frac{2,5}{100} \cdot \frac{126}{360}$

$Z = 7$ €

- Antwortsatz: Frau Mose erhält nach 126 Tagen 7 € Zinsen.

Station 1

Welchen Kühlschrank würdest du kaufen? Begründe deine Entscheidung.

Informationsmaterial:

Preis pro kWh (zzgl. 19 % MwSt.):
• normaler Strom: 12 ct
• Ökostrom: 17 ct

A Polar 4711 mit 5 Glasablagen, 2 getrennte Gemüseschalen, 5 Türablagefächer. ****-Sterne Gefrierfach 14 *l*. Verbrauch 0,61 $\frac{\text{kwh}}{\text{Tag}}$

B Frosty 42 mit 4 Glasablagen, 2 Gemüseschalen, Flaschenkippschutz und Eierleiste. 5 Türablagefächer. ****-Sterne Gefrierfach 16 *l*.Verbrauch 0,48 $\frac{\text{kwh}}{\text{Tag}}$

Station 5

Welchen Betrag muss Familie Rose jeden Monat als Abschlag an die Wasserwerke überweisen?

Hinweis: Für die Abwasserberechnung wird der Verbrauch an frischem Wasser zu Grunde gelegt.

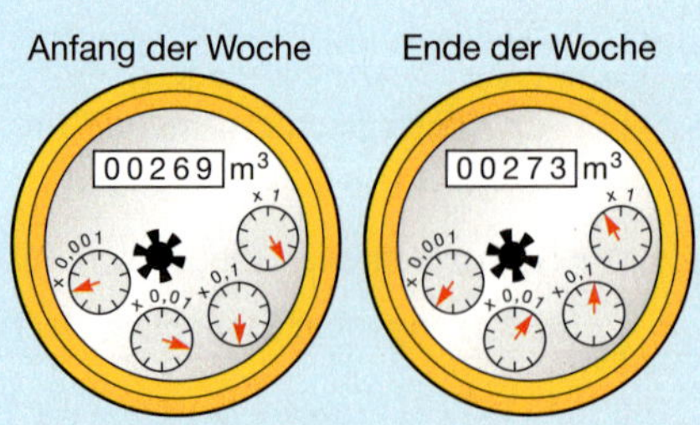

Tarif	Zählerstand alt	Zählerstand neu	Entgelt: Verbrauch m³	Arbeitspreis ct/m³	Arbeitspreis €	Grundpreis €/Mon.	Grundpreis €	Betrag vor MwSt.	MwSt. %	MwSt. €	Gesamtbetrag €
Wasser				135		9			7		
Abwasser				140		–	–		–		
										Summe	

Station 2

	€	%
Wohnen	532	28
Nahrung/Kleidung	760	
Rücklagen		25
Fahrtkosten	133	

Die Tabelle stellt die monatlichen Ausgaben der Familie Kunz dar:

a) Wie viel Euro stehen Familie Kunz monatlich zur Verfügung?
b) Ergänze die Tabelle.
c) Erstelle ein Kreisdiagramm.

Station 3

Verwendung des monatlichen Einkommens der Familie Hafner

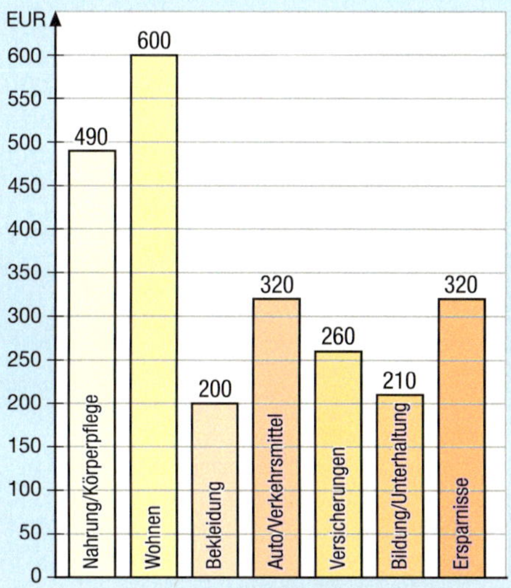

a) Wie viel Prozent des monatlichen Einkommens bezahlt Familie Hafner für Versicherungen?
b) Wie viel Prozent verbraucht Familie Hafner insgesamt für Nahrung/Körperpflege, Wohnen und Bekleidung?
c) 56 % des im Jahr gesparten Betrages verwendet Familie Hafner für ihren Urlaub. Wie teuer kommt der Urlaub?
d) Erstelle ein Kreisdiagramm.
e) Dreiviertel der monatlichen Ausgaben für Auto/Verkehrsmittel wendet Familie Hafner für das Auto auf. Im März kauft Herr Hafner einen Satz Sommerreifen. Er bezahlt 432 €. Wie viel Prozent der jährlichen Ausgaben für das Auto entfallen auf die Sommerreifen?

Station 4

Herr Kettler benötigt im Jahr durchschnittlich 3600 Liter Heizöl.

a) Berechne die Heizölkosten (einschließlich 19 % MwSt.).
b) Ein Angebot für Wärmeisolierung verspricht 32 % Heizölersparnis pro Jahr. Die Einbaukosten betragen 4 000 Euro; dafür erhält Herr Kettler einen staatlichen Förderzuschuss von 25 %. Nach wie vielen Jahren haben sich die Wärmeschutzmaßnahmen (bei gleich bleibenden Heizölpreisen) bezahlt gemacht?

Heizölpreise
(je 100 Liter)

– 800 *l*	33 d
– 1500 *l*	29 d
– 2500 *l*	26 d
– 3500 *l*	25 d
– 4500 *l*	24,50 d
– 5500 *l*	24 d
– 6500 *l*	23,50 d

Preise ohne MwSt.

Bleibe fit!

1 a) Für seinen neuen Kleinwagen muss Daniel als Führerscheinneuling 175% des normalen Tarifbetrages von 248,60 € im Jahr bezahlen.

b) Bei einer Verkehrskontrolle werden bei 18% der Mopeds Mängel festgestellt. Es wurden 63 Mopeds beanstandet. Wie viele Mopeds wurden überprüft?

c) Laut einer Erhebung tragen 123 von 150 Mofafahrern einen Sturzhelm, 108 haben ihren Versicherungsnachweis und 117 ihre Fahrerlaubnis dabei.

2 Das Diagramm zeigt die Verteilung des monatlichen Einkommens eines 4-Personen-Haushaltes.

a) Wie hoch ist das Monatseinkommen?

b) Berechne die Ausgaben für die einzelnen Bereiche.

c) Zeichne ein Streifendiagramm.

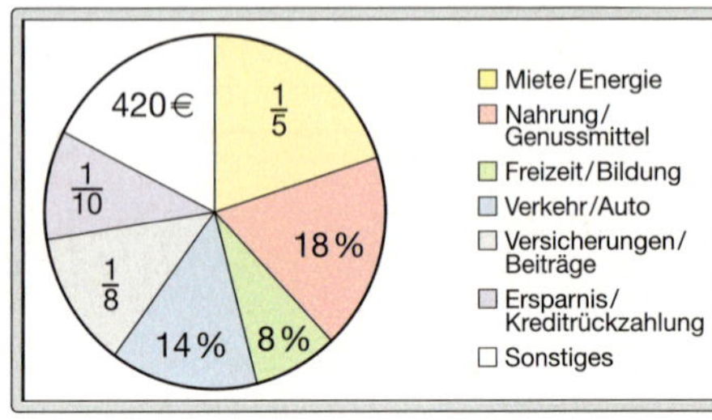

3 Familie Walz kauft einen DVD-Rekorder. Der Nettopreis beträgt 570 €. Hinzu kommen 19% Mehrwertsteuer. Da Familie Walz bar bezahlt, werden 2% Skonto abgezogen.

4

Griechenland/Corfu	
Hotel Potidea Palace *** (Halbpension)	
22. August–05. September (Sommerferien)	650 €
1 Kind 2–6 Jahre	289 €
1 Kind 7–14 Jahre	492 €
Reise-Rücktrittsversicherung	12 € je Person

a) Erkläre die Anzeige.

b) Berechne die Kinderermäßigung in %.

c) Wie teuer käme die Urlaubsreise für das Ehepaar Hauser mit Sohn Jens (13 J.)?

d) Wie hoch ist der Promillesatz für die Reisekostenrücktritts-Versicherung?

5 Maren legt eine Erbschaft von 15000 € zu einem Zinssatz von 4,2% für ein Jahr an.

6 Peter überzieht sein Girokonto vom 18.03. bis zum 02.04. um 256 €. Der Zinssatz für den Dispositionskredit beträgt 14,4%.

7 Eine Videospielkonsole kostet 299 €. Vor dem Weihnachtsgeschäft wurde der Preis um 12,5% angehoben, nach dem Weihnachtsgeschäft um 12,5% gesenkt. Tina kauft die Konsole vor der Preiserhöhung, Katrin nach dem Weihnachtsgeschäft. Zahlen Tina und Katrin den gleichen Preis?

8 Wo würdest du das Fahrrad kaufen? Begründe.

Test 1

1 a) In der Klasse 8 c interessieren sich 5 der 24 Schülerinnen und Schüler für den Beruf Köchin/Koch. Welchem Prozentsatz entspricht dies?
b) Nach einer Umfrage wollen 35 Personen, das entspricht einem Prozentsatz von 14 %, dieses Jahr in Italien Urlaub machen. Wie viele Menschen wurden befragt?
c) Von 95 produzierten Werkstücken kommen 89 durch die Qualitätskontrolle. Wie viel Prozent kommen nicht durch die Kontrolle?

2 Berechne die fehlenden Werte.

Alter Preis	13 000 €	b)	16 580 €	d)
Preiserhöhung	4,5 %	4 %	c)	3 %
Neuer Preis	a)	10 192 €	16 994,50 €	22 145 €

3 Frau Ernst hat Glück, denn bei einem Preisausschreiben gewinnt sie 2500 €. Sie legt den Betrag zu einem Zinssatz von 2,8 % für neun Monate an.

4 Weil bereits das Nachfolgemodell auf dem Markt ist, bekommt Marc auf den DVD-Player 22 % Rabatt, er muss aber noch 19 % MwSt. bezahlen. Wie teuer ist der DVD-Player?

199 €

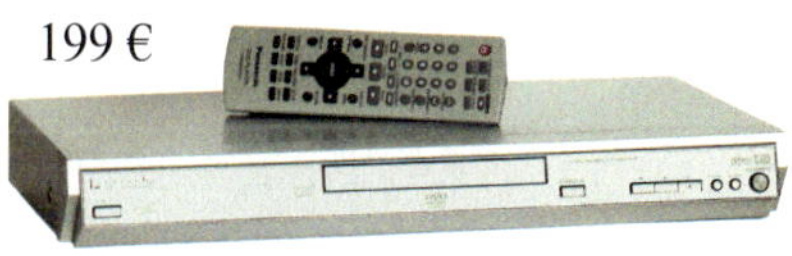

5 7 Schüler der 8 b erreichten bei den Bundesjugendspielen eine Ehrenurkunde, 10 eine Siegerurkunde und 9 eine Teilnehmerurkunde. Verdeutliche den Sachverhalt mithilfe eines geeigneten Diagramms.

Test 2

1 a) Eine 14-tägige Reise durch Kanada wurde im Winter für 1550 Euro angeboten. Zur Hauptsaison wurde der Preis um 20,5 % angehoben. Wie teuer ist die Reise jetzt?
b) Der Preis eines Plasmafernsehers wurde von 1999,90 € auf 1699 € gesenkt. Um wie viel Prozent wurde der Preis reduziert?
c) Eine Handwerkerrechnung beläuft sich auf 578 € zzgl. 19 % Mehrwertsteuer. Herr Schober bezahlt bar und bekommt deswegen 2 % Skonto. Wie viel muss er bezahlen?

2 Familie Hanke kauft eine neue Küche für 4699 €. Bei Barzahlung erhält die Familie 2 % Skonto. Sie müssen aber ihr Konto für 25 Tage um durchschnittlich 3200 € überziehen (Zinssatz für den Dispositionskredit: 14,6 %). Lohnt es sich, bar zu zahlen?

3

		2005	2004	
Produktion	Pkw	710 991		+ 8 %
	Motorräder	23 350	24 580	
Export	Pkw	270 250		– 6 %
	Motorräder		8160	+ 15 %
Umsatz	Mio €	2775	2664	

Ein Automobilkonzern veröffentlicht seinen Geschäftsbericht für das Jahr 2005. Die letzte Spalte gibt die Veränderungen gegenüber dem Geschäftsjahr 2004 in Prozent an.
Berechne die fehlenden Werte.

Wiederholen & Sichern

1 Bestimme den Kilogrammpreis für folgende Waren.
a) 3 kg Tomaten kosten 5,82 €.
b) 4 kg Birnen kosten 5,40 €.
c) 0,6 kg Trauben kosten 1,26 €.
d) 0,9 kg Pfirsiche kosten 1,71 €.

2

	a)	b)	c)	d)
Volumen	23,4 *l*	37,5 *l*		
Preis	22,23 €		26,48 €	32,56 €

	e)	f)	g)
Stundenlohn $\left(\frac{€}{h}\right)$	16,76	19,50	
Arbeitszeit (h)	4,5		7,5
Lohn (€)		165,75	163,50

3 Markus erhält einen Stundenlohn von 6,25 €. Er arbeitet 40 Stunden in der Woche. Für den gleichen Wochenlohn arbeitet Petra nur 37,5 Stunden. Wie viel Euro verdient sie in einer Stunde?

4 Beim Einkauf musst du die Preise vergleichen und die Qualität prüfen. Wer hat günstiger eingekauft?

Tina		
Spagetti	500 g	0,98 €
Tomaten	1,5 kg	6,75 €
Schinken	280 g	2,10 €
Salami	400 g	3,48 €
Käse – Gouda	0,6 kg	3,60 €

Sven		
Spagetti	1000 g	1,93 €
Tomaten	0,8 kg	3,20 €
Schinken	360 g	2,70 €
Salami	600 g	5,04 €
Käse – Gouda	200 g	2,64 €

5 Berechne den Flächeninhalt.
a) Quadrat: a = 12,5 cm (1,4 dm; 21,3 m)
b) Rechteck: a = 22,4 m; b = 1400 cm
c) Dreieck: g = 43,2 cm; h = 32,4 cm
d) Parallelogramm: a = 1,12 m; h = 95 cm

6 a) Die Gärtnerei Roth soll eine quadratische Verkehrsinsel (a = 8,60 m) bepflanzen. Je Quadratmeter rechnet der Gärtner mit drei Sträuchern. Der Preis je Strauch beträgt 4,80 €. Für die Erdarbeiten werden 12,75 € je Quadratmeter berechnet.
b) „Sie sparen mindestens 15 % der Kosten, wenn sie die Verkehrsinsel rund anlegen (d = 8,60 m).“

7
a) 10,96 : 8; 23,22 : 9
b) 4,272 : 12; 457,2 : 18
c) 0,078 : 3; 0,005 : 4
d) 238,7 : 25; 5,837 : 40
e) 370,4 : 125; 0,0085 : 250

8 Mario kauft für sich und seine Freunde ein: 7 Kuchenstücke zu je 1,25 €, 12 Brötchen zu je 0,30 Cent, 5 Mohnbrötchen zu je 0,35 € und 7 Hörnchen zu je 0,40 €. Er bezahlt mit einem 50-Euro-Schein. Wie viel Euro bekommt er zurück?

Wie viele Ameisen werden benötigt, um das Krokodil aufzuwiegen?

Ganz heiß und ganz kalt

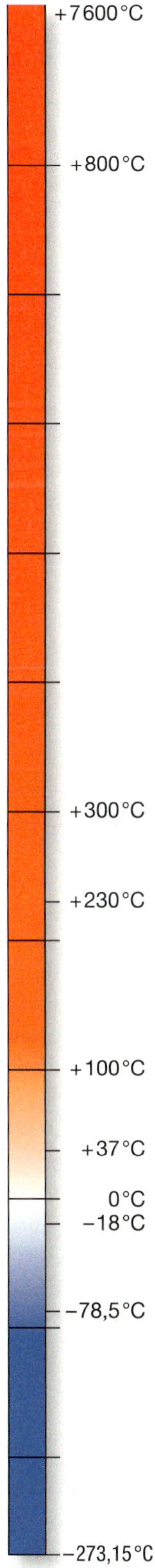

- Siedepunkt des Wassers
- Temperatur im Tiefkühlschrank
- Schmelzpunkt von Blei
- höchste gemessene Temperatur auf der Erde
- absoluter Nullpunkt
- Körpertemperatur des Menschen
- Streichholzflamme
- Erdkern
- Temperatur beim Bügeln
- Trockeneis

Ordne der Temperaturskala zu. Finde weitere Messwerte im Lexikon, Internet …

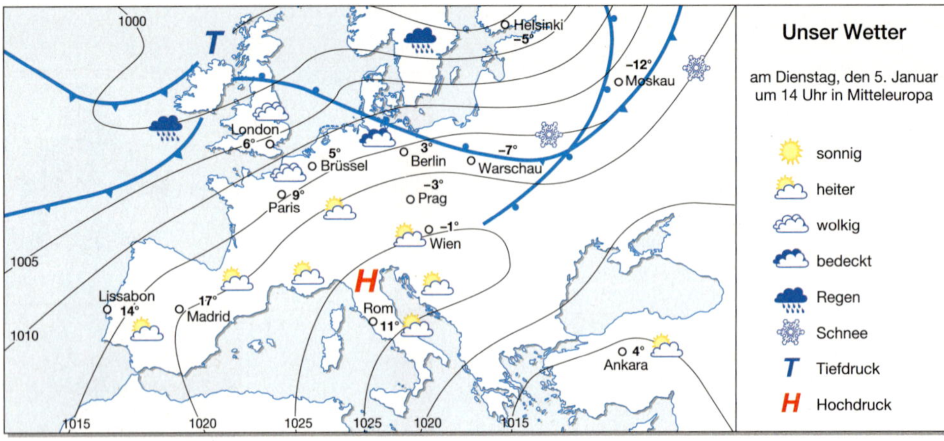

1 a) Wie könnte der Wetterbericht für Europa lauten? Beschreibe.
b) Markiere die Temperaturen der Hauptstädte auf der Temperaturskala.

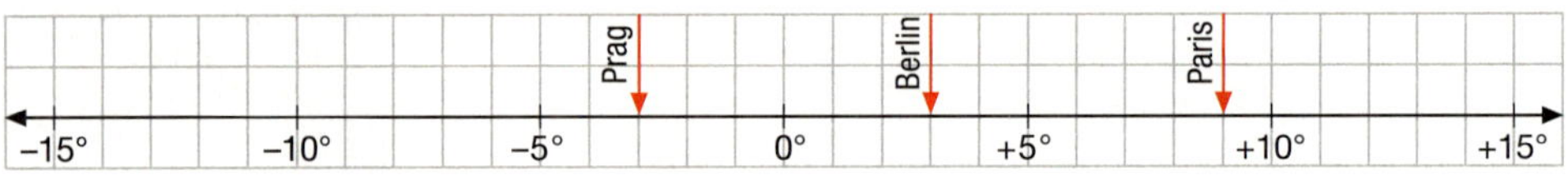

c) Ergänze die Tabelle im Heft und gib den Temperaturunterschied zu Berlin an.

Stadt	Temperatur in °C	Temperaturunterschied zu Berlin
Berlin	+ 3	–
Lissabon	+ 14	+ 11
Madrid		
Paris		
London		
Dublin		

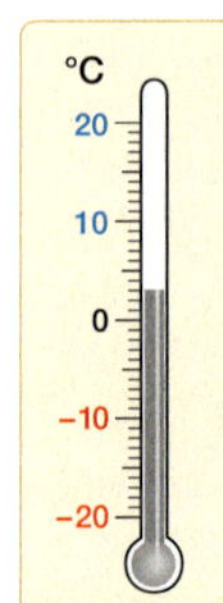

2 a) Wo würdest du am liebsten deinen Urlaub verbringen? Welche Monate bevorzugst du? Begründe anhand der Klimadiagramme.
b) Untersuche die Temperaturentwicklung für jeden Ort im Jahresverlauf. Schreibe die Temperaturveränderungen in einer Tabelle auf.

Monat	Temperatur	Unterschied
Januar	°C	
Februar	°C	
März	°C	

c) Wähle ein anderes Ferienziel. Besorge Reiseprospekte oder suche Daten im Internet. Vergleiche die Temperaturen und bestimme die Temperaturunterschiede.

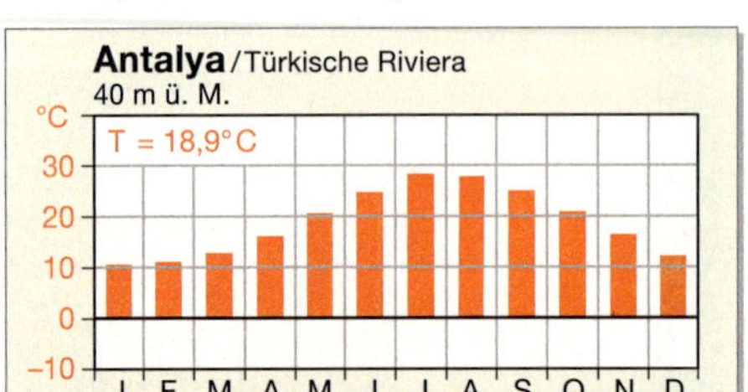

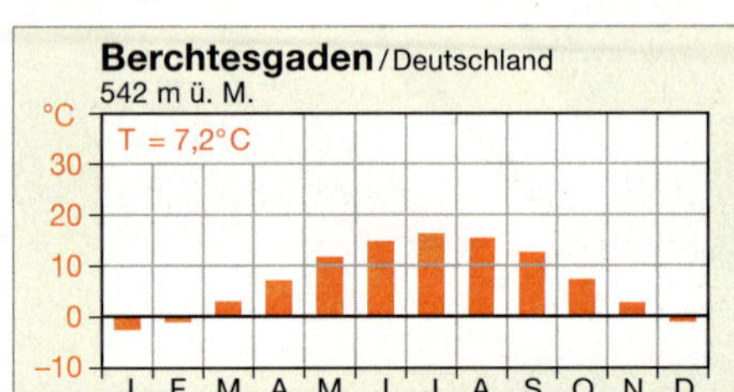

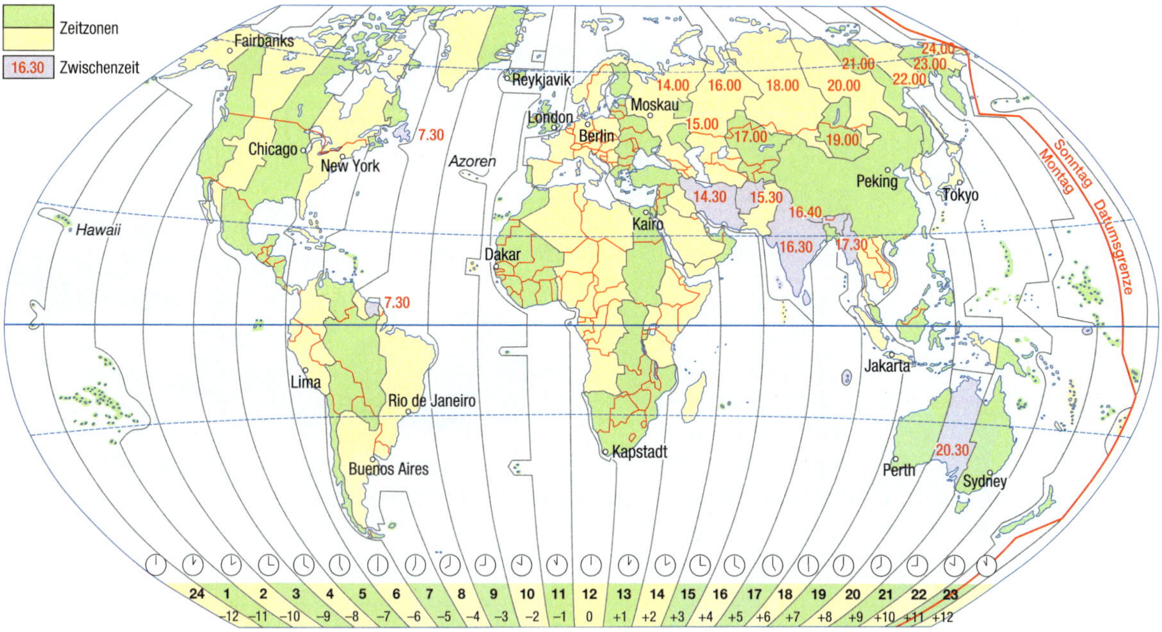

Station 1

In einem Reisebüro in München hängen Uhren mit den Uhrzeiten folgender Städte:
London, Tokio, Sydney, New York, Mombasa, Moskau.
Die Ortszeit München ist 13.00 Uhr.

Station 2

In Melbourne knallen zu Silvester die Sektkorken. Welche Zeiten zeigen die Uhren im Reisebüro in Köln an?

Station 3

Die Formel-1-Rennen beginnen in Europa am Sonntag um 14.00 Uhr MEZ. Wann findet jeweils der Start am Ort statt?
Malaysia/Sepang 8.00 Uhr
Australien/Melbourne 06.00 Uhr
Europa/Nürburgring 14.00 Uhr
Kanada/Montreal 19.00
USA/Indianapolis 20.00 Uhr
Türkei/ Istanbul 00.00 Uhr
China/Shanghai 08.00 Uhr
Japan/Suzuka 07.00 Uhr
Brasilien/Sao Paulo 19.00 Uhr

Station 4

Im Madison-Square-Garden in New York beginnt um 22.00 Uhr ein Weltmeisterschafts-Boxkampf im Schwergewicht.

Station 5

Als erster Mensch betrat Nils Armstrong den Mond am 21. Juli 1969 um 3.56 MEZ.
Wie spät war es zur selben Zeit auf Cap Canaveral?

Station 6

Der Geschäftsführer einer deutschen Autofirma in Wolfsburg möchte um 10.00 Uhr deutscher Zeit seine Geschäftspartner über Internet in Chicago und Brasilia anrufen. Ist das eine günstige Uhrzeit?

Station 7

Die nächsten Olympischen Sommerspiele finden 2008 in Peking und die Winterspiele in Vancouver statt. Die Eröffnungsfeiern beginnen um 20.00 Uhr Ortszeit. Du willst sie sehen.

Schreibe selbst noch drei weitere Rechengeschichten auf. Sammelt sie in der Klasse und stellt euch gegenseitig Aufgaben.

1 Wer hat das größte Guthaben? Wer hat am meisten Schulden? Zeichne eine Zahlengerade von − 6 bis + 6 auf Millimeterpapier und trage die Werte ein.

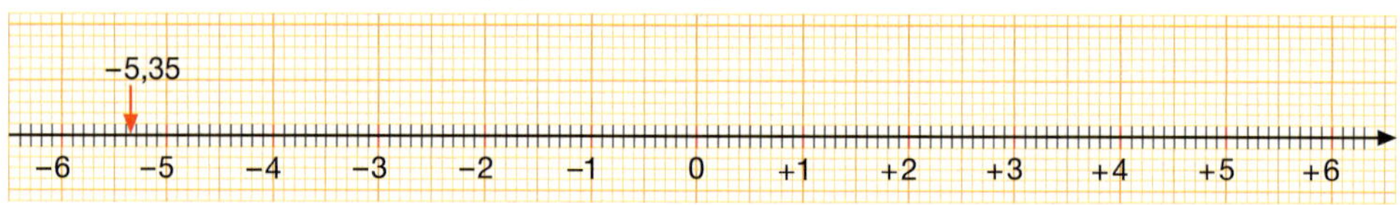

2 Welche Zahlen gehören an die Marken?

a)

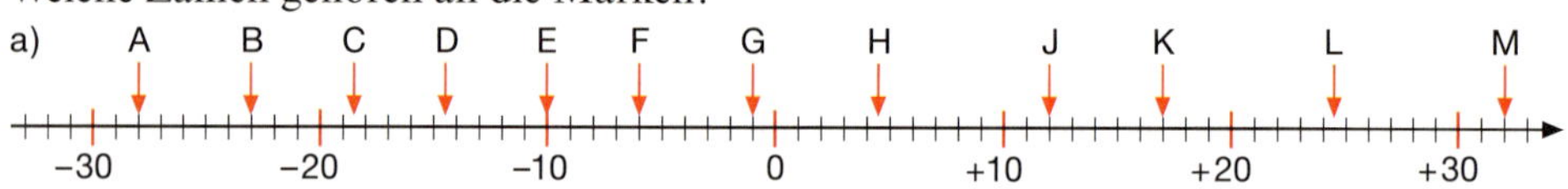

b)

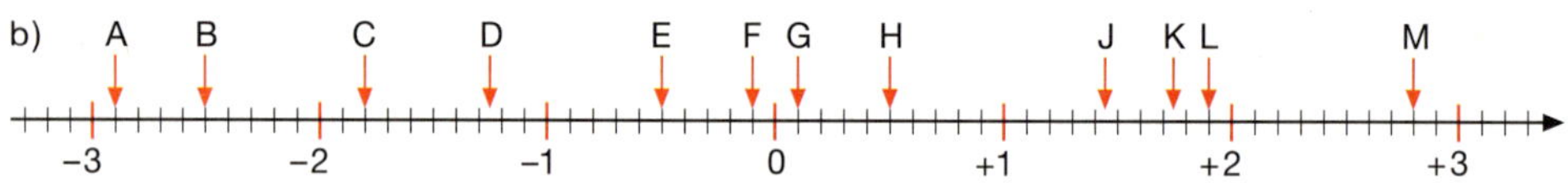

c)

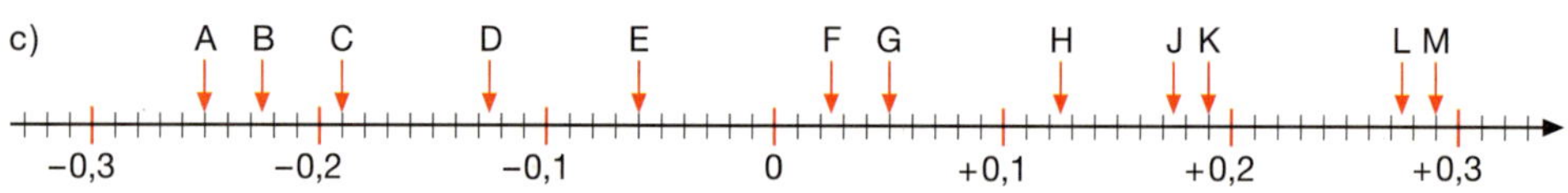

3 Zeichne eine Zahlengerade auf Millimeterpapier (von −6 bis +6) und trage die Zahlen ein:

a) +2,6 −6 −3,5 +5,8 −1,5 +4

b) $+3\frac{1}{2}$ −2,75 −4 +3,25 $+\frac{11}{2}$ $-\frac{17}{4}$

Ganze Zahlen ℤ
Rationale Zahlen ℚ

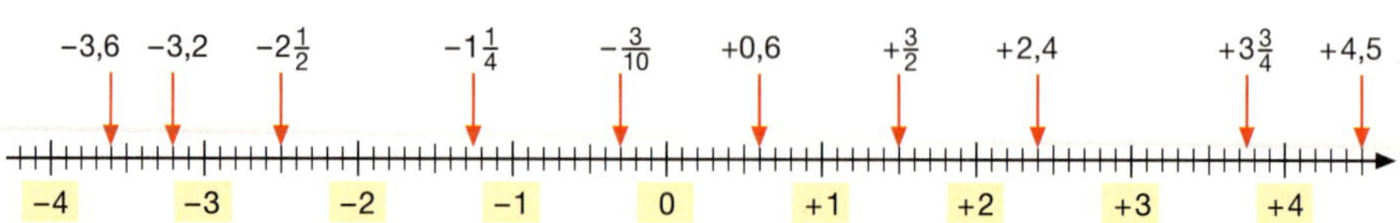

Zahlen wie 0; −1; +1; +3; −34; −8,2; −2,3; +23,13; $+\frac{1}{2}$; $-\frac{3}{4}$; $-1\frac{2}{3}$ sind **rationale Zahlen**.

Zahlen wie 0; −1; +1; +3; −34; −12 heißen **ganze Zahlen**.

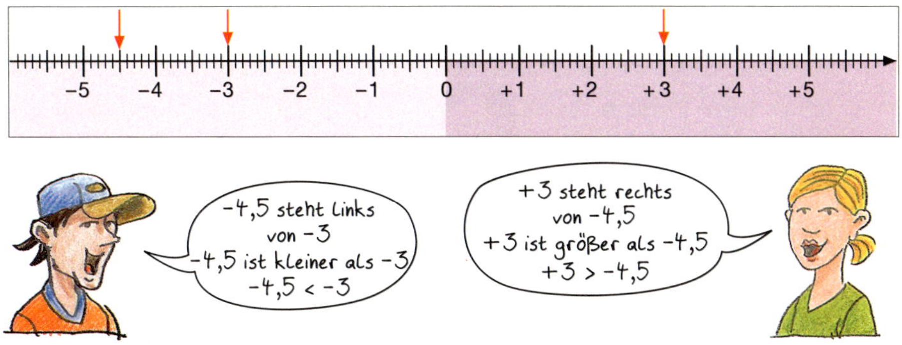

1 Vergleiche die beiden rationalen Zahlen. Verwende das >-Zeichen.

− 3 und + 5
+ 5 > − 3

a)	b)	c)
− 6 und + 1	+ 0,8 und + 13	− 2,5 und − 3,5
+ 15 und − 1	0 und − 1,7	− 14 und − 3,6
− 8 und 0	− 5,6 und + 2,8	+ 0,20 und − 4,9

2 Besprich mit deinem Tischnachbarn. Begründe am Thermometer und an der Zahlengerade, ob Felix recht hat.

3 Vergleiche die beiden rationalen Zahlen. Verwende das <-Zeichen.

a)	b)	c)	d)
− 8 und + 12	+ 3,8 und − 1,3	− 8,5 und − 3,1	$-\frac{3}{2}$ und $-\frac{7}{4}$
+ 7,4 und + 3,2	− 12 und − 1,75	− 32 und 0	$+\frac{15}{2}$ und $-\frac{9}{8}$
+ 28 und 0	− 4,9 und + 12,8	− 0,67 und − 8,9	$+\frac{24}{5}$ und $-\frac{39}{10}$

4 Kleiner (<), größer (>) oder gleich (=)?

a) $-3{,}5$ ■ $-\frac{7}{2}$
$+3{,}75$ ■ $-7{,}5$

b) $+8{,}4$ ■ $-\frac{8}{4}$
$-\frac{7}{5}$ ■ $-1{,}4$

c) $-\frac{15}{3}$ ■ $+5$
$+12$ ■ $+\frac{36}{3}$

d) $-7{,}5$ ■ $-\frac{7}{2}$
$+9{,}6$ ■ $-\frac{96}{10}$

− 25
Vorzeichen Betrag

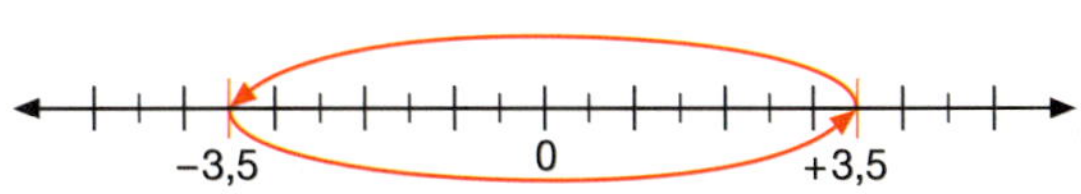

Zu jeder Zahl gibt es eine Spiegelzahl (Gegenzahl)

5

1 a) Ordne den Aussagen die passende Aufgabe zu und gib für jeden Mofa-Fahrer an, wie viel Euro Guthaben oder Schulden er hat.

(− 35) + (+ 30)	(+ 34,50) + (− 95,50)	(− 29,50) + (− 19,90)

b) Begründe deine übrigen Lösungen in der Mathe-Konferenz für Sven und Ole.

2 Berechne. Erkläre die Lösung mit einer Rechengeschichte.

a)	b)	c)	d)
(+ 6) + (− 5)	(+ 25) + (− 45)	(+ 90) + (− 60)	(+ 860) + (− 910)
(− 4) + (− 9)	(+ 48) + (− 17)	(− 180) + (+ 240)	(− 430) + (+ 390)

3

a)	b)	c)	d)
(− 9,7) + (− 3,7)	(− 2,8) + (− 7,2)	(+ 12,3) + (+ 10,7)	(− 11,6) + (− 76,3)
(+ 6,1) + (− 2,9)	(+ 5,4) + (− 5,4)	(− 8,4) + (− 15,6)	(− 21,4) + (+ 10,2)
(− 7,5) + (− 4,5)	(− 0,98) + (− 0,87)	(+ 35,2) + (− 54,8)	(+ 50,3) + (− 26,8)

4

a) Kai hat von seiner Schwester 8,50 € für's Kino geliehen. Für die Busfahrt borgt er sich noch einmal 3,60 €.

b) Kevin hat 25,50 € Schulden. Er versteigert sein Skateboard im Internet und erhält dafür 36 €.

c) Maria leert ihr Sparschwein. Sie hat 136,50 € gespart. Sie möchte sich gerne die Lederjacke für 180 € kaufen und macht bei ihren Eltern für den restlichen Betrag Schulden.

d) Boris hat 36,80 € gespart. Zum Geburtstag bekommt er von seinem Onkel noch 85 €.

Gleiche Vorzeichen
(+ 8,6) + (+ 5,2) = + 13,8
(− 8,6) + (− 5,2) = − 13,8
Addiere die Beträge.
Setze das gemeinsame Vorzeichen.

Verschiedene Vorzeichen
(− 8,6) + (+ 5,2) = − 3,4
(+ 8,6) + (− 5,2) = + 3,4
Subtrahiere die Beträge.
Setze das Vorzeichen der Zahl mit dem größeren Betrag.

1 Problem 1: Stefanie hat ein Jugendgirokonto.
Durch einen Irrtum der Bank wurde auf ihrem Konto eine Gutschrift von 30 € gebucht.

Problem 2: Auf einem anderen Girokonto hat sich die Bank ebenfalls geirrt.
Dort wurde irrtümlich eine Lastschrift von 40 € gebucht.

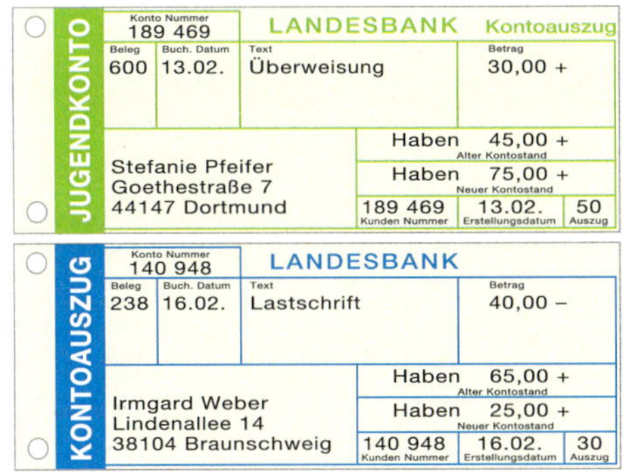
JUGENDKONTO

LANDESBANK Kontoauszug

Konto Nummer 189 469

Beleg	Buch. Datum	Text	Betrag
600	13.02.	Überweisung	30,00 +

Stefanie Pfeifer
Goethestraße 7
44147 Dortmund

Haben 45,00 + (Alter Kontostand)
Haben 75,00 + (Neuer Kontostand)

Kunden Nummer	Erstellungsdatum	Auszug
189 469	13.02.	50

KONTOAUSZUG

LANDESBANK

Konto Nummer 140 948

Beleg	Buch. Datum	Text	Betrag
238	16.02.	Lastschrift	40,00 –

Irmgard Weber
Lindenallee 14
38104 Braunschweig

Haben 65,00 + (Alter Kontostand)
Haben 25,00 + (Neuer Kontostand)

Kunden Nummer	Erstellungsdatum	Auszug
140 948	16.02.	30

Wie können die Buchungen rückgängig gemacht werden? Stellt eure Lösungswege in der Mathekonferenz vor.

Rechenweg 1: (+ 85) – (+ 25) = (+ 60)
Rechenweg 2: (+ 85) + (– 25) = (+ 60)

Rechenweg 1: (+ 25) – (– 50) = (+ 75)
Rechenweg 2: (+ 25) + (+ 50) = (+ 75)

2 Beseitige die falsche Buchung. Rechne jeweils auf beiden Wegen.

a) Neuer Kontostand: 230,50 € Guthaben — falsche Buchung Gutschrift von 30,50 €
b) Neuer Kontostand: 150,10 € Guthaben — falsche Buchung Gutschrift von 25,10 €
c) Neuer Kontostand: 55,90 € Guthaben — falsche Buchung Lastschrift von 46,10 €
d) Neuer Kontostand: 260,20 € Guthaben — falsche Buchung Lastschrift von 40,80 €

3 Beachte die Vorzeichen und die Beträge der Zahlen. Berechne und vergleiche. Erkläre am Kontomodell.

a) (+ 8) – (+ 6)
   (+ 8) + (– 6)
b) (– 10,5) – (+ 5,5)
   (– 10,5) + (– 5,5)
c) (+ 19,1) – (– 6,9)
   (+ 19,1) + (+ 6,9)
d) (– 25,5) – (– 14,5)
   (– 25,5) + (+ 14,5)

4 Addiere die Gegenzahl.

a) (+ 17) – (+ 29)
   (– 18) – (+ 12)
   (– 34) – (+ 52)
b) (+ 320) – (+ 240)
   (– 290) – (– 340)
   (+ 640) – (+ 720)
c) (+ 2,9) – (+ 6,4)
   (+ 7,2) – (– 8,4)
   (– 6,1) – (+ 9,3)
d) (+ 4,9) – (+ 7,5)
   (+ 6,3) – (– 9,5)
   (– 4,2) – (+ 6,3)

5 Übertrage die Tabellen in dein Heft und fülle sie aus.

Datum	alter Kontostand	Buchung	neuer Kontostand
02.01.	Guthaben 348,27 €	Lastschrift 78,58 €	■
07.01.	■	■	Schulden 87,31 €
12.01.	■	Gutschrift 328,92 €	■
25.01.	■	■	Schulden 128,73 €
31.01.	■	■	Guthaben 56,95 €

1 Addiere die Gegenzahl.

a)
(+ 20) − (− 30)
(+ 40) − (+ 20)
(− 100) − (+ 45)
(− 50) − (− 50)

b)
(+ 35) − (− 45)
(− 25) − (+25)
(− 55) − (− 15)
(+ 85) − (+ 95)

c)
(+ 72) − (+ 15)
(− 81) − (− 16)
(+ 25) − (− 56)
(− 27) − (− 48)

d)
(− 450) − (− 250)
(+ 1400) − (+ 600)
(− 360) − (+ 360)
(+ 715) − (+ 485)

2
a) (+ 4,3) − (+ 9,3)
(− 4,8) − (− 4,8)
(+ 100) − (+ 6,6)
(− 99) − (− 4,1)

b) (+ 6,2) − (+ 4,5)
(− 3,9) − (+ 9,6)
(+ 8,4) − (− 8,4)
(− 5,7) − (+ 7,9)

c) (− 38) − (+ 2,7)
(+ 4,7) − (− 25)
(− 5,8) − (+ 4,7)
(+ 8,3) − (+ 8,3)

d) (− 18,9) − (− 6,2)
(+ 14,8) − (− 8,5)
(+ 8,9) − (+ 17,4)
(− 9,8) − (− 21,4)

3
a) $\left(+\frac{1}{8}\right) - \left(-\frac{6}{8}\right)$
$\left(-\frac{3}{9}\right) - \left(+\frac{4}{9}\right)$

b) $\left(+\frac{5}{8}\right) - \left(+\frac{3}{8}\right)$
$\left(-\frac{5}{6}\right) - \left(-\frac{1}{6}\right)$

c) $\left(+\frac{1}{2}\right) - \left(+\frac{1}{4}\right)$
$\left(-\frac{1}{8}\right) - \left(+\frac{3}{4}\right)$

d) $\left(+\frac{2}{3}\right) - \left(+\frac{1}{2}\right)$
$\left(-\frac{1}{4}\right) - \left(+\frac{5}{6}\right)$

4 Fülle die Tabelle in deinem Heft aus.

a)

−	(+ 7)	(− 25)	(+ 300)	(− 65)
(− 20)	■	■	■	■
(+ 90)	■	■	■	■
(+ 65)	■	■	■	■

b)

−	(− 9,6)	(− 52)	(+ 0,35)	(− 10,1)
(+ 8,5)	■	■	■	■
(− 52)	■	■	■	■
(− 0,9)	■	■	■	■

5
a) (+ 6) − ■ = (− 12)
(− 7) − ■ = 0
(− 9) − ■ = (+ 13)

b) (− 8) − ■ = (+ 15)
(− 10) − ■ = (+ 18)
(− 18) − ■ = 0

c) ■ − (− 6) = (+ 8)
■ − (− 8) = (− 12)
■ − (− 7) = 0

6 Berechne die Subtraktionstürme. Es entstehen „glatte" Ergebnisse.

a)
581 | 845 | 622 | 912
■ | ■ | ■
■ | ■
■

b)
− 1181,7 | − 95,7 | 622 | − 28,6
■ | ■ | ■
■ | ■
■

Kurzschreibweise

(+4) − (+9) = 4 − 9 = − 5
(+4) − (−9) = 4 + 9 = 13

(−6) − (+ 13) = − 6 − 13 = − 19
(−6) − (− 13) = − 6 + 13 = 7

7 Schreibe ohne Klammer und berechne.

a) (− 8) − (+ 12)
(+ 4) − (− 16)
(− 30) − (− 15)
(+ 90) − (− 110)

b) (− 95) − (− 105)
(+ 75) − (− 120)
(− 90) − (− 90)
(+ 240) − (− 160)

c) (− 8,5) − (+ 11,5)
(− 7,6) − (+ 12,4)
(+ 6,5) − (+ 17,5)
(− 11,2) − (− 9,8)

d) (− 4,7) − (+ 4,7)
(+ 3,4) − (− 2,6)
(− 5,3) − (+ 4,7)
(− 7,5) − (− 7,5)

8
a) − 9 + 6
− 3 − 18
+ 8 − 10

b) − 165 − 165
− 171 + 241
+ 85 − 155

c) + 12,1 − 14,1
− 9,6 + 9,6
− 15,7 + 4,3

d) + 21,5 − 30,9
− 40,5 − 20,2
− 57,4 + 57,4

1 Rechne zuerst aus. Welche Aufgabe passt jeweils zu der Aussage?

A	$(-12)+(-8)$	B	$(+6)+(+4)$	C	$(+14)-(+7)$	D	$(-16)-(-14)$

2
a) $(+45)+(-15)$; $(+500)+(-350)$; $(+1000)+(-2000)$
b) $(+90)-(-25)$; $(+400)-(+350)$; $(+3000)-(+1500)$
c) $(+135)+(-85)$; $(+300)-(+600)$; $(+1000)+(-4000)$
d) $(+80)-(+25)$; $(+300)+(-300)$; $(-1400)-(+850)$

3
a) $(-14{,}6)+(-3{,}4)$; $(+19{,}4)+(-6{,}3)$; $(-24{,}9)+(+6{,}5)$
b) $(+28{,}1)-(+3{,}1)$; $(-102{,}9)-(-3{,}2)$; $(+55{,}6)-(+8{,}8)$
c) $(-32{,}7)+(-7{,}3)$; $(+8{,}6)-(+76{,}4)$; $(+20{,}4)-(+48)$
d) $(-45{,}8)-(+4{,}8)$; $(-99{,}7)-(+19{,}6)$; $(+100)+(-0{,}63)$

4
a) $(+18)+(+46)+(+52)$; $(+60)+(-40)+(-10)$; $(-40)+(-60)+(-70)$
b) $(-12)-(+4)-(+6)$; $(-70)-(+20)-(+40)$; $(+120)-(+35)-(+25)$
c) $(-36)+(-57)+(+17)$; $(+130)+(+70)-(+80)$; $(-65)+(-75)-(+40)$

5
a) $7{,}6-3{,}2-8{,}4$; $-8{,}5+9{,}2-3{,}9$
b) $9{,}7-8{,}3-12{,}6$; $-8{,}3+7{,}0+2{,}8$
c) $-2{,}6+9{,}7-5{,}9$; $-7{,}6-5{,}9+10$
d) $-9{,}6-8{,}3+2{,}07$; $+4{,}06-8{,}9+0{,}007$

6
a) $\left(+\frac{3}{5}\right)+\left(-\frac{4}{5}\right)$; $\left(-\frac{5}{6}\right)+\left(+\frac{1}{6}\right)$
b) $\left(+\frac{3}{8}\right)-\left(+\frac{7}{8}\right)$; $\left(-\frac{2}{3}\right)-\left(-\frac{1}{3}\right)$
c) $\left(-\frac{2}{5}\right)+\left(+\frac{7}{10}\right)$; $\left(+\frac{5}{8}\right)-\left(-\frac{1}{2}\right)$
d) $\left(+\frac{1}{6}\right)+\left(-\frac{1}{8}\right)$; $\left(-\frac{3}{10}\right)-\left(+\frac{3}{4}\right)$

7 Ein U-Boot befindet sich auf Forschungsfahrt 840 m unter dem Meeresspiegel.
a) Es taucht 660 m höher und anschließend 350 m tiefer. In welcher Tiefe befindet es sich nach diesem Tauchmanöver?
b) In einer Tiefe von 625 m soll es Wasserproben entnehmen. Um wie viel Meter muss es dann noch auf- oder abtauchen?

8 Familie Roth hat beim Kauf eines Wohnzimmers im Juli einen Kleinkredit in Höhe von 3570 € aufgenommen. Monatlich zahlt sie 238 € zurück, erstmalig am 1. August. Berechne die Höhe des restlichen Kredits in den folgenden Monaten. Führe die Rechnung solange fort, bis der Kredit bezahlt ist. (1. August: $-3570+238=-3332$ usw.)

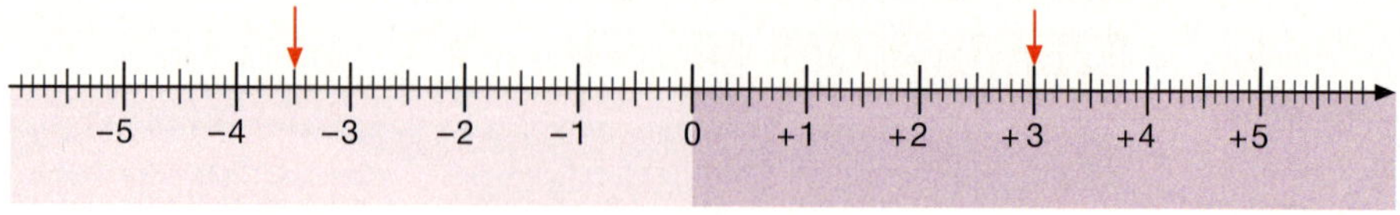

− 3,5 steht links von − 3
− 3,5 ist kleiner als − 3
$-3{,}5 < -3$

+ 3 steht rechts von − 2
+ 3 ist größer als − 2
$+3 > -2$

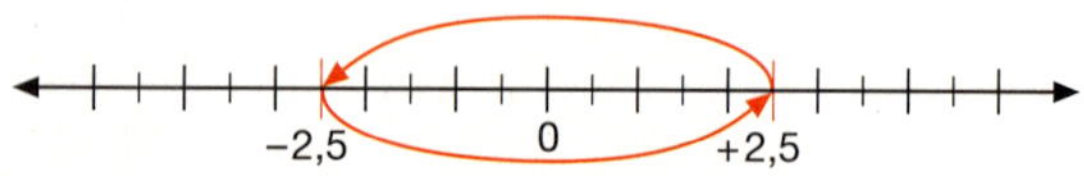

Zu jeder Zahl gibt es eine Spiegelzahl (Gegenzahl)

Rationale Zahlen addieren

Gleiche Vorzeichen

> Addiere die Beträge. Setze das gemeinsame Vorzeichen.

(+ 9) + (+ 6) = 15 Zum Guthaben kommt Guthaben hinzu. Das Guthaben wächst.
(− 8) + (− 9) = − 17 Zu Schulden kommen Schulden hinzu. Die Schulden wachsen.

Verschiedene Vorzeichen

> Subtrahiere die Beträge. Setze das Vorzeichen der Zahl mit dem größeren Betrag.

(+ 8) + (− 5) = + 3 Zum Guthaben kommen Schulden hinzu. Das Guthaben sinkt.
(− 9) + (+ 5) = − 4 Zu Schulden kommt Guthaben hinzu. Die Schulden sinken.

Rationale Zahlen subtrahieren

> Addiere die Gegenzahl.

(+ 12) − (+ 8) = + 4 (+ 12) + (− 8) = + 4
(− 14) − (− 9) = − 5 (− 14) + (+ 9) = − 5

(+ 15) − (− 5) = + 20 (+ 15) + (+ 5) = + 20
(− 12) − (+ 5) = − 17 (− 12) + (− 5) = − 17

Vereinfachte Schreibweise

$(+12)\underbrace{-(+}_{-}8) = 12 - 8 = 4$ $(-9)\underbrace{-(+}_{-}11) = -9 - 11 = -20$

$(-12)\underbrace{-(-}_{+}8) = -12 + 8 = -4$ $(-9)\underbrace{-(-}_{+}11) = -9 + 11 = 2$

Wie viel Euro lässt Frau Rath in drei Monaten von ihrem Gehaltskonto abbuchen?

Dauerauftrag
Name: Rath
Vorname: Beate
Straße: Pliniusweg 6
Wohnort: 97070 Würzburg
Betrag: 100,– EUR
beginnend am: 01.01.
von Konto-Nr.: 150 238
auf Konto-Nr.: 180 084
Bankleitzahl: 230 112
Bankleitzahl: 230 112
monatlich ☒ vierteljährlich ☐
Beate Rath
Unterschrift

Rechnung:
(−100) + (−100) + (−100) = 3 · (−100)
= (−300)
Antwort: In drei Monaten werden 300 € abgebucht.
Erkan

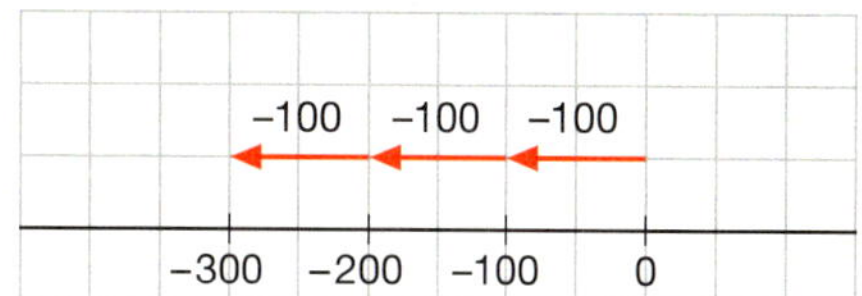

1 a) Schreibe die Buchungen für sechs Monate auf. Zeichne.
b) Wie viel wurde nach einem Jahr vom Gehaltskonto abgebucht?

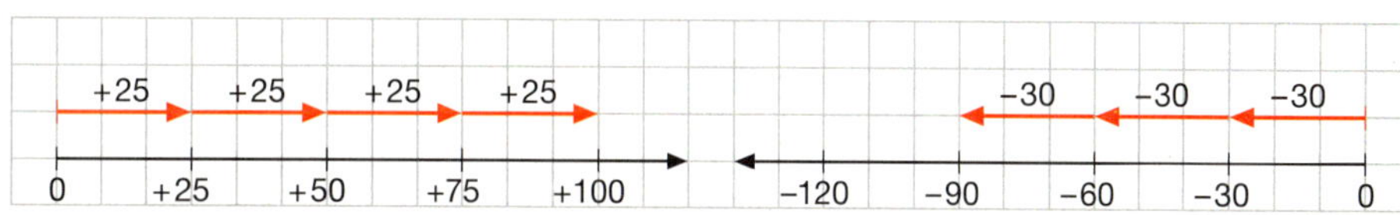

$4 \cdot (+25) = (+100)$ $3 \cdot (-30) = (-90)$

2 Welche Aufgaben sind im Pfeilbild dargestellt? Rechne aus.

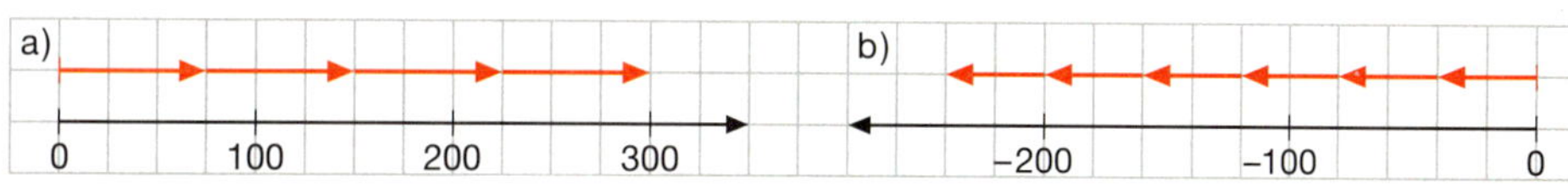

3 Schreibe als Produkt und berechne.

a) $(+8) + (+8) + (+8) + (+8) + (+8)$
b) $(-23) + (-23) + (-23) + (-23) + (-23)$
c) $(-19) + (-19) + (-19)$
d) $(+56) + (+56) + (+56) + (+56)$
e) $(-1{,}2) + (-1{,}2) + (-1{,}2) + (-1{,}2)$
f) $\left(-\frac{3}{4}\right) + \left(-\frac{3}{4}\right) + \left(-\frac{3}{4}\right) + \left(-\frac{3}{4}\right)$

4
a) $4 \cdot (+12)$; $9 \cdot (-6)$
b) $7 \cdot (+18)$; $6 \cdot (-11)$
c) $11 \cdot (+23)$; $13 \cdot (-13)$
d) $(+40) \cdot 20$; $(-15) \cdot 15$
e) $(+99) \cdot 30$; $(-40) \cdot 25$

5
a) $8 \cdot (+3{,}5)$; $10 \cdot (7{,}42)$; $20 \cdot (-0{,}06)$
b) $12 \cdot (-4{,}5)$; $20 \cdot (-10{,}25)$; $30 \cdot (+0{,}4)$
c) $8 \cdot (+0{,}25)$; $10 \cdot (+11{,}7)$; $100 \cdot (-0{,}036)$
d) $(-0{,}7) \cdot 9$; $(-20{,}8) \cdot 100$; $(+0{,}45) \cdot 1000$
e) $(-11{,}7) \cdot 6$; $(+0{,}04) \cdot 10$; $(-1{,}25) \cdot 8$

6
a) $3 \cdot \left(+\frac{2}{7}\right)$; $7 \cdot \left(-\frac{9}{10}\right)$
b) $5 \cdot \left(-\frac{1}{4}\right)$; $8 \cdot \left(+\frac{4}{5}\right)$
c) $12 \cdot \left(+\frac{5}{6}\right)$; $4 \cdot \left(-\frac{7}{8}\right)$
d) $\left(-\frac{4}{9}\right) \cdot 6$; $\left(+\frac{3}{4}\right) \cdot 10$
e) $\left(+\frac{7}{8}\right) \cdot 4$; $\left(-\frac{11}{12}\right) \cdot 3$

Eine Neuigkeit wird ab 6 Uhr alle $\frac{1}{4}$ Stunde weitererzählt. Jeder, der die Neuigkeit kennt, erzählt sie zwei weiteren Menschen. Um 6 Uhr wusste nur Hermann Bescheid. Wann sind alle 1 000 000 Einwohner informiert?

Auf der Klassenfahrt borgt sich Torge von seinem Freund Rafael 21 €. Er zahlt die Schulden in drei Raten zurück.

Rechnung: (−21) : 3 = (−7)
Probe: (−7) · 3 = (−21)
Antwort: Torge muss jedes Mal 7 € bezahlen. Susi

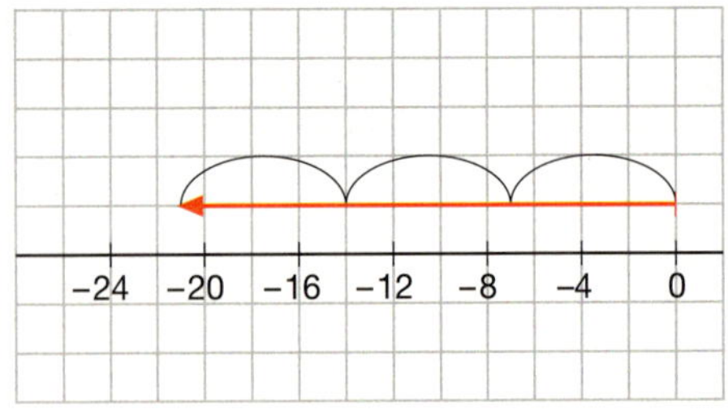

1 Berechne mit Probe.

a) (+ 27 €) : 3
(+ 58,50 €) : 9

b) (+ 33 €) : 6
(+ 6 €) : 8

c) (− 32 €) : 5
(− 38,50 €) : 7

d) (− 56 €) : 7
(− 10,20 €) : 12

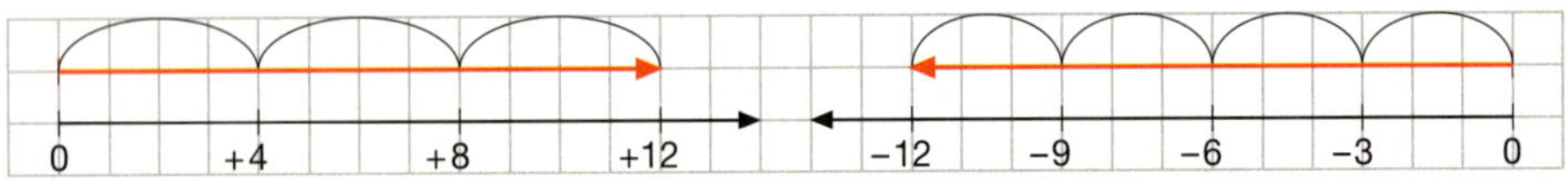

(+ 12) : 3 = (+ 4)   (− 12) : 4 = (− 3)

2 Zerlege den Pfeil in vier gleich lange Teile. Wie lang ist jeder Teil?
Schreibe eine Rechnung und die Probe auf.

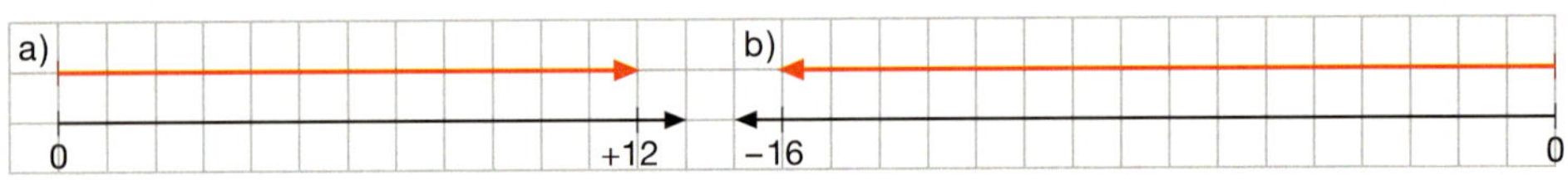

3

a) (+ 45) : 9
(− 200) : 10
(+ 490) : 70

b) (− 28) : 4
(+ 4000) : 100
(− 810) : 90

c) (+ 72) : 8
(+ 350) : 100
(+ 560) : 70

d) (− 96) : 4
(− 470) : 100
(+ 50) : 100

e) (+ 56) : 7
(− 680) : 100
(− 200) : 1000

4 a) Julian hat sich 24 € geborgt. Er bezahlt das Geld in drei Raten zurück.
b) Birgit hat 48,80 € Schulden. Sie kann das Geld in vier Raten zurückzahlen. Welchen Betrag zahlt sie wöchentlich?

5 Herrn Klein bleiben beim Autokauf noch 3850 € Schulden. Er bezahlt das Geld innerhalb eines Jahres zurück. Wie hoch ist die monatliche Belastung?

6

a) (+ 7,2) : 8
(− 32,4) : 9

b) (− 4,2) : 6
(+ 50,4) : 12

c) (+ 13,2) : 6
(− 131,2) : 16

d) (− 18,4) : 8
(+ 309,6) : 24

e) (+ 15,5) : 5
(− 334,8) : 36

7 Berechne mit Probe.

a) $\left(+\frac{16}{3}\right) : 4$
(− 0,64) : 8

b) $\left(-\frac{9}{11}\right) : 3$
(+ 0,035) : 7

c) $\left(+\frac{10}{16}\right) : 5$
(− 0,081) : 9

d) $\left(-\frac{12}{15}\right) : 6$
(+ 0,96) : 12

e) $\left(+\frac{14}{3}\right) : 7$
(− 0,72) : 6

Kann Marco Gedanken lesen?
Marco behauptet, dass er Gedanken lesen kann. Er sagt zu Sarah: *„Denke dir eine Zahl, addiere 10, verdoppele die Summe, subtrahiere 10, dividiere das Ergebnis durch 2 und subtrahiere die gedachte Zahl. Dein Ergebnis ist 5, stimmt's?"*

1 a) Setze die Rechenreihen fort. Tipp: Wie ändert sich das Ergebnis von Zeile zu Zeile?

(+3) · (+4) = (+12)	− 4	(+3) · (−3) = (−9)
(+2) · (+4) = (+ 8)		(+2) · (−3) = (−6)
(+1) · (+4) = (+ 4)		(+1) · (−3) = (−3)
0 · (+4) = 0		0 · (−3) = 0
(−1) · (+4) = ☐		(−1) · (−3) = ☐
(−2) · (+4) = ☐		(−2) · (−3) = ☐

(Left series: each line − 4; right series: each line + 3)

b) Schreibe Rechenreihen auf für (+ 2) · (+ 7) und (+ 2) · (− 8).
c) Präsentiert eure Lösungswege in der Mathekonferenz.
d) Ergänze die Regel im Heft.

·	+	−
+	+	−
−	−	+

Gleiche Vorzeichen, Produkt positiv:
(+3)·(+4)=(+12)
(−3)·(−4)=(+12)

Minus mal minus gleich ☐
Minus mal plus gleich ☐

Ungleiche Vorzeichen, Produkt negativ:
(+5)·(−3)=(−15)
(−3)·(+5)=(−15)

2 a)
(+ 7) · (+ 6)
(+ 4) · (+ 5)
(− 5) · (+ 8)
(+ 9) · (− 7)
(− 6) · (+ 9)

b)
(− 14) · (+ 5)
(− 12) · (+ 7)
(− 15) · (+ 6)
(− 20) · (− 9)
(− 16) · (+ 10)

c)
(− 15) · (− 0,2)
(− 25) · (− 0,4)
(− 1,2) · (− 7)
(− 1,8) · (− 0,5)
(+ 1,6) · (− 10)

3 Setze solange fort, bis das Produkt größer als 1000 wird.

a) (− 5) · (− 3) = (+ 15)
(+ 15) · (− 3) = ☐
☐ · (− 3) = …

b) (+ 6) · (− 2) = (− 12)
(− 12) · (− 2) = ☐
☐ · (− 2) = …

c) (− 1,8) · (− 4) = (+ 7,2)
(+ 7,2) · (− 4) = ☐
☐ · (− 4) = …

4 Berechne die Produkte.

a) (− 3) · (+ 4) · (− 5)
(+ 8) · (+ 3) · (− 7)

b) (− 2) · (− 6) · (+ 9)
(+ 4) · (− 10) · (+ 5)

c) (+ 0,5) · (− 4) · (− 8)
(− 5) · (− 6) · (− 0,9)

d) (− 0,6) · (− 3) · (− 0,4)
(+ 1,8) · (− 5) · (− 0,3)

5 a) Multipliziert man zwei ganze Zahlen miteinander, so erhält man (+ 12). Es gibt mehrere Lösungen.
b) Multipliziert man drei ganze Zahlen miteinander, so erhält man (− 48). Gib mindestens 6 verschiedene Lösungen an.

6 Löse den Multiplikationsturm in deinem Heft.

a)

	+ 16		
	☐	☐	
☐	☐	☐	
− 2	+ 1	+ 2	− 1

b)

	− 0,3		
	☐	☐	
☐	☐	☐	
− 4	− 0,1	+ 5	− 0,6

c)

	+ 0,8		
	☐	☐	
☐	☐	☐	
+ 0,5	− 5	− 0,4	+ 0,2

7 Bilde aus den Zahlen + 2, − 2, + 5, − 5 einen Multiplikationsturm.
Welches ist das größte Ergebnis, das du erhalten kannst?

1 a) Untersuche den Rechenweg. Vergleiche mit den Vorzeichenregeln beim Multiplizieren.

$(+24) : (-3) = (-8)$, denn $(-8) \cdot (-3) = (+24)$
$(-18) : (-6) = (+3)$, denn $(+3) \cdot (-6) = (-18)$

b) Berechne wie in den Beispielen. Begründe die Lösung in der Mathekonferenz.

(1)	(2)	(3)	(4)
$(-36) : (-4)$	$(+15) : (-3)$	$(-24) : (-6)$	$(+35) : (+7)$
$(+35) : (+7)$	$(-16) : (+4)$	$(+20) : (-5)$	$(-48) : (-8)$

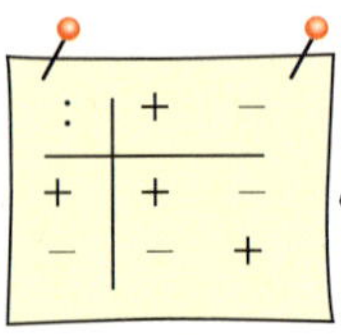

c) Ergänze die Regel im Heft.

Minus durch minus gleich ▢
Minus durch plus gleich ▢

2 Berechne. Kontrolliere durch eine Multiplikation.

a)	b)	c)	d)
$(+16) : (-2)$	$(-35) : (-5)$	$(-56) : (+8)$	$(-96) : (-6)$
$(-27) : (+3)$	$(+49) : (-7)$	$(+77) : (-11)$	$(-144) : (+9)$

3 Fülle die Tabelle in deinem Heft aus.

a)

:	− 2	+ 4	+ 5	+ 12	− 15
+ 120	▢	▢	▢	▢	▢
− 420	▢	▢	▢	▢	▢
− 144	▢	▢	▢	▢	▢
+ 57	▢	▢	▢	▢	▢

b)

:	+ 3	− 0,6	− 1,5	+ 2,5
+ 5,85	▢	▢	▢	▢
− 12,6	▢	▢	▢	▢
− 9,75	▢	▢	▢	▢
+ 0,93	▢	▢	▢	▢

4 Berechne. Schreibe die Probe auf.

a)	b)	c)	d)
$(-15) : (+6)$	$(-38) : (-8)$	$(+8{,}4) : (-7)$	$(-19{,}5) : (-2{,}6)$
$(+32) : (+5)$	$(-72) : (-15)$	$(+44{,}8) : (-16)$	$(-100{,}8) : (+4{,}5)$
$(-93) : (+12)$	$(+108) : (-30)$	$(-25{,}2) : (-6)$	$(+15{,}3) : (-0{,}36)$

5 Berechne wie im Beispiel.

$\left(+\frac{2}{3}\right) : \left(-\frac{3}{4}\right) =$ Beträge: $\frac{2}{3} : \frac{3}{4} = \frac{2}{3} \cdot \frac{4}{3} = \frac{2 \cdot 4}{3 \cdot 3} = \frac{8}{9}$ (Kehrbruch) Ergebnis: $\left(+\frac{2}{3}\right) : \left(-\frac{3}{4}\right) = -\frac{8}{9}$

a)	b)	c)	d)
$\left(+\frac{2}{3}\right) : \left(-\frac{4}{5}\right)$	$\left(-\frac{3}{4}\right) : \left(+\frac{3}{8}\right)$	$\left(-\frac{4}{1}\right) : \left(-\frac{1}{5}\right)$	$(-3) : \left(-\frac{1}{2}\right)$
$\left(-\frac{2}{5}\right) : \left(-\frac{3}{4}\right)$	$\left(-\frac{4}{5}\right) : \left(-\frac{3}{10}\right)$	$\left(+\frac{5}{6}\right) : \left(-\frac{3}{1}\right)$	$\left(+\frac{2}{3}\right) : (-6)$
$\left(-\frac{2}{7}\right) : \left(+\frac{1}{3}\right)$	$\left(+\frac{8}{9}\right) : \left(-\frac{2}{3}\right)$	$\left(-\frac{5}{8}\right) : \left(+\frac{10}{1}\right)$	$(+8) : \left(-\frac{4}{5}\right)$

1 a) (+5) · (− 6)
(− 12) · (+ 5)
(− 9) · (− 8)

b) (+ 81) : (− 9)
(− 42) : (− 7)
(− 55) : (+ 5)

c) (− 9,5) · (+ 4)
(− 2,5) · (− 8)
(+ 12) · (− 1,5)

d) (− 5,6) : (+ 8)
(+ 7,2) : (− 9)
(− 10,8) : (− 6)

2 Bestimme die Platzhalter.

a) (− 9) · ■ = + 27
(+ 8) · ■ = + 32
(+ 5) · ■ = − 40

b) (+ 42) : ■ = − 7
(− 28) : ■ = + 4
(+ 63) : ■ = − 9

c) (− 2,8) · ■ = − 1,4
(+ 7,5) · ■ = −15
(− 1,2) · ■ = +1,8

d) (+ 3,5) : ■ = − 0,7
(− 4,8) : ■ = − 0,3
(− 1,6) : ■ = + 8

3 a) $\left(+\frac{3}{4}\right) \cdot \left(-\frac{5}{6}\right)$
$\left(-\frac{2}{3}\right) \cdot \left(+\frac{1}{2}\right)$
$\left(-\frac{1}{2}\right) \cdot \left(-\frac{1}{2}\right)$

b) $\left(+\frac{3}{8}\right) : \left(-\frac{5}{8}\right)$
$\left(-\frac{5}{6}\right) : \left(-\frac{2}{3}\right)$
$\left(-\frac{2}{5}\right) : \left(+\frac{3}{10}\right)$

c) $\left(-1\frac{4}{5}\right) \cdot \left(-\frac{1}{3}\right)$
$\left(-1\frac{1}{9}\right) \cdot \left(+3\frac{3}{4}\right)$
$\left(+2\frac{7}{10}\right) \cdot \left(-3\frac{8}{9}\right)$

d) $\left(-1\frac{1}{4}\right) : \left(+\frac{5}{6}\right)$
$\left(+1\frac{1}{2}\right) : \left(+2\frac{1}{4}\right)$
$\left(-6\frac{2}{3}\right) : \left(-4\frac{1}{6}\right)$

4 Fülle die Tabelle in deinem Heft aus.

a)

·	(+ 4)	(− 7)	(+ 8,5)	
(+ 6)	■	■	■	■
	■	(− 63)	■	■
(− 28)	■	■	■	■
(− 6,5)	■	■	■	+ 20,8

b)

:	(− 2)	(+ 40)	(− 1,2)	
(+ 120)	■	■	■	■
(+ 10,5)	■	■	■	■
	+ 2,1	■	■	■
(− 57)	■	■	■	− 114

5 Beginne bei der Rechenrallye mit irgendeiner Aufgabe. Suche danach die Aufgabe, die mit deinem Ergebnis beginnt. Wenn du alles richtig gerechnet hast, kommst du wieder beim Start an.

6 Löse die Aufgabe in deinem Heft.

a) Multiplikationsturm

| − 8 |
■	■
■	■	■
− 10	− 0,5	+ 4	− 0,1

b) Multiplikationsturm

| + 0,15 |
■	■
■	■	■
+ 6	− 0,1	− 5	+ 0,2

c) Divisionsturm

+ 120	− 4	− 2	+ 0,5
■	■	■
■	■
+ 30

7 Kleiner (<), größer (>) oder gleich (=). Rechne wie im Beispiel.

(− 3) · (+ 6) ■ (− 5) · (+ 2)
(− 18) < (− 10)

a) (− 9) · (+ 7) ■ (+ 21) · (− 3)
(− 7,5) · (− 6) ■ (− 1,2) · (+ 40)
(− 1,3) · (+ 20) ■ (+ 6,6) · (− 4)

b) (+ 12) · (+ 0,7) ■ (− 2,1) · (− 4)
(− 4,5) · (− 8) ■ (− 9) · (+ 4)
(+ 2,5) · (− 40) ■ (− 12,5) · (− 8)

1 Erkläre, wo man die Klammer weglassen darf, ohne dass sich das Ergebnis ändert.

2 Vereinfache und berechne.

a)
$(+5)\cdot(+4)$
$(+6)\cdot(-9)$
$(-3)\cdot(+8)$
$(-7)\cdot(-6)$

b)
$(+0{,}6)\cdot(+8)$
$(+1{,}2)\cdot(-7)$
$(-2{,}5)\cdot(+4)$
$(-20)\cdot(-0{,}7)$

c)
$(+72):(+8)$
$(-81):(+9)$
$(-8):(-2)$
$(-21):(-7)$

d)
$(-4{,}8):(+1{,}2)$
$(+3{,}6):(-0{,}4)$
$(-7{,}2):(+0{,}6)$
$(-4{,}5):(-0{,}9)$

3 Rechne im Kopf. Beachte die vereinfachte Schreibweise.

a) $8\cdot(-4)$
$(-5)\cdot(-7)$
$20\cdot(-30)$
$(-9)\cdot 3$

b) $(-6)\cdot(-7)$
$(-15)\cdot 6$
$3\cdot(-75)$
$(-125)\cdot 8$

c) $(-45):(-9)$
$14:(-7)$
$(-64):8$
$121:(-11)$

d) $84:(-7)$
$(-135):5$
$96:(-6)$
$(-147):7$

4 Berechne. Beachte die Regel „Punktrechnung vor Strichrechnung“.

$-9-(-4)\cdot 3$
$=-9-(-12)$
$=-9+12$
$=3$

a) $42-7\cdot 4$
$-60+8\cdot 9$
$-54-(-3)\cdot 4$
$34+5\cdot(-7)$

b) $-45+(-8)\cdot(-9)$
$7{,}5\cdot(-6)-15$
$(-8)\cdot 12{,}5+36$
$-150-(-7)\cdot 22$

c) $-67{,}5+8{,}5\cdot 8$
$-8+(-7)\cdot 3+9$
$18-(-16):(+4)$
$27+(-36):(-6)$

5 a)
$(18-25)\cdot 12$
$(9-13)\cdot 25$
$(-40)\cdot(12-52)$
$(49-36)\cdot(-15)$
$120\cdot(16-31)$

b)
$0{,}4\cdot(42-51)$
$0{,}7\cdot(19-31)$
$(-9)\cdot(2{,}6-3{,}4)$
$(-0{,}5)\cdot(-9{,}8+2{,}6)$
$1{,}6\cdot(14{,}3-17{,}3)$

c)
$(16-23)\cdot(85-71)$
$(8-14)\cdot(70-30)$
$(-2{,}5+6{,}5)\cdot(16-27)$
$(-4{,}2-1{,}3)\cdot(31{,}3-11{,}3)$
$(6{,}1-7{,}9)\cdot(0{,}8-0{,}9)$

6 a) $(27-6):(-7)$
$(42-98):8$
$(-36):(11-7)$
$72:(23-32)$

b) $(8-17):(2-5)$
$(-68-52):(37-22)$
$(96-54):(-4-3)$
$(66-216):(52-77)$

c) $(2{,}9+4{,}3):(17-25)$
$(-52+76):(8{,}9-9{,}2)$
$(-1{,}9-1{,}7):(6{,}7-7{,}6)$
$(-45+52):(12{,}3-12{,}4)$

Vervielfachen

$3 \cdot (+25) = +75$ $\quad$ $4 \cdot (-15) = -60$

Teilen

$(-28) : 4 = -7$
Probe:
$(-7) \cdot 4 = -28$

$(+32) : 8 = +4$
Probe:
$(+4) \cdot 8 = +32$

Multiplizieren

$(+4) \cdot (+5) = +20$
$(-4) \cdot (-5) = +20$
Gleiche Vorzeichen,
Ergebnis plus.
Kurz:
Minus mal minus gleich plus.

$(-4) \cdot (+5) = -20$
$(+4) \cdot (-5) = -20$
Ungleiche Vorzeichen,
Ergebnis minus.
Kurz:
Minus mal plus gleich minus.

Dividieren

$(+32) : (+8) = +4$
$(-32) : (-8) = +4$
Gleiche Vorzeichen,
Ergebnis plus.
Kurz:
Minus durch minus gleich plus.

$(+32) : (-8) = -4$
$(-32) : (+8) = -4$
Ungleiche Vorzeichen,
Ergebnis minus.
Kurz:
Minus durch plus gleich minus.

Mit dem Kehrbruch multiplizieren

Kehrbruch

$\left(+\frac{2}{5}\right) : \left(-\frac{3}{4}\right) = \frac{2}{5} \cdot \left(-\frac{4}{3}\right) = -\frac{8}{15}$

Beträge multiplizieren: $\frac{2 \cdot 4}{5 \cdot 3} = \frac{8}{15}$

Vereinfachte Schreibweise

Multiplizieren
$(+6) \cdot (+3) = 6 \cdot 3 = 18$
$(+5) \cdot (-4) = 5 \cdot (-4) = -20$
$(-2) \cdot (+8) = (-2) \cdot 8 = -16$

Dividieren
$(+49) : (+7) = 49 : 7 = 7$
$(+24) : (-3) = 24 : (-3) = -8$
$(-18) : (+6) = (-18) : 6 = -3$

Keine Vereinfachung möglich
$(-6) \cdot (-2) = 12$ $\quad$ $(-9) : (-3) = 3$

Station 1 Rechen-Puzzle

Übertrage das Puzzle auf ein Blatt, schneide es aus und lege es richtig zusammen.

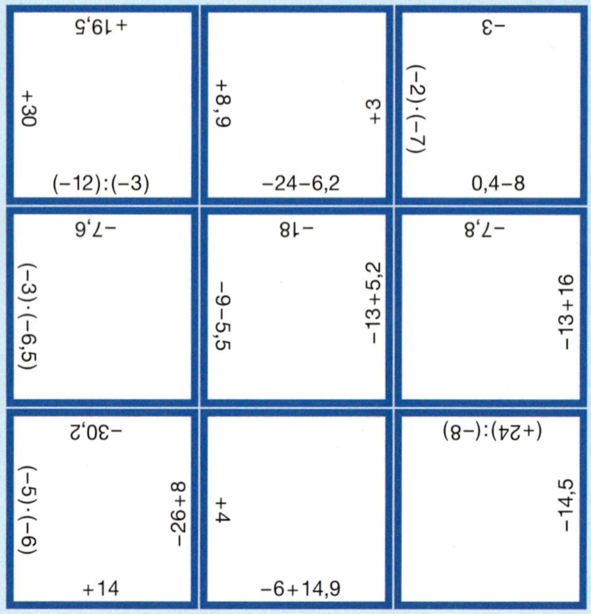

Station 5 Bingo

Schreibe die 16 Aufgaben auf Kärtchen. Rechne die Aufgaben aus und notiere das Ergebnis jeweils auf der Rückseite. Ziehe nun neun Kärtchen und diktiere deinen Mitspielern die Ergebnisse der neun Kärtchen. Die Mitspieler tragen diese Zahlen in ein 3 x 3-Feld ein.

Lies nun die gezogenen Aufgaben vor. Deine Mitspieler rechnen sie jeweils aus und kreuzen die Ergebnisse auf ihrem Feld an. Die Person, die zuerst drei Ergebnisse in einer Reihe, einer Spalte oder einer Diagonalen angekreuzt hat, sagt „Bingo" und hat gewonnen. Nun darf der Gewinner Kärtchen ziehen und die Ergebnisse diktieren.

- $(-26)-(-26)$
- $(-18)\cdot(-3)$
- $(-90):(-15)$
- $(-72):9$
- $-38-26$
- $-77-65$
- $(-6)\cdot 12$
- $69-75$
- $(-45)-(-53)$
- $(-14)\cdot(-3)$
- $(-4)\cdot(-16)$
- $-28+100$
- $(-96):(-8)$
- $70-112$
- $9\cdot(-6)$
- $13\cdot(-4)$

Station 2 Zaubersterne

Stelle fest, ob es sich um magische Sterne handelt. Multipliziere in dem Stern (A) jede Zahl mit (– 2). Ist der entstandene Stern auch ein magischer Stern? Dividiere in dem Stern (B) jede Zahl durch (– 2). Was stellst du fest? Entwirf selbst einen Zauberstern.

A

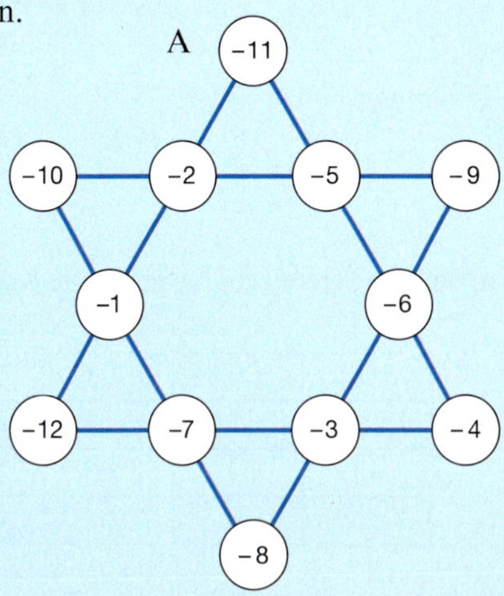

B

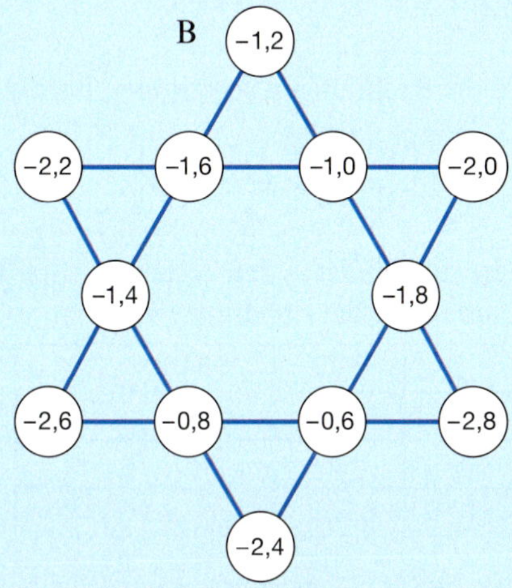

Station 3 Worträtsel

Wenn du richtig gerechnet hast, findest du eine Aufgabe, die mit dem Ergebnis anfängt. Du erhältst ein Lösungswort.

S	45 – 48 – 36	R	– 40 + 30 – 90	E	– 28 – 96 + 80		– 44 + 124 – 35
E	31 – 123 + 52	R	– 460 + 320 + 140	F	– 100 + 72 + 68	O	– 39 + 82 – 27
I	0 – 80 + 52	M	16 + 57 – 79	E	40 – 200 – 300	M	– 6 – 48 + 85

Station 4 Rechentürme

a) Additionsturm

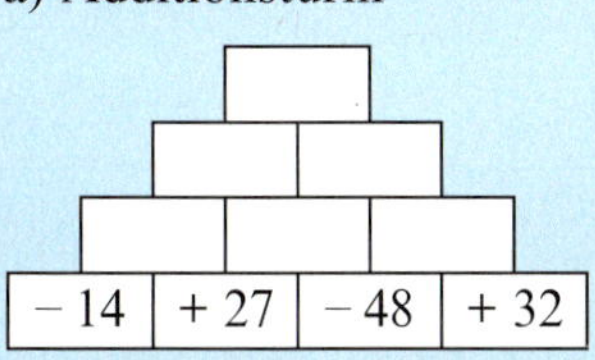

b) Multiplikationsturm

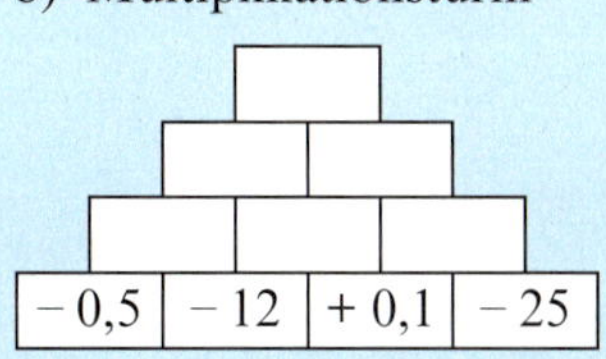

Variante 1: Ordne die Felder der Grundmauer anders und bestimme die Zielzahl.

Bleibe fit!

1 a) (− 16) + (− 24)
(+ 32) + (− 12)
(− 40) + (+ 70)

b) (− 35,5) + (− 14,5)
(+ 16,2) + (− 8,9)
(− 17,1) + (+ 6,6)

c) (+ 40) − (− 25)
(− 85) − (− 15)
(− 70) − (+ 35)

d) (− 21,4) − (− 19,8)
(+ 35,9) − (+ 41,6)
(− 9,4) − (+ 6,7)

2 Stehen in deinem Ergebnis zwei aufeinanderfolgende Ziffern, hast du richtig gerechnet.
a) − 48 − 36 + 89 + 37 + 25
b) 0 − 87 − 38 − 69 − 27 − 42 − 26
c) − 1,6 + 6,4 − 8,7 + 6,6 + 2,9
d) − 4,5 + 5,3 − 7,9 + 6,9 + 3,6

3 Führe die Rechnungen soweit fort, bis du die Lösungszahl 0 erhältst.

− 876 + 146 = − 730
− 730 + 146 = − 584

a) + 1482 − 247
b) − 1611 + 179
c) − 16,08 + 2,68
d) − 15,54 + 2,59

4 Addiere die Zahlen in den Zeilen und Spalten in deinem Heft und überprüfe die Kontrollzahl, indem du die Ergebnisse addierst.

a)

− 51	+ 12	+ 64	
+ 26	− 36	+ 19	
− 42	+ 47	− 74	
			− 38

b)

− 4,5	+ 3,8	− 0,6	
+ 8,1	− 5,0	+ 6,2	
− 10,4	+ 7,5	− 0,1	
			+ 5,0

5 Herr Kroll hat am Ende des Monats noch 1428,76 € auf seinem Girokonto. Davon muss er eine Autoreparatur in Höhe von 648,28 € bezahlen und eine Anzahlung von 1250 € für den kommenden Urlaub leisten. Zum Glück erhält er noch eine Steuerrückzahlung von 738,59 €. Ist sein Konto ausgeglichen?

6 Frau Limke hat als Geschäftsfrau ein Konto bei einem Kreditinstitut und ein anderes bei der Landesbank. An jedem Monatsende überprüft sie ihre Finanzlage.
a) Im Februar waren beide Konten überzogen. Das Konto bei dem Kreditinstitut zeigte ein Soll von 3512,68 € und das Konto bei der Landesbank ein Soll von 5082,47 €. Wie hoch war die Summe der Kontostände?
b) Im März wies ihr Konto bei dem Kreditinstitut ein Guthaben von 18 406,07 € aus, während ihr Konto bei der Landesbank mit 12 032,58 € überzogen war.

7 a) (+ 13) · (− 7)
(− 16) · (+ 3)
(− 18) · (− 6)

b) (− 9,5) · (+ 4)
(− 2,5) · (− 0,8)
(+ 1,5) · (− 1,5)

c) (− 120) : (− 15)
(+ 84) : (− 12)
(− 90) : (+ 18)

d) (+ 0,32) : (− 8)
(− 2,4) : (− 0,4)
(− 4,2) : (+ 1,4)

8 a) $\left(+\frac{3}{10}\right) + \left(-\frac{9}{10}\right)$
$\left(-\frac{3}{4}\right) - \left(+\frac{3}{4}\right)$

b) $\left(+1\frac{1}{2}\right) - \left(-3\frac{3}{4}\right)$
$\left(+2\frac{5}{8}\right) + \left(-4\frac{9}{10}\right)$

c) $\left(-\frac{1}{2}\right) \cdot \left(-\frac{2}{3}\right)$
$\left(-\frac{3}{5}\right) : \left(+\frac{3}{4}\right)$

d) $\left(+3\frac{3}{4}\right) : \left(-2\frac{1}{2}\right)$
$\left(-5\frac{5}{9}\right) : \left(+1\frac{1}{5}\right)$

9 Welche Zahl kommt beim Rational-Slalom ans Ziel? Sie besteht aus gleichen Ziffern.

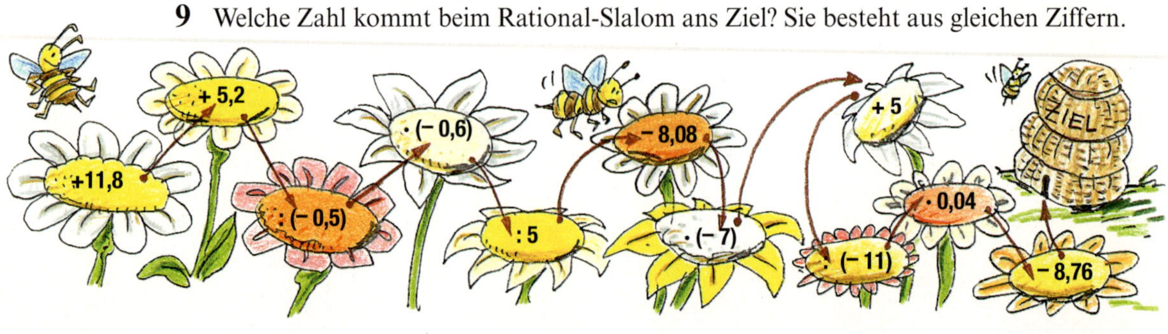

Test 1

1 Berechne.
a) (+ 7,5) + (− 4,2) b) (− 8,5) + (− 12,5) c) (− 1,9) − (− 7,9) d) (− 12,3) + (+ 9,4)

2 a) 6 · (− 9) b) (− 3,6) : 9 c) (− 1,4) : (− 7) d) (− 4,8) · (− 12) e) (− 9,6) : (− 4)

3 a) (− 8) · ■ = + 32 b) (+ 49) : ■ = − 7 c) (− 63) : ■ = − 9

4 Herr Dombrowski hat am Ende des Monats noch 927,78 € auf seinem Girokonto. Davon muss er eine Reparatur seiner Waschmaschine von 136,25 € bezahlen, beim Tanken bezahlt er 70,45 €. Kann er noch eine Anzahlung von 750 € für seinen kommenden Urlaub leisten, ohne sein Konto zu überziehen?

5 Birsen hat auf ihrem Jugendgirokonto zum 31.12. ein Guthaben von 90,50 €. Sie erhält jeweils zu Monatsbeginn 30 € Taschengeld, das sie auf das Konto überweist. Durch den Kauf eines PCs werden ihr 9 Monate lang 48 € abgebucht. Reicht das Geld, bis alle Raten bezahlt sind oder müssen die Eltern helfen? Berechne mithilfe einer Tabelle.

Datum	Kontostand	Buchung	Neuer Kontostand
■	■	■	■

Test 2

1 Berechne. Erläutere mit eigenen Worten mit Guthaben und Schulden dein Ergebnis.
a) (+ 14,5) − (+ 9,5) b) (− 99) + (− 26) c) (− 46) + (+ 75) d) (− 9,8) − (− 21,4)

2 Ersetze den Platzhalter
a) (+ 6,3) − ■ = (− 2,5) b) (− 9,7) + ■ = (+ 14,7) c) (− 6,5) − ■ = (− 8,5)

3 An einer Wetterstation wurde eine Woche lang morgens zur gleichen Zeit die Temperatur abgelesen. Bestimme für diese Woche die Durchschnittstemperatur:
Mo − 3 °C Di 0 °C Mi + 2 °C Do + 5 °C Fr − 3 °C Sa − 4 °C So − 4 °C

4 Wie lautet der Kontostand am 20.08.?

Konto		
3454718	Stadtsparkasse	Auszug 17 Blatt 1
Kontostand am 31.07.		340,00 +
Buch Tag	Verwendung	
01.08.	Kartenzahlung Boutique Young Fashion	76,00 −
12.08.	Geldautomat Stadtsparkasse	200,00 −
15.08.	Lohn Fa. Geldermann	945,15 +
20.08.	Ratenzahlung	125,75 −
Kontostand am 20.08.		■

5 Trage kleiner (<), größer (>) oder = ein.
a) (− 75) : (− 5) ■ (+ 21) − (− 4) b) (+ 36) : (− 9) ■ (− 10) : (− 2,5)
c) (− 4) · (+ 6) ■ (+ 5,4) · (− 5) d) (− 10,2) · (− 4) ■ (− 200) : (+ 5)

Wiederholen & Sichern

1 a) Berechne die Lösung im Heft.

b) Welche Lösung hat die Eingabe 49 und die Eingabe 88,2?

2

Schüler-Computer	860,75 €
Lehrer-Arbeitsplatz	1208,60 €
Bildschirm	240,45 €
Drucker	308,25 €
Arbeitstisch	190,75 €
Stuhl	85,15 €
Vernetzung	215,78 €

Die Spranger-Schule erhält einen Computer-Arbeitsraum mit einem Lehrerarbeitsplatz und 24 Schüler-Arbeitsplätzen. Je zwei Schüler werden an einem Computer arbeiten. Die gesamte Anlage wird vernetzt. Daher wurde nur ein Drucker bestellt. Reichen 15 000 € für die gesamte Ausstattung?

3 a) Die Spranger-Schule wird von 45 % Mädchen besucht.

b) In den Klassen 9 a, 9 b und 9 c hat sich $\frac{1}{4}$ der Schüler in Informatik zur Prüfung gemeldet.

c) Fatima (9 a) erhielt bei der Wahl zum Klassensprecher 60 % der Stimmen.

…	
Klasse 8c:	29 Schüler
Klasse 9a:	30 Schüler
Klasse 9b:	31 Schüler
Klasse 9c:	31 Schüler
Gesamt:	540 Schüler

4 In der Cafeteria wurden an einem Morgen verkauft: 105 Cola, 78 Kakao, 69 Limo, 48 Milch.

a) Berechne die Gesamtzahl der verkauften Getränke und die Anteile in Prozent.

b) Zeichne ein Streifendiagramm.

5 Die Baugrube für ein Haus mit Tiefgarage ist 23,50 m lang, 14,00 m breit und 3,50 m tief.

a) Wie viele m^3 Erde müssen weggefahren werden?

b) Ein Lastwagen fasst 7 m^3 Erde. Wie viele Fahrten sind erforderlich?

6 a) • Quaderförmiger Tank: a = 3,40 m b = 1,20 m c = 150 cm
• Würfelförmiger Tank: a = 1,90 m

b) Wie hoch ist die Ersparnis zwischen dem Preis im Sommer und im Winter für eine Tankfüllung?
Winterpreis: 100 *l* – 73,50 € Sommerpreis: 100 *l* – 67,20 €

7 Auf einem Parkplatz werden fünfzehn Einstellplätze mit Verbundsteinen gepflastert.

a) Welche Fläche steht für ein Auto zur Verfügung?

b) Wie viele m^2 Pflastersteine müssen gekauft werden?

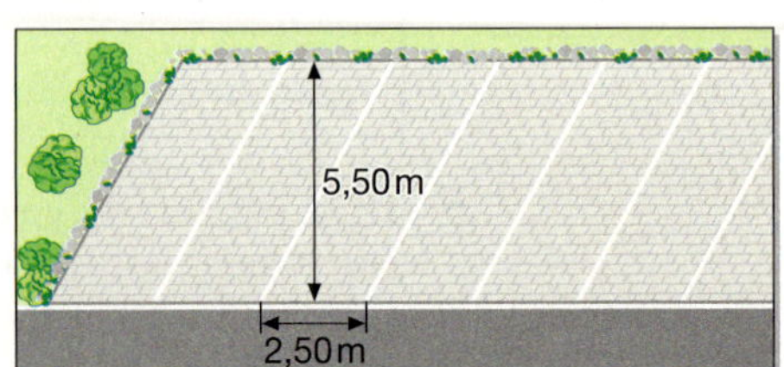

Aus Internet und Zeitung

Sponsorenlauf – Jogging für einen guten Zweck

Auch in diesem Jahr war der Sponsorenlauf der Kopernikus-Hauptschule ein voller Erfolg. 90% der 450 Schülerinnen und Schüler haben teilgenommen. Es ging nicht darum, am schnellsten zu laufen, sondern so viele Runden wie möglich. Jeder konnte sein eigenes Tempo laufen und auch mal eine Gehpause einlegen. Eine Runde war 400 m lang. Die Schülerinnen und Schüler legten insgesamt 3078 Runden zurück. Das war je Schüler ein sehr guter Schnitt. Es kamen 9234 € Einnahmen zusammen. Die Kopernikus-Hauptschule ist jetzt Ganztagsschule. Schüler, Lehrer und Eltern freuen sich, dass nun der Freizeitbereich nach ihren Wünschen ergänzt werden kann.

Im Amazonas-Urwald geht die Waldzerstörung weiter. So verschwindet seit Jahrzehnten alle 2 Sekunden Regenwald in der Größe von einem Fußballfeld (Größe ca. 100 m x 100 m). Forscher haben Satellitenaufnahmen aus den Jahren 1999 bis 2005 ausgewertet. Dabei haben sie rund 2 Millionen Quadratkilometer Regenwald analysiert. Rund ein Sechstel der Fläche war schon nach rund einem Jahr entwaldet, nach rund 4 Jahren war es knapp ein Drittel der Fläche.
So geht jedes Jahr Regenwald in einer Größe von etwa der Fläche Großbritanniens verloren.

www.abenteuer-regenwald.de

1. Gib den Inhalt der Texte aus dem Internet mit eigenen Worten wieder.
2. Finde Rechenfragen (W-Fragen) und beantworte sie.
3. Suche weitere Informationen in Zeitungen oder im Internet. Stellt Fragen, erstellt Lösungspläne und präsentiert sie in der Mathekonferenz.

www.wikipedia
Formel 1 auf dem Nürburgring

Der Nürburgring in der Eifel wurde am 18. Juni 1927 als Rennstrecke eingeweiht. Ursprünglich war die Gebirgsstrecke ca. 28 km lang und bis 1982 in Betrieb. Heute hat der Nürburgring eine Streckenlänge von 5,148 km. In der Formel 1 werden 60 Runden gefahren. Den Streckenrekord hält Michael Schumacher (Ferrari) mit 1:29,468 Minuten aus dem Jahr 2004.
Ab der Saison 2007 wechselt der „Große Preis von Deutschland“ zwischen dem Nürburgring und dem Hockenheimring. Die Strecke dort ist 4,575 km lang mit einer Höchstgeschwindigkeit von 340 km/h. Es werden 67 Runden gefahren. Der Gewinner 2006 war Michael Schumacher in 1:27:51 Minuten im roten Ferrari. Den Rundenrekord hält Kimi Räikkönen aus dem Jahr 2004 in 1:13,78. Zum Vergleich: J. Ickx fuhr im Jahr 1970 einen Rundenrekord von 2:00,5 und Niki Lauda fuhr 1977 dort 1:55,99 Minuten.

Überschrift lesen, Bilder betrachten: Worum geht es?

↓

Text überfliegen, um einen Überblick zu bekommen.

↓

Leise und konzentriert lesen.

↓

Unbekannte Wörter und schwierige Sätze klären.

↓

Längere Texte in Abschnitte unterteilen.

↓

Sind Fragen gestellt? Selber W-Fragen stellen.

↓

Schlüsselwörter markieren oder herausschreiben.

↓

Was ist gegeben? Was gehört zusammen?

↓

Antworten als Steckbrief oder als Telegramm notieren.

Die *Queen Mary 2* kurz vor dem Festmachen im Hamburger Hafen.

Die RMS Queen Mary 2 (QM2) ist mit 148 528 BRZ, 345 Metern Länge, 41 Metern Breite, 72 Metern Höhe vom Kiel bis zu den Schornsteinen und 13 Decks hinter der „Freedom of the Seas" das derzeit zweitgrößte Passagierschiff der Welt (2006). Demgegenüber war die Titanic 269 Meter lang und 28 m breit. Die Queen Mary 2 bleibt das längste Schiff der Welt, übertrifft sie doch die „Freedom of the Seas" um 6 Meter und die „Norway", ehemals „France", um 29,40 Meter. Die Queen Mary 2 bietet bis zu 2620 Passagieren Platz in 1310 geräumigen Kabinen und hat eine Besatzung von 1254 Personen. Durch den 157 000 PS starken Antrieb (4 Dieselmotoren und Zwillingsgasturbinen) erreicht das Schiff eine Geschwindigkeit von maximal 30 Knoten (1 Knoten ≙ 1,852 $\frac{\text{km}}{\text{h}}$).

1 a) Gib die Informationen im Text mit eigenen Worten wieder.
b) Das Diagramm links ist eine gute Hilfe, den Text zu lesen und zu verstehen. Gehe wie im Diagramm vor und ergänze den Steckbrief.

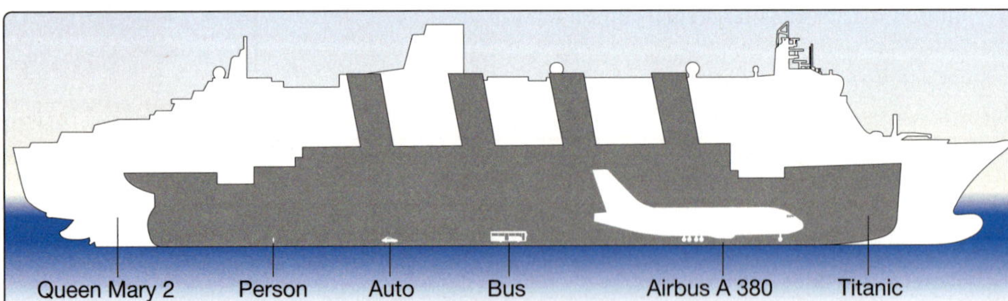

Baujahr	*2002–2003*	*Passagiere maximal*	
Baukosten	*870 Millionen Euro*	*Crew-Anzahl*	
Flagge	*Großbritannien*	*Kabinen Anzahl gesamt*	
Heimathafen	*Southampton*	*Kabinen innen*	*293*
Tonnage		*Kabinen außen*	*1017*
Länge		*davon Suiten*	*364*
Breite		*Antrieb*	
Tiefgang	*10 m*	*Stromerzeugung durch Gasturbinen und*	
Geschwindigkeit		*Dieselmotoren*	

1 Die Angaben sind im Internet unter „Queen Mary 2“ zu finden. Nutze sie für die Arbeit in den Gruppen. Stelle W-Fragen, bearbeite sie und präsentiere die Fragen und Lösungen in der Mathekonferenz.

Jährlicher Verbrauch auf der Queen Mary 2

172 800 Eier
27 500 Liter Kaffee
420 000 Packungen Müsli
19 000 kg Schinken
124 500 kg Kartoffeln
1,5 Millionen Drinks
7000 Erdbeerschalen
90 t Ananas
8000 Mehlsäcke
135 000 Teebeutel

Unsere Fragen

- Wie hoch ist der Berg von Mehlsäcken?
- In eine Erdbeerschale kommen 250 g Erdbeeren. Wie viele Portionen werden ausgegeben?

…

2 Gruppenarbeit:

a) Recherchiert im Internet weitere Daten der Queen Mary 2. Stellt W-Fragen und präsentiert eure Ergebnisse in der Mathekonferenz.

b) Ermittelt im Internet die Fahrtrouten der Queen Mary 2. Stellt für eine 14-tägige Kreuzfahrt verschiedene Reisen zusammen. Ermittelt die Preise. Stellt die Vorschläge in der Mathekonferenz vor. Beachtet den Lösungsplan.

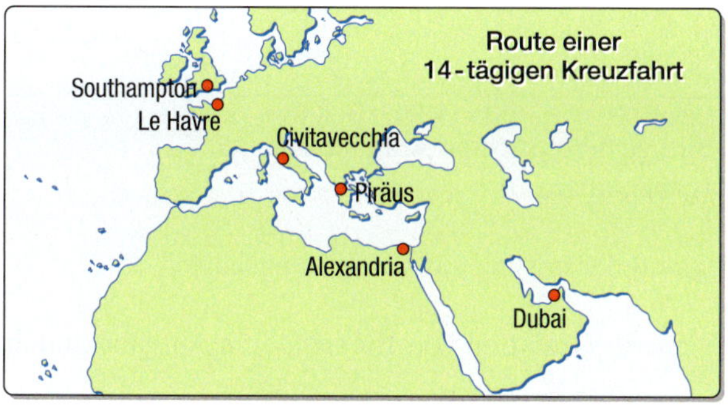

Route einer Kreuzfahrt, 14 Tage

Unser Lösungsplan

- Was möchten wir herausfinden?
- Welche Daten brauchen wir?
- Wie gehen wir genau vor?
  Wir formulieren W-Fragen.
  Wir verteilen die Aufgaben.
- Wie wollen wir unsere Lösung präsentieren? Jeder ist beteiligt.

Über und unter Wasser

Am Wattenmeer

1 Denkt euch zu jedem Bild gemeinsam eine Aufgabe aus.
Notiert sie auf der Aufgabenkarte.

2 Notiert den Rechenweg und die Lösung auf der Lösungskarte.

3 Bereitet in der Gruppe eine Präsentation vor. Ihr stellt eure Aufgabe und die Lösung vor.

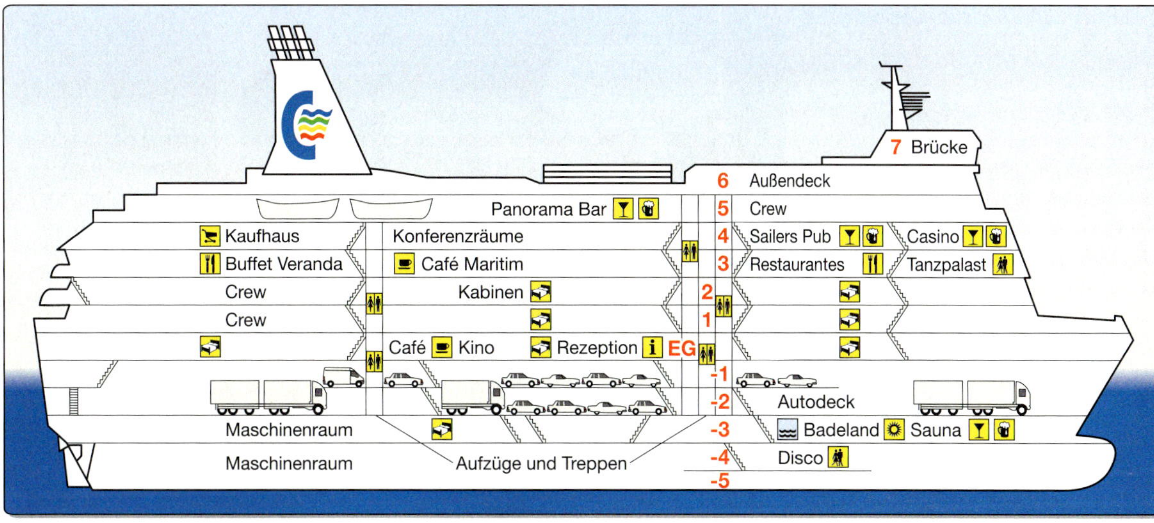

Über und unter Deck

Guthaben und Schulden

Flugreise

1 a) Sammelt in Partnerarbeit Argumente für ein Podiumsgespräch „Handy – pro und kontra“. Schreibt die Argumente auf einen Stichwortzettel. Überlegt dabei auch: Was spricht für ein Handy mit Karte bzw. ein Handy mit Vertrag?
b) Führt das Pro-Kontra-Gespräch durch.

2 a) Vergleiche die Angebote bei JuTu.

Angebot 1	Preis je min (€)
Ins dt. Festnetz	0,49
Ins JuTu-Netz	0,19
In andere Mobilfunknetze	0,79

Angebot 2	Grundpreis je Monat (€)	Preis je min (€)
	10,00	
Ins dt. Festnetz		0,40
Ins JuTu-Netz		0,25
In andere Mobilfunknetze		0,60

b) Wie viel Minuten telefonierst du durchschnittlich an einem Tag, in einer Woche, in einem Monat? In welche Netze telefonierst du?
c) Führt eine Befragung in der Klasse durch über die durchschnittliche Gesprächsdauer in einem Monat.
d) Lege Wertetabellen im Heft bis 120 min für die unterschiedlichen Tarife der beiden Angebote an (je 3 Tabellen).
e) Zeichne die Graphen in ein Koordinatensystem und werte das Diagramm aus.

JuTu – Handy ohne Vertrag (Angebot 1) bei Telefonieren ins Festnetz

Minuten	1	5	10	15	30	45	60	75	90	105	120
Preis (€)			4,90								

JuTu – Handy mit Vertrag (Angebot 2) bei Telefonieren ins Festnetz

Minuten	1	5	10	15	30	45	60	75	90	105	120
Preis (€)			14,00								

3 Welches Angebot empfiehlst du den Personen?

Harry Hermanns	Karla Hermanns	Jana	Daniel
Ich telefoniere mit meinem Handy jede Woche höchstens 1 Stunde im Festnetz. Dabei telefoniere ich vorwiegend am Abend nach 18 Uhr.	Ich telefoniere noch weniger als mein Mann Harry. In erster Linie möchte ich für meinen Mann und die Kinder Jana und Daniel erreichbar sein.	Ich telefoniere mindestens 90 min am Tag mit meinem Freund. Und am Abend bestimmt noch einmal eine Stunde. Er hat auch ein JuTu-Handy.	Meine Freunde haben alle ein Handy von verschiedenen Anbietern. Soll ich dann nicht lieber vom Festnetz aus telefonieren?

Talk-now-Tarife

	Talk 50	Talk 100	Talk 200	Talk 500
monatlich	15,00 €/Paket	25,00 €/Paket	35,00 €/Paket	75,00 €/Paket
Inklusivminuten	50 min	100 min	200 min	500 min
Verbindungspreise	**je Minute**	**(nach Ablauf der Inklusivminuten)**		
ins nationale Netz	0,45	0,45	0,45	0,45
Taktung	1 sec/60 sec	1 sec/60 sec	1 sec/60 sec	1 sec/60 sec
Mobilbox-Abfrage	0,20	0,20	0,20	0,20
SMS	0,20	0,20	0,20	0,20
Anschlusspreis einmalig	24,95	24,95	24,95	24,95

Prepaid-Tarife

Aufladung von 15 €:	50 min	Minutenpreis ins Festnetz und alle Mobilfunknetze	0,29 €
Aufladung von 30 €:	150 min	SMS-Preis je Nachricht	0,19 €
Handy-Flatrate 25 € in alle Netze inkl. SMS			

4 Besorge Prospekte von verschiedenen Handy-Anbietern. Diskutiert in der Gruppe eure Gewohnheiten beim Telefonieren. Findet ein günstiges Angebot heraus. Stellt euer Ergebnis in der Mathekonferenz vor.

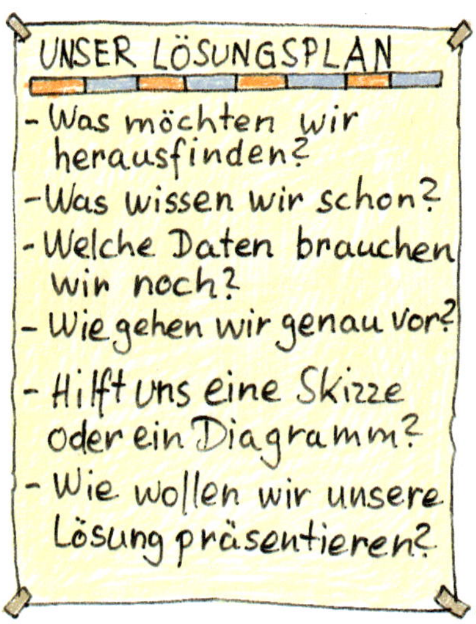

1 Welches Problem hat die Klasse?

2 Paul: Wir könnten einen Brief an die Stadtverwaltung schreiben und die Situation schildern.
Katharina: Wir schreiben denen, wie viele Lkws hier täglich durchfahren.
Erkan: Wir brauchen einen Vergleichswert, dann können wir die Entwicklung zeigen.
Maria: Du meinst eine Verkehrszählung?
Lehrer: Vor ungefähr zehn Jahren gab es ein Projekt, da haben sie verschiedene Straßen miteinander verglichen. Vielleicht gibt es ja die Zahlen noch.
Alexander: Einfach die Durchfahrt für Fahrzeuge mit mehr als 7,5 t verbieten!

Welchen Lösungsvorschlag gibt es? Wie findest du ihn?

3 Die 8 a überlegt, was alles getan werden muss, um den Brief zu schreiben. Die einzelnen Punkte werden gesammelt und in einem Arbeitsplan an der Tafel zusammengefasst.

Arbeitsplan

1) Daten beschaffen (Verkehrszählung, Ergebnisse der Projektgruppe)
2) Daten auswerten
3) Diagramme anfertigen (Computereinsatz? Anteile und Entwicklung darstellen)
4) Brief verfassen

a) Erkläre das Vorgehen der 8 a mit eigenen Worten.
b) Bist du mit dem Arbeitsplan einverstanden?

1) Datenbeschaffung

Zu zählen sind:
LKW, Busse, Pkw, Motorräder, Fahrräder
- Gruppe 1: 7 – 10 Uhr
- Gruppe 2: 10 – 13 Uhr
- Gruppe 3: 13 – 16 Uhr
- Gruppe 4: 16 – 19 Uhr
- Herr Tönsing: Daten der alten Verkehrszählung

c) Die einzelnen Gruppen haben unterschiedliche Zeiten, wann sie zählen sollen. Warum ist es sinnvoll, zu unterschiedlichen Zeiten zu zählen?

4 Die Datenbeschaffung liefert folgende Ergebnisse:

Gruppe 1: 7.00–10.00 Uhr
Lkw: 153
Pkw: 819
Busse: 48
Motorräder: 72
Fahrräder: 234
Sina

Gruppe 2: 10.00–13.00 Uhr
Lkw: 192
Pkw: 276
Busse: 18
Motorräder: 12
Fahrräder: 24
Olga

Gruppe 3: 13.00–16.00 Uhr
Lkw: 192
Pkw: 264
Busse: 24
Motorräder: 12
Fahrräder: 121
Andy

Gruppe 4: 16.00–19.00 Uhr
Lkw: 12
Pkw: 612
Busse: 24
Motorräder: 48
Fahrräder: 108
Hubert

Projekt: Verkehrszählung (2000)

Unsere Hochrechnung hat ergeben, dass an einem normalen Werktag in der Zeit von 7.00 Uhr bis 19.00 Uhr 2142 Fahrzeuge an unserer Schule vorbeifahren.
Das folgende Diagramm veranschaulicht die Anteile der einzelnen Verkehrsmittel:

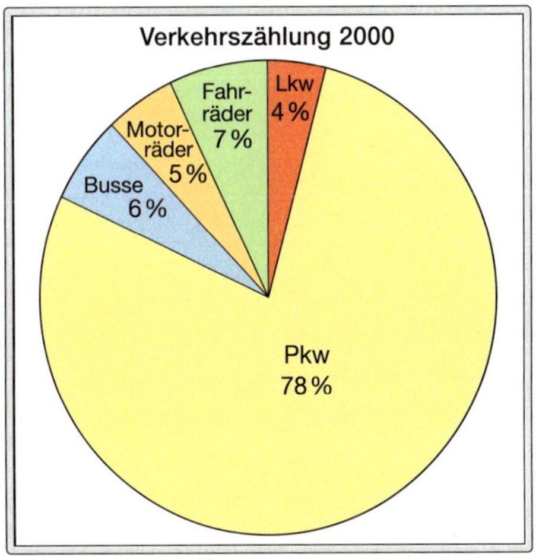

a) Die Verkehrszählung lieferte für die Gruppen sehr unterschiedliche Ergebnisse. Nenne Gründe für die Unterschiede.
b) Die Projektgruppe hat den Tag auf die Zeit von 7–19 Uhr begrenzt. Ist das sinnvoll? Begründe.
c) Wie viele Fahrzeuge sind zwischen 7 Uhr und 19 Uhr an der Schule vorbeigefahren?
d) Fertige ein Diagramm an, das die Anteile der einzelnen Verkehrsmittel zeigt. Vergleiche die neuen Daten mit den Daten des Jahres 2000.

5 Setze den Brief an die Stadtverwaltung fort. Denke daran, sachlich zu schreiben und schlüssig zu argumentieren. Die Diagramme können dir als Veranschaulichung helfen.

Stadtverwaltung
– Straßenbauamt –
Regierungsweg 12
33609 Bielefeld

Klasse 8 a
Goetheschule
Schillerstraße 3–5
33609 Bielefeld

Zunahme des Schwerlastverkehrs vor unserer Schule

Sehr geehrte Damen und Herren,
durch den Bau des neuen Gewerbegebiets fahren heute sehr viel mehr Lkws an unserer Schule vorbei. Dadurch wird nicht nur der Unterricht gestört, sondern auch …

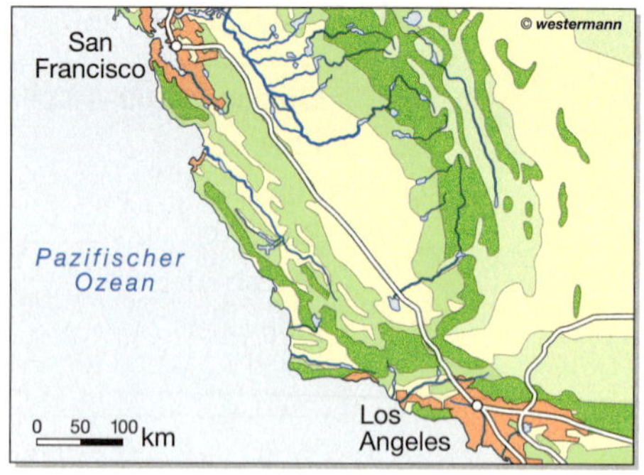

1 Familie Huber plant eine 14-tägige Reise mit dem Wohnmobil von Los Angeles nach San Francisco. Sie bucht noch in Deutschland ein Wohnmobil für 25 € pro Tag. Hinzu kommt noch ein Kilometergeld von 0,50 € für jeden gefahrenen Kilometer.

a) Kalkuliere die Kosten für 14 Tage.

b) Wie teuer wird die Reise, wenn sie in dieser Zeit 1500 km, 1890 km oder 2150 km unterwegs ist?

c) Familie Kraus kalkuliert den Preis für die gleiche Reise für 16 Tage und 21 Tage. Zeichne die Graphen in ein Koordinatensystem.

2 a) Berechne für das Wohnmobil oben den Preis für die Strecke 1 von New York bis Milwaukee (1750 km), ebenso für Strecke 2 von Jacksonville bis New Orleans (2200 km).

b) Besorge im Reisebüro Angebote für Caravan-Reisen in die USA. Wähle selbst eine Strecke aus und die Dauer der Reise. Kalkuliere die Reise für unterschiedliche Fahrzeiten und Streckenlängen.

3 Plane eine Reise mit dem Wohnmobil in die Türkei oder nach Spanien. Legt die Anzahl der Personen fest, die Größe des Wohnmobils und den Campingplatz. Je nach Jahreszeit sind unterschiedliche Standmieten zu zahlen. Suche die Daten im Internet.

Hotel in Fürth

Hochhaus in München

Musikhochschule in Stuttgart

Hundertwasserhaus in Wien

Welche geometrischen Körper erkennst du?

Informiere dich über das Kunsthaus Wien.
www.hundertwasserhaus.at
www.kunsthauswien.com

1 Architekt Hachmann hat für einen Bauherren diese Zeichnungen hergestellt.
a) Was ist dargestellt?

b) Zeichne die Vorderansicht und die Seitenansicht des Hauses.

2 Die beiden Steichholzschachteln sind in verschiedenen Ansichten dargestellt.
Ordne richtig zu: von vorne, von hinten, von links, von rechts, von oben.

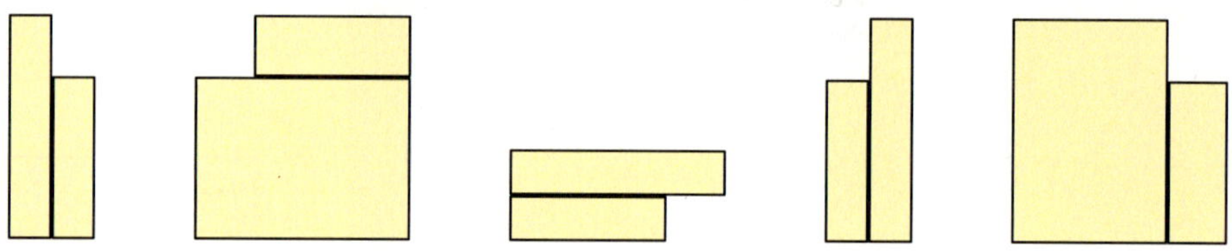

3 Wie sind die Streichholzschachteln aufgestellt?
a) Übertrage die Ansichten in dein Heft.
b) Zeichne jeweils die Ansicht von rechts dazu.

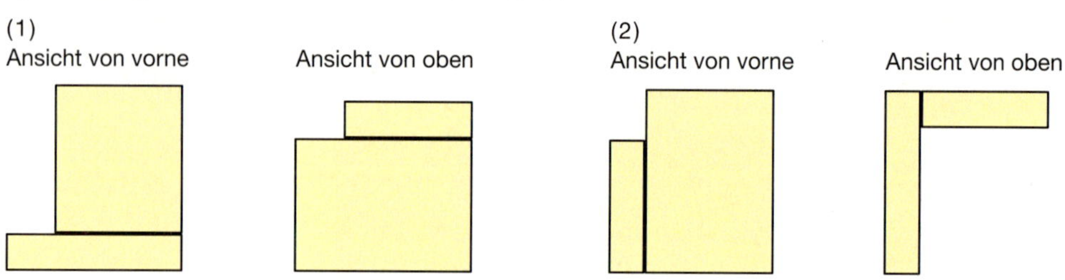

4 Beschreibe die Körper. Zeichne die drei Ansichten, die die Pfeile angeben.

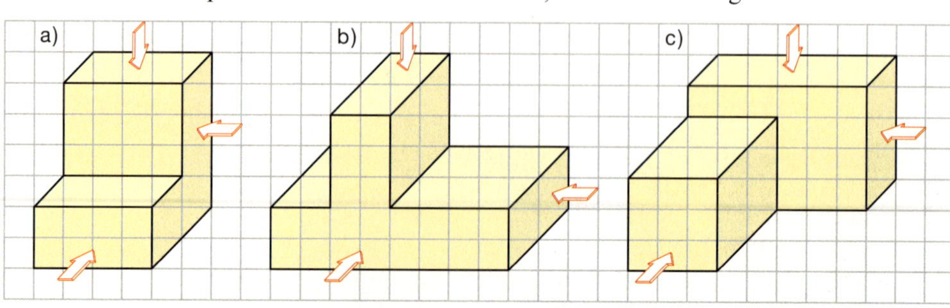

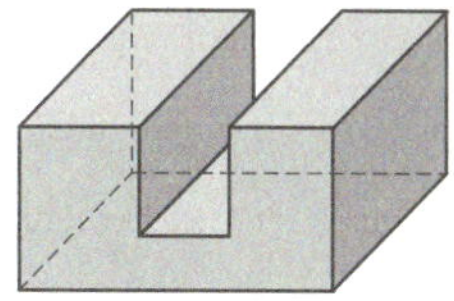
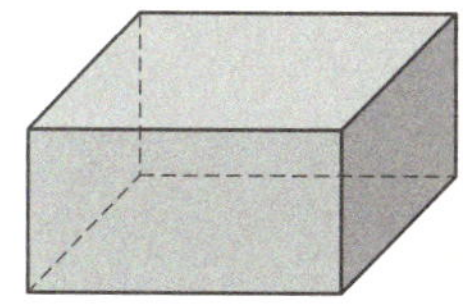

Gebäude und Werkstücke werden häufig als Schrägbilder dargestellt.

So kannst du das Schrägbild eines Quaders mit den Kantenlängen a = 3,5 cm, b = 1 cm und c = 1,5 cm skizzieren:

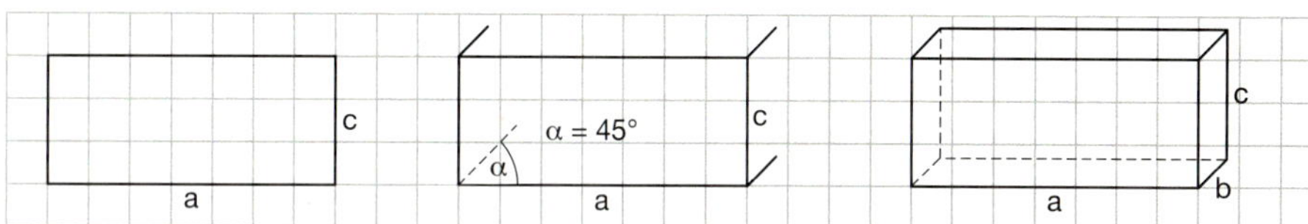

Vorderfläche zeichnen

Winkel α = 45° einzeichnen, nach hinten verlaufende Kanten auf die Hälfte verkürzen

sichtbare Kanten zeichnen, unsichtbare Kanten stricheln

1 Zeichne das Schrägbild der Quader.

a) a = 5 cm, b = 3 cm, c = 2 cm

b) a = 8 cm, b = 6 cm, c = 4,5 cm

c) a = 4,6 cm, b = 4,6 cm, c = 4,6 cm

d) a = 3 cm, b = 7 cm, c = 5,5 cm

2 Übertrage die Schrägbilder der Prismen in dein Heft. Zeichne zuerst das Schrägbild des Quaders.

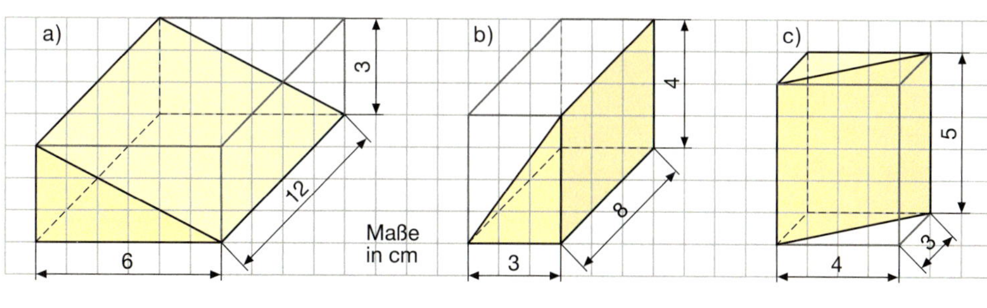

3 Zeichne die Schrägbilder in dein Heft.

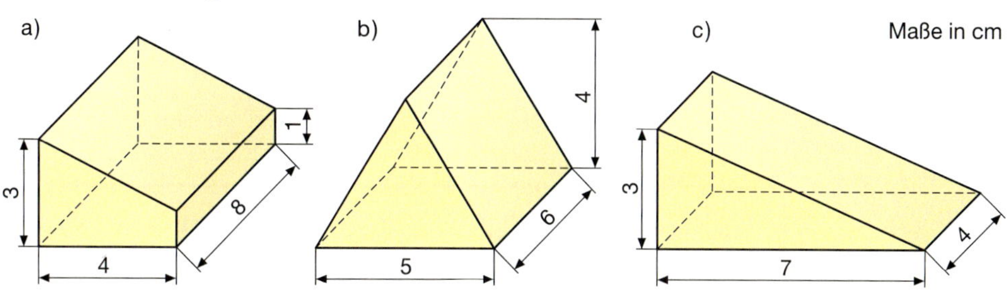

1 Beschreibe die Formen der Gegenstände. Was haben sie gemeinsam? Wodurch unterscheiden sie sich?

2 a) Übertrage die Tabelle in dein Heft. Ordne die Gegenstände auf dem Bild ein.

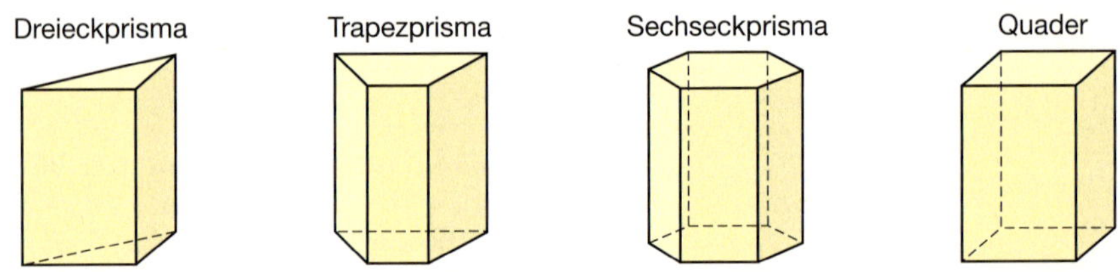

Dreieckprisma	Trapezprisma	Sechseckprisma	Quader
Lampenschirm			

b) Ordne folgende Gegenstände in die Tabelle ein: Zelle einer Bienenwabe, Butterstück, Hauszelt, Satteldach, Ziegelstein, verschiedene Pflastersteine, Hochwasserdamm.

c) Schreibe in jede Spalte weitere Gegenstände aus deiner Umwelt.

3 Untersuche bei den oben abgebildeten Körpern
a) die Grund- und Deckfläche,
b) die Anzahl und die Form der Seitenflächen,
c) die Form der Mantelfläche.

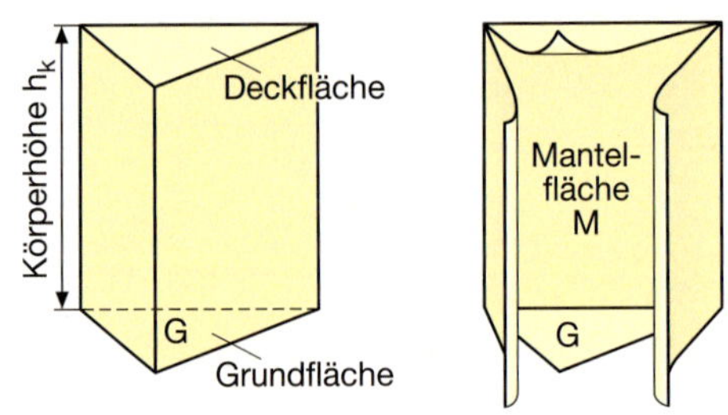

4 a) Stelle aus Karton ein Dreieckprisma und ein Trapezprisma her. Die Körper sollen 10 cm hoch sein.
b) Zeichne diese Tabelle in dein Heft und fülle sie aus.

	Flächen	Grund- und Deckfläche	Mantelfläche
Quader	6 Rechtecke, je zwei sind gleich groß	gleich große Rechtecke	4 Rechtecke
Dreieckprisma			
Trapezprisma			

Bei einem Prisma sind Grund- und Deckfläche deckungsgleich.
Die Seitenflächen sind Rechtecke, sie bilden die Mantelfläche.

1 Baue ein Dreieckprisma mit folgenden Maßen:
a = 6 cm, b = 8 cm, c = 10 cm, h_k = 14 cm

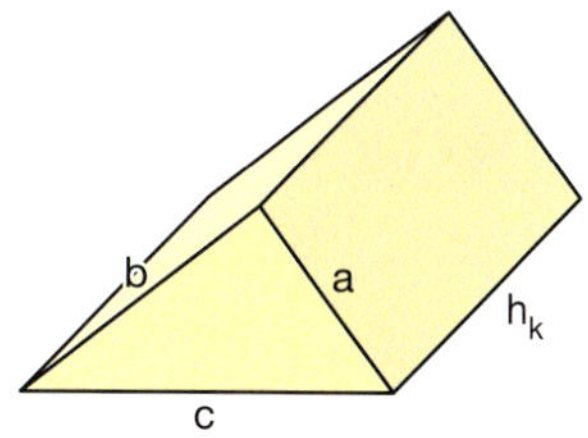

Lernplakat

Zerschneide den Körper so, dass ein Netz entsteht. Es gibt mehrere Möglichkeiten. Erstellt ein Lernplakat.

2 Übertrage die Netze auf Zeichenkarton. Zeichne die notwendigen Klebefalze ein. Baue die Körper zusammen und benenne sie.

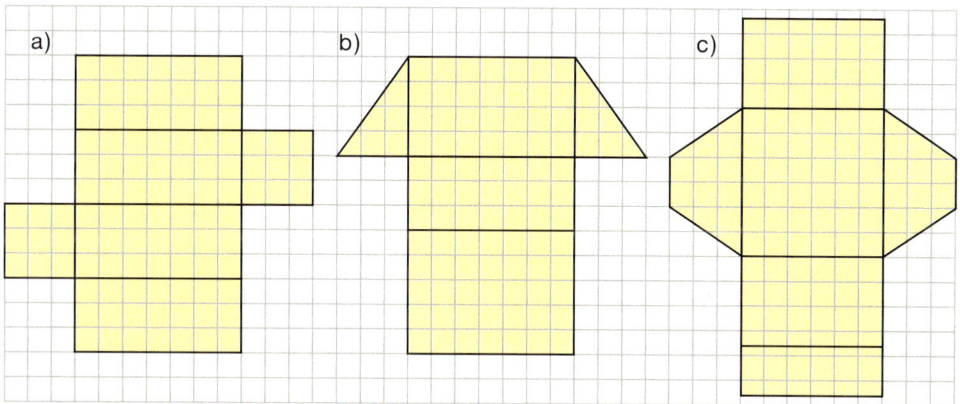

3 a) Benenne die Körper.
b) Ordne jedem Körper sein Netz zu.

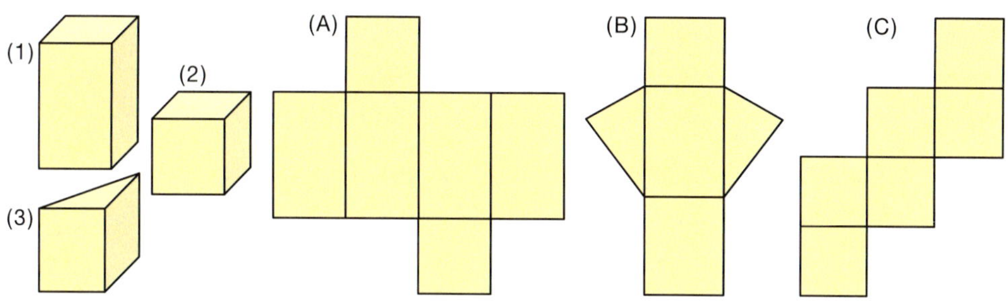

4 a) Welche Figuren sind Abwicklungen von Körpern? Benenne die Körper.
b) Woran kannst du erkennen, ob ein Netz zu einem Körper gehört?

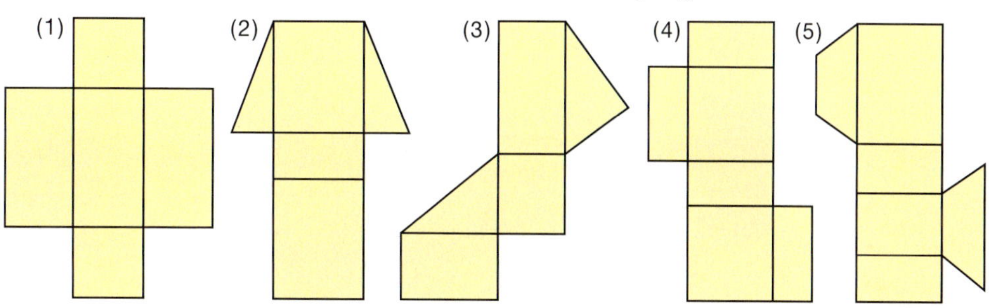

Wenn man die Flächen eines Körpers ausbreitet, so entsteht ein Netz des Körpers.

1 a) Stelle die Prismen aus Pappe her. Berücksichtige die Klebefalze.

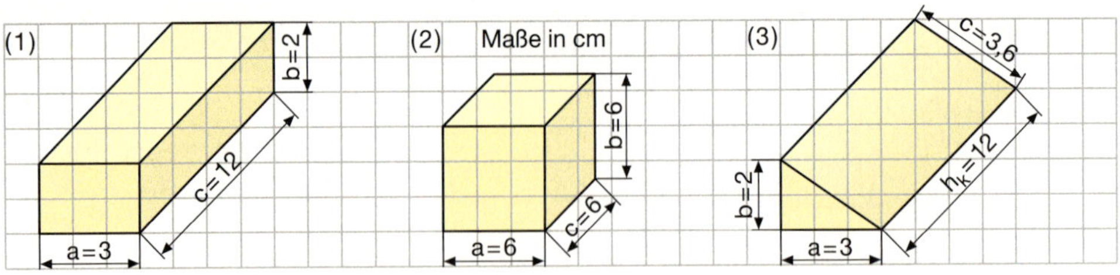

b) Zeichne die Abwicklung der Körper. Färbe gleich große Flächen mit der gleichen Farbe.
c) Berechne die einzelnen Teilflächen und addiere sie. Du erhältst die Oberfläche.

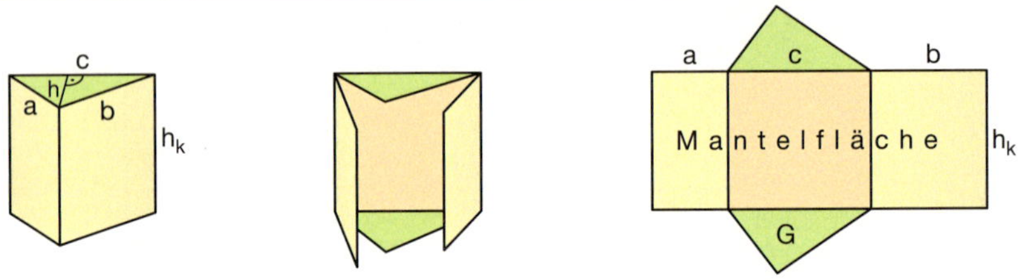

Oberfläche des Prismas = 2 · Grundfläche + Mantelfläche

$O_{Prisma} = 2 \cdot G + M$

2 Die Abbildungen zeigen die Netze von Prismen. Berechne
a) den Flächeninhalt der Grund- und Deckfläche,
b) den Flächeninhalt des Mantels und
c) die Oberfläche.

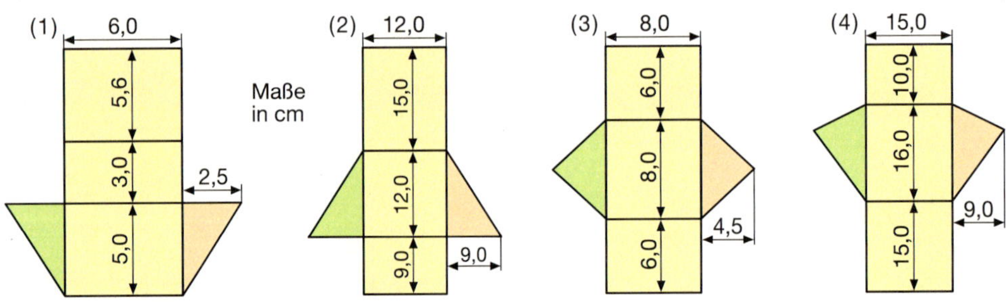

3

a) Frau Berger möchte ihr kleines Treibhaus rundherum mit Klarsichtfolie auskleiden. Wie viel Folie braucht sie? Ein Quadratmeter Klarsichtfolie kostet 9,70 €.

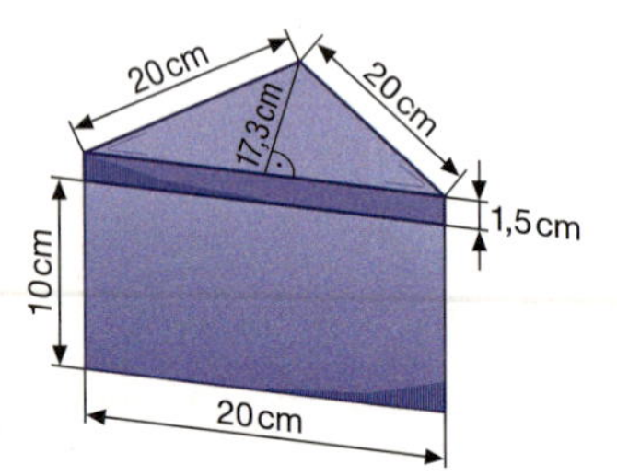

b) Caroline stellt als originelle Verpackung eine Dreiecksschachtel mit Deckel her.

1 a) Beschreibe die beiden Hohlkörper. Körper A ist mit einer roten Flüssigkeit gefüllt.
b) Die Flüssigkeit wird in den Körper B umgefüllt. Was hältst du von den Aussagen der Mädchen? Führe den Versuch selbst durch.

2 Aus einem Quader wurden zwei Dreieckprismen hergestellt. Alex und Evelyn haben das Volumen des Prismas berechnet. Beschreibe die Rechenwege.

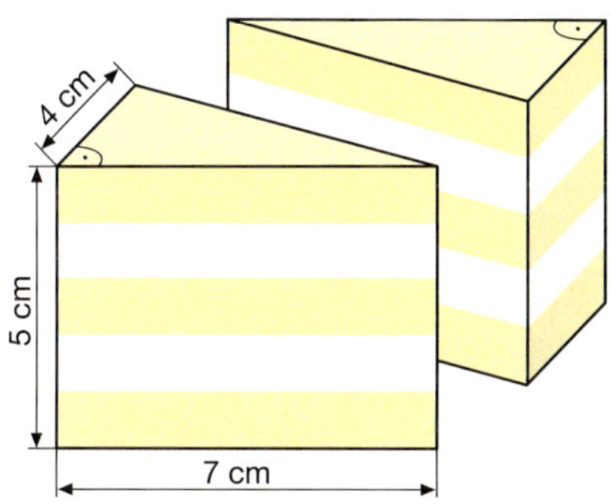

Volumen des Prismas:

$V = \frac{V_Q}{2}$

$V = \frac{7 \cdot 4 \cdot 5}{2}$

$V = 70\ cm^3$

Evelyn

Volumen des Prismas:

$V = G \cdot h_k$

$G = \frac{7 \cdot 4}{2}$

$G = 14$

$V = 14 \cdot 5$

$V = 70\ cm^3$

Alex

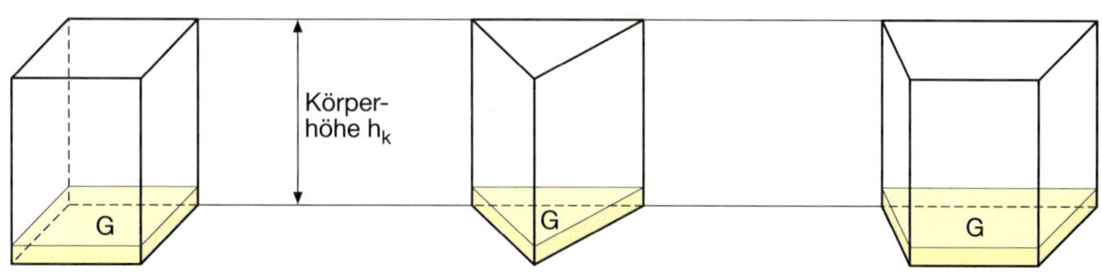

Volumen der Prismen = Volumen der Grundschicht · Anzahl der Schichten

$V_{Prisma} = G \cdot h_k$

3 Gib das Volumen der Prismen an.

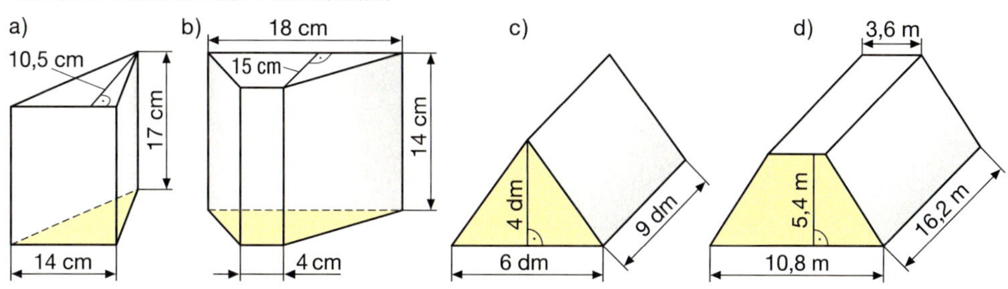

1 Berechne das Volumen der Prismen. Berechne zuerst die Grundfläche.

a) Dreieckprisma

	(1)	(2)	(3)
g	4 cm	8,5 dm	15,6 m
h	3 cm	10,8 dm	25,8 m
h_k	12 cm	3,2 dm	2,9 m

b) Trapezprisma

	(1)	(2)	(3)
a	7 cm	15,6 dm	1,7 m
c	5 cm	28,3 dm	1 m
h	6 cm	5,9 dm	1,9 m
h_k	15 cm	13,3 dm	4,7 m

2 Die Klassen 8 a, 8 b und 8 c bauen im Werkunterricht Aquarien.
8 a: 6,5 dm lang; 4,0 dm breit; 0,5 m hoch 8 b: 80 cm lang; 45 cm breit; 0,6 m hoch
8 c: 1,2 m lang; 0,65 m breit; 0,7 m hoch
a) Berechne das Fassungsvermögen (Volumen).
b) Gib das Volumen in Liter an. ($1\,l = 1\,dm^3 = 1000\,cm^3$)

3 Minipack-Zelte werden in zwei verschiedenen Größen angeboten.
Größe 1: Höhe 130 cm
Größe 2: Höhe 150 cm
a) Berechne die Größe des Innenraumes.
b) Der Preis der Zelte ist gleich. Welches würdest du kaufen?

4 Nach der Sturmflut muss ein neuer 8 km langer Deich angelegt werden.
a) Bestimme zuerst den Querschnitt des Deiches.
b) Wie viel Erdreich muss angefahren werden?

5 In der Merheimer Heide wird eine Regattastrecke angelegt. Die Strecke ist 2100 m lang.
a) Wie viel Kubikmeter Erdreich müssen abgefahren werden?
b) Ein Lkw fasst $7{,}5\,m^3$ Erdreich. Wie oft muss er fahren?

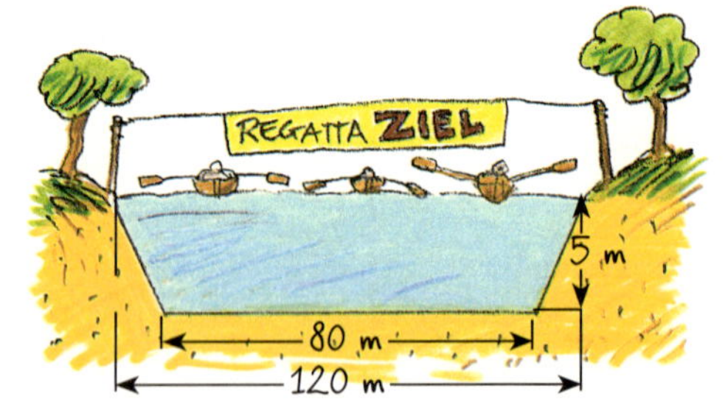

6 Zur schnelleren Güterabfertigung erhält der Bahnhof Neukirchen eine Rampe. Wie viel Kubikmeter Beton werden verarbeitet?

1

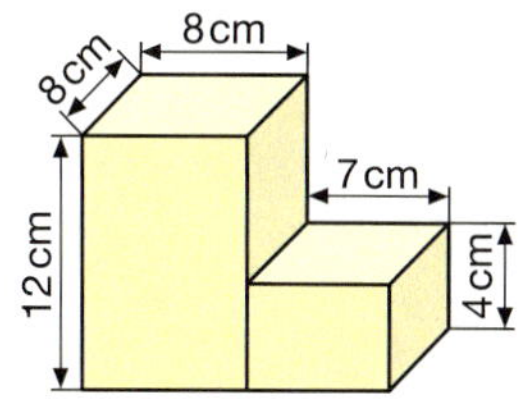

Rechnung: $V_1 = 8 \cdot 8 \cdot 12$ $V_2 = 7 \cdot 8 \cdot 4$
Ergebnis: $V_1 = 768$ $V_2 = 224$
$V = V_1 + V_2 = 768 + 224 = 992$
Antwort: $V = 992\ cm^3$
Marlene

$V_1 = 15 \cdot 8 \cdot 4 = 480$
$V_2 = 8 \cdot 8 \cdot 8 = 512$
$V = 480 + 512 = 992$
$V = 992\ cm^3$
Jonas

a) Beschreibe, wie Marlene und Jonas gerechnet haben. Wie haben sie die Körper zerlegt?
b) Wie groß ist das Volumen, wenn beide Teilkörper jeweils um 4 cm höher sind?

2 Berechne das Volumen der Körper. Zerlege sie dazu in geeignete Teilkörper.

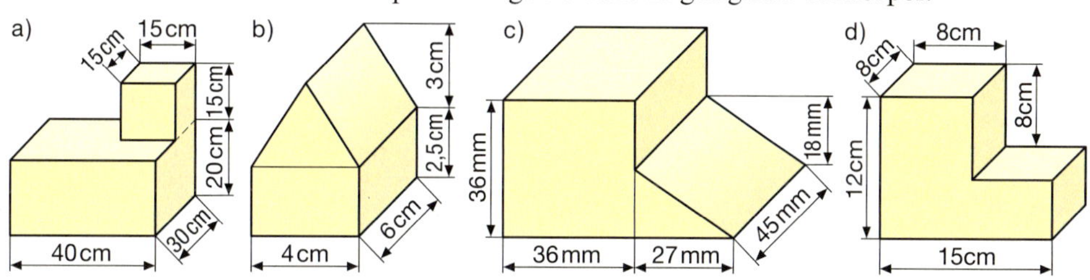

3 Das angegebene Profil kann aus verschiedenen Werkstoffen hergestellt werden. Berechne sein Volumen und sein Gewicht.

a) Dichte von Eisen: $7{,}9\ \frac{g}{cm^3}$
b) Dichte von Aluminium: $2{,}7\ \frac{g}{cm^3}$
c) Dichte von Holz: $0{,}5\ \frac{g}{cm^3}$

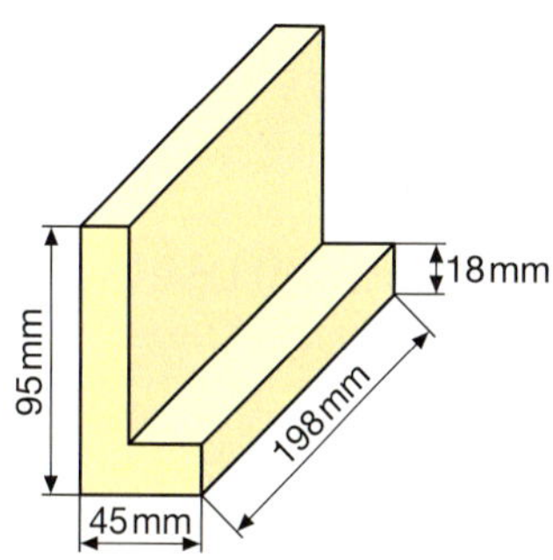

4 Die Körper werden aus verschiedenen Werkstoffen hergestellt.
a) 100 kg Kupfer kosten 800 €. Dichte von Kupfer: $8{,}9\ \frac{g}{cm^3}$
b) 1 t Formstahl (Eisen) kostet 400 €. Dichte von Formstahl (Eisen): $7{,}9\ \frac{g}{cm^3}$

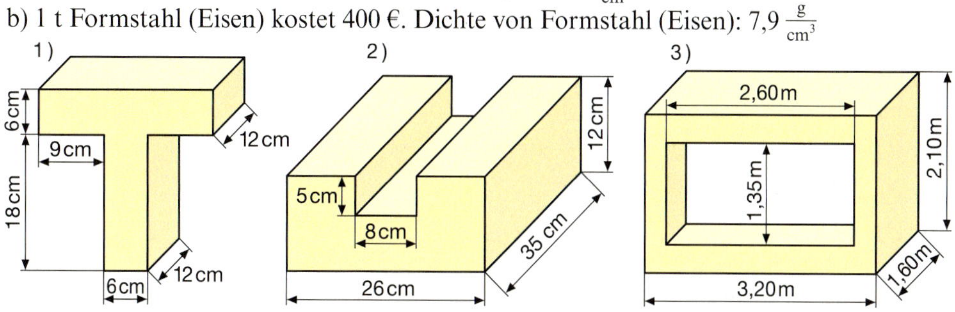

1

Die Fotos und die Abbildung zeigen Zylinder.

a) Beschreibe die Form der Flächen und deren Lage zueinander.

b) Welche Eigenschaften treffen auf den Zylinder zu?

- Der Mantel des Zylinders ist ein Rechteck.
- Gegenüberliegende Seiten sind deckungsgleich.
- Grund- und Deckfläche sind Kreisflächen.
- Die Mantellinien stehen senkrecht zur Grundfläche.
- Alle Begrenzungsflächen sind Quadrate.
- Grund- und Deckfläche sind gleich groß.

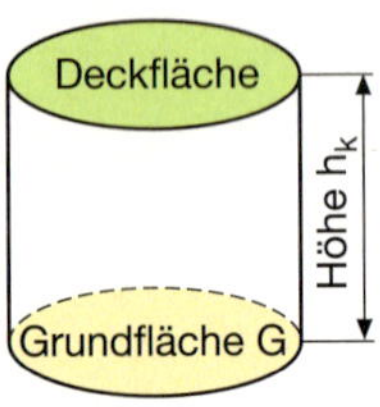

c) Nenne Körper aus deiner Umgebung, die die Form eines Zylinders haben.

2 Stelle einen Zylinder mit der Höhe 10 cm her.

a) Berichte, wie du vorgegangen bist.

b) Beschreibe Form und Maße der einzelnen Flächen.

c) Zerschneide deinen Zylinder und hefte das Netz an die Tafel.

d) Erstellt ein Lernplakat, das die Entstehung des Netzes zeigt.

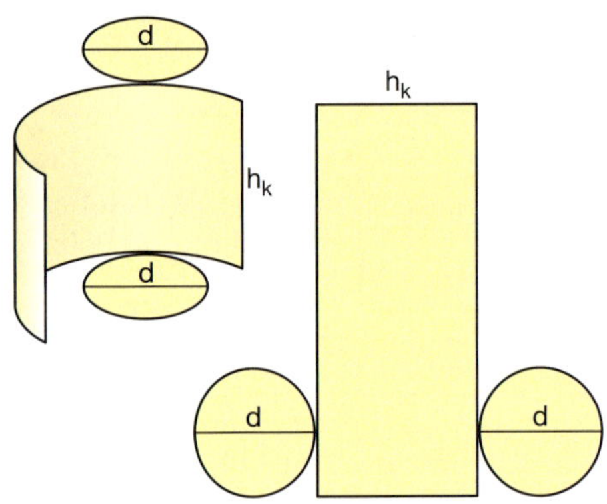

3 Baue einen Zylinder mit den Maßen $d = 6$ cm und $h_k = 8$ cm.

Schrägbild

So kannst du das Schrägbild eines Zylinders skizzieren ($r = 4$ cm; $h_k = 7$ cm):

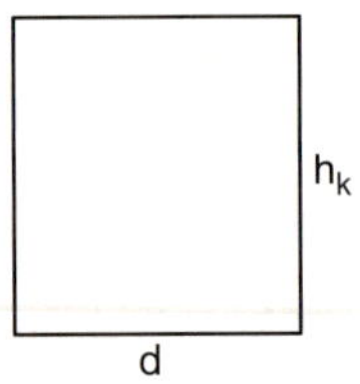

Rechteck aus d und h_k zeichnen

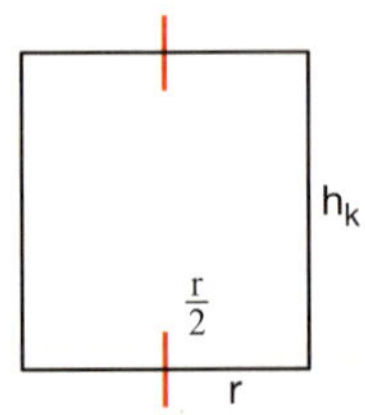

halben Radius einzeichnen

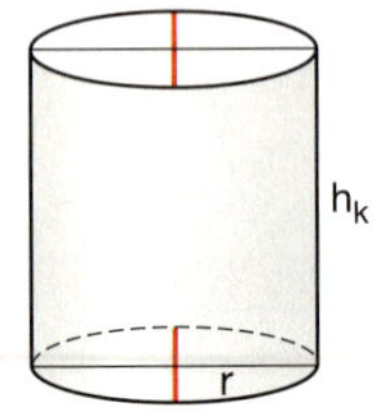

Grundflächen skizzieren

4 Skizziere das Schrägbild des Zylinders in deinem Heft.

a) $r = 5$ cm; $h_k = 8$ cm b) $r = 3$ cm; $h_k = 6$ cm c) $r = 6$ cm; $h_k = 2{,}5$ cm

1 Vor dem Schulzentrum steht am Straßenrand eine Litfaßsäule.
a) Entwickelt in Gruppen Ideen, wie man die Größe der Werbefläche bestimmen kann.
b) Präsentiert die Lösungspläne in der Mathekonferenz.
c) Sucht in der Schulumgebung eine Litfaßsäule und bestimmt die Werbefläche.

2 In einer Konservenfabrik wird der Blechverbrauch für verschiedene Dosen berechnet.
a) Stelle Modelle aus Papier her.
b) Berechne die Oberfläche der Dosen.

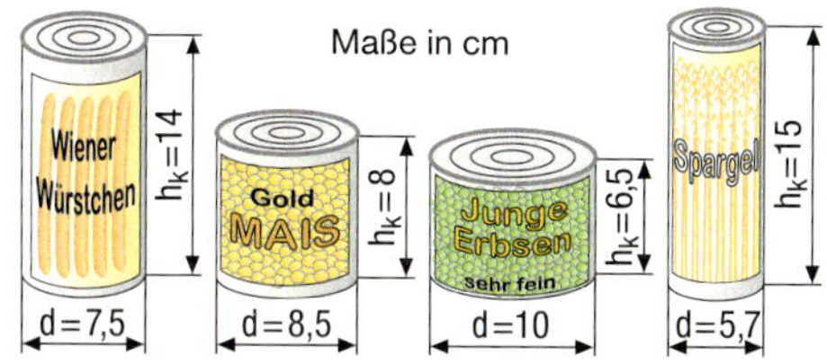

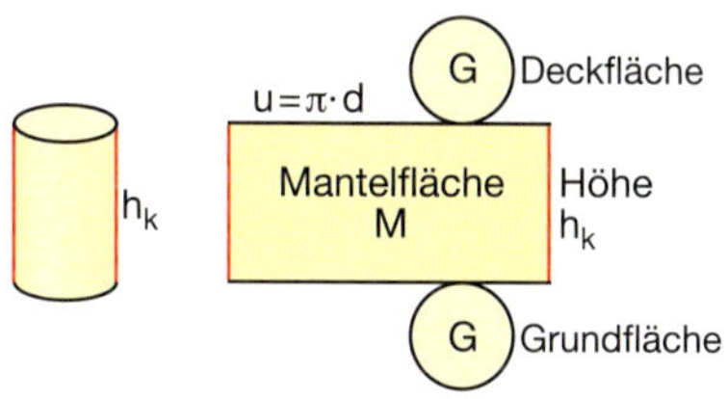

Oberfläche des Zylinders
= 2 · Grundfläche + Mantel

$O_{Zylinder} = 2 \cdot G + M$

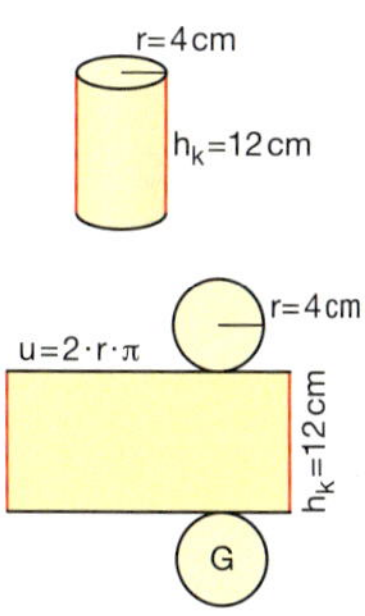

So kannst du die Oberfläche eines Zylinders mit dem Radius r = 4 cm und der Körperhöhe h_k = 12 cm berechnen:

Grundfläche	Mantel	Oberfläche
$G = \pi \cdot r^2$	$M = u \cdot h_k = \pi \cdot d \cdot h_k$	$O = 2 \cdot G + M$
$G = 3{,}14 \cdot 4 \cdot 4\ cm^2$	$M = 3{,}14 \cdot 8 \cdot 12\ cm^2$	$O = 2 \cdot 50{,}24\ cm^2 + 301{,}44\ cm^2$
$G = 50{,}24\ cm^2$	$M = 301{,}44\ cm$	$O = 401{,}92\ cm^2$

3 Berechne die Oberfläche der Zylinder.

a) 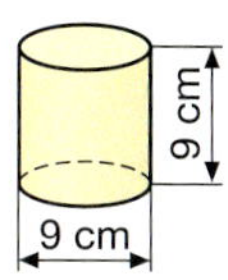

b) 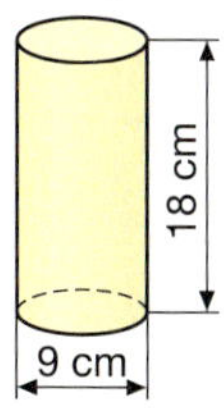

c) 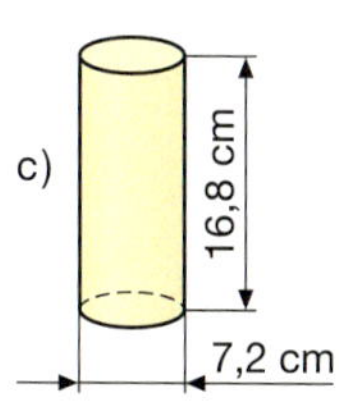

d) 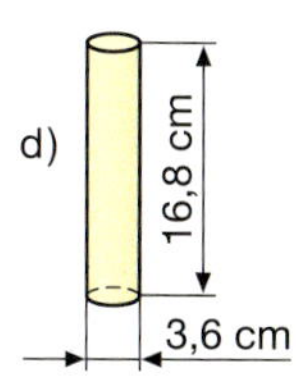

4 Ein Farbeimer hat einen Durchmesser von 2,3 dm und ist 3,0 dm hoch. Wie viel dm^2 Blech ist zur Herstellung erforderlich?

5 Eine Litfaßsäule ist 3,50 m hoch und hat einen Durchmesser von 1,90 m. Wie groß ist die Werbefläche, die man bekleben kann?

6 Tanja vergleicht die Mantelfläche und die Oberfläche von zwei Zylindern.
Zylinder 1: d = 11, 8 cm: h_k = 10 cm   Zylinder 2: d = 10 cm; h_k = 11,8 cm

1 In allen Körpern ist die blaue Schicht jeweils 1 cm hoch.

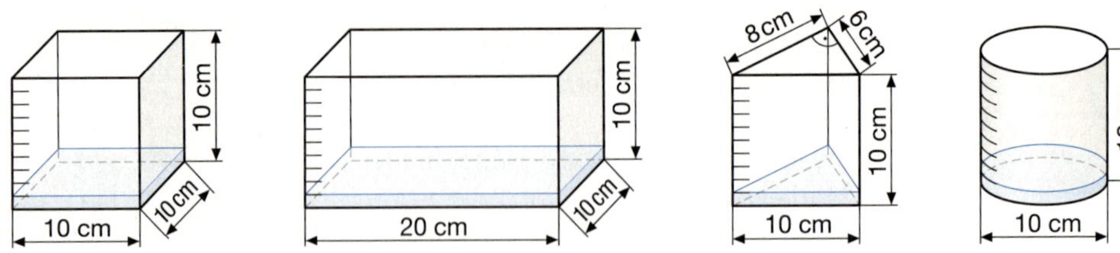

a) Welches Volumen hat jeweils die blaue Schicht?
b) Wie viele Schichten passen übereinander?
c) Wie groß ist das Volumen der Körper?

2 Berechne das Volumen dieses Zylinders.

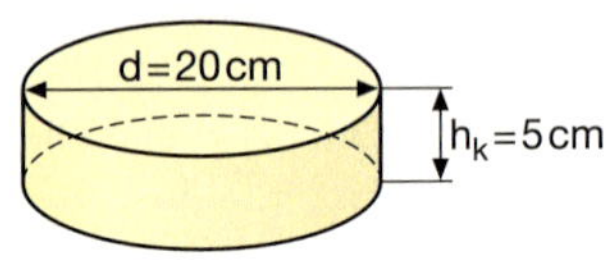

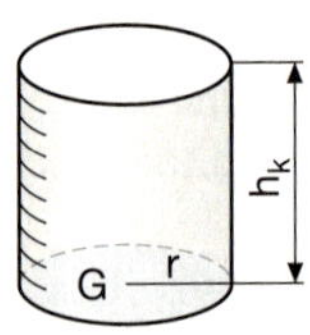

Volumen des Zylinders =
Volumen der Grundschicht · Anzahl der Schichten

$$V_{Zylinder} = G \cdot h_k$$

3 Berechne das Volumen der Zylinder.

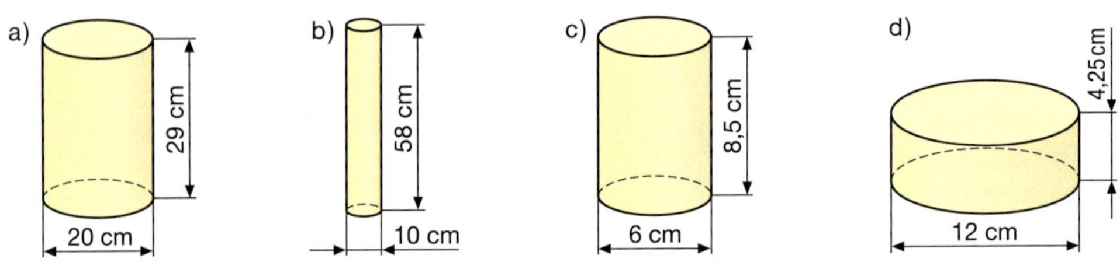

4 Berechne das Volumen der Zylinder.

a)

	(1)	(2)	(3)
g	6 cm	18 cm	5,9 dm
h_k	18 cm	6 cm	25,6 dm

b)

	(1)	(2)	(3)
g	26 cm	3,6 m	17,4 dm
h_k	39 cm	3,6 m	0,5 dm

5 Konserven werden in zwei Standardgrößen angeboten. Berechne ihr Fassungsvermögen. Vergleiche. Größe 1: d = 10 cm; h_k = 11,3 cm Größe 2: d = 7,3 cm; h_k = 10,3 cm

6 Ein Mopedmotor besteht aus einem Zylinder.
a) Wie groß ist sein Volumen?
b) Ein Leichtkraftrad hat einen Hubraum von 125 cm^3 bei einer Bohrung von 56 mm. Wie groß ist der Hub?

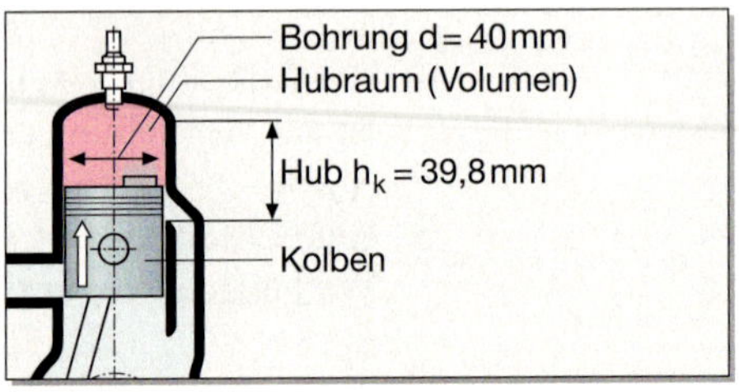

1 Wie viel Blech wird für die Herstellung einer Dose mindestens benötigt?

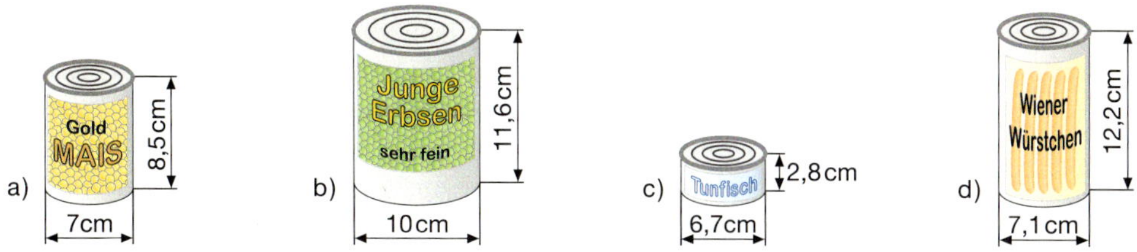

2 Ordne die Zylinder
a) nach der Größe ihres Volumens,
b) nach der Größe ihrer Oberfläche.
Schreibe vor dem Rechnen deine Vermutung auf.

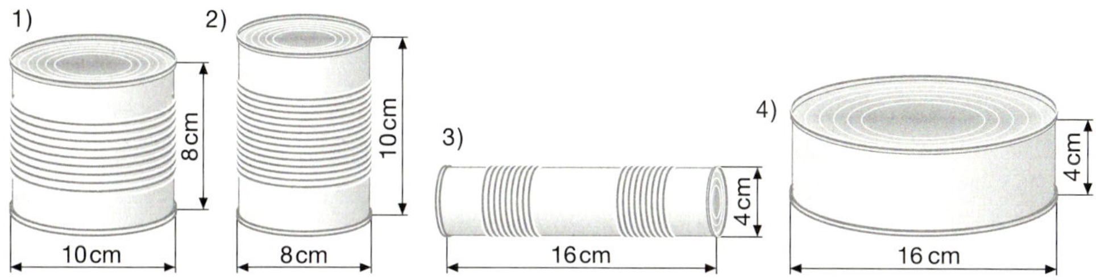

3 In der Landwirtschaft wird Getreide in großen Rundsilos gelagert, bevor es ausgeliefert wird.

Die Behälterhöhe beträgt 24 m, der Durchmesser 18 m.
a) Bestimme die Getreidemenge, wenn der Behälter zu 80 % gefüllt ist.
b) Der Behälter ist innen bis zu einer Höhe von 20 m gefliest. Berechne die notwendige Fliesenmenge.

4 In einer Fabrik werden 2,50 m lange runde Eisenstäbe hergestellt. Ihr Durchmesser beträgt 2,4 cm.
a) Berechne das Gewicht eines Stabes (Dichte von Eisen: $7{,}9\,\frac{\text{g}}{\text{cm}^3}$).
b) Die Stäbe werden in einem kleinen Lkw transportiert, der 2 t zuladen darf. Kann er 500 Stangen laden?

5 Aus Russland führt eine 4000 km lange Erdgasleitung nach Westeuropa. Die Rohre haben einen inneren Durchmesser von 1,40 m und sind jeweils 12 m lang.
a) Berechne, wie viele dieser Rohre verlegt werden mussten.
b) Wie viel Erdgas musste eingespeist werden, bis die Rohre auf ihrer Gesamtlänge gefüllt waren?

So bestimme ich die Oberfläche aller Prismen:

Ich stelle mir alle Flächen vor.
- Sind es Rechtecke, Quadrate, …
- Häufig hilft eine Netzzeichnung.

Ich berechne die Grundfläche, die Deckfläche ist gleich groß.
Ich berechne die Mantelfläche.

Ich addiere die Flächeninhalte.

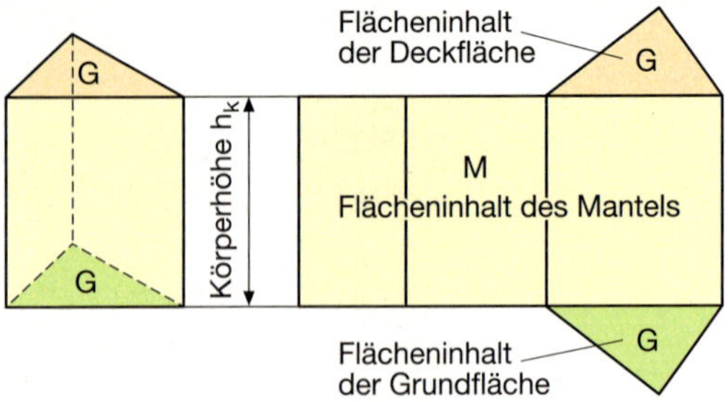

Oberfläche aller Prismen = 2 · Grundfläche + Mantelfläche

So berechne ich das Volumen von Prismen und Zylindern:

Ich berechne zunächst das Volumen der Grundschicht, dazu berechne ich den Flächeninhalt der Grundfläche.

Ich multipliziere mit der Anzahl aller Schichten.

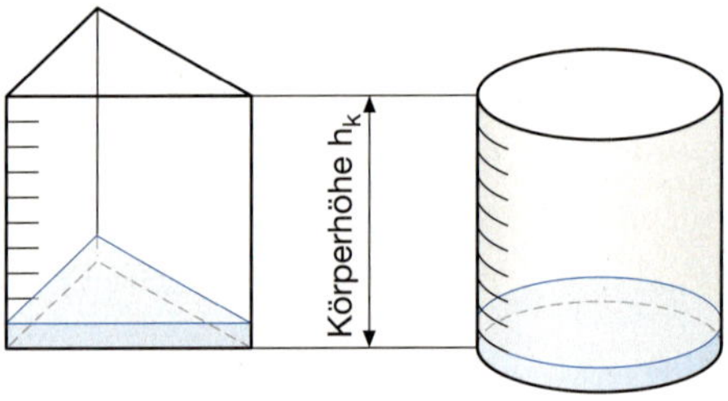

Volumen aller Prismen = $G \cdot h_k$

So berechne ich das Volumen von zusammengesetzten Körpern:

Ich zerlege den Gesamtkörper in einzelne Körper, es gibt häufig verschiedene Möglichkeiten.
Ich berechne das Volumen von jedem einzelnen Körper.

Ich addiere die einzelnen Rauminhalte und erhalte das Gesamtvolumen.

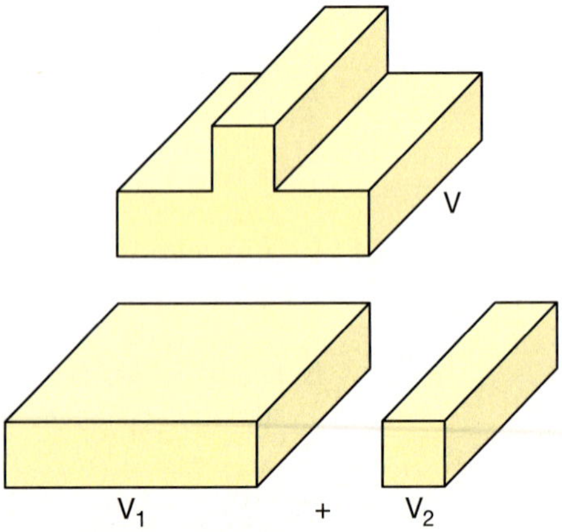

Volumen von zusammengesetzten Körpern
$V = V_1 + V_2 + \ldots$

Arbeiter in Washington rollen ein Riesenfass aus einer Brauerei. (USA, 1926)

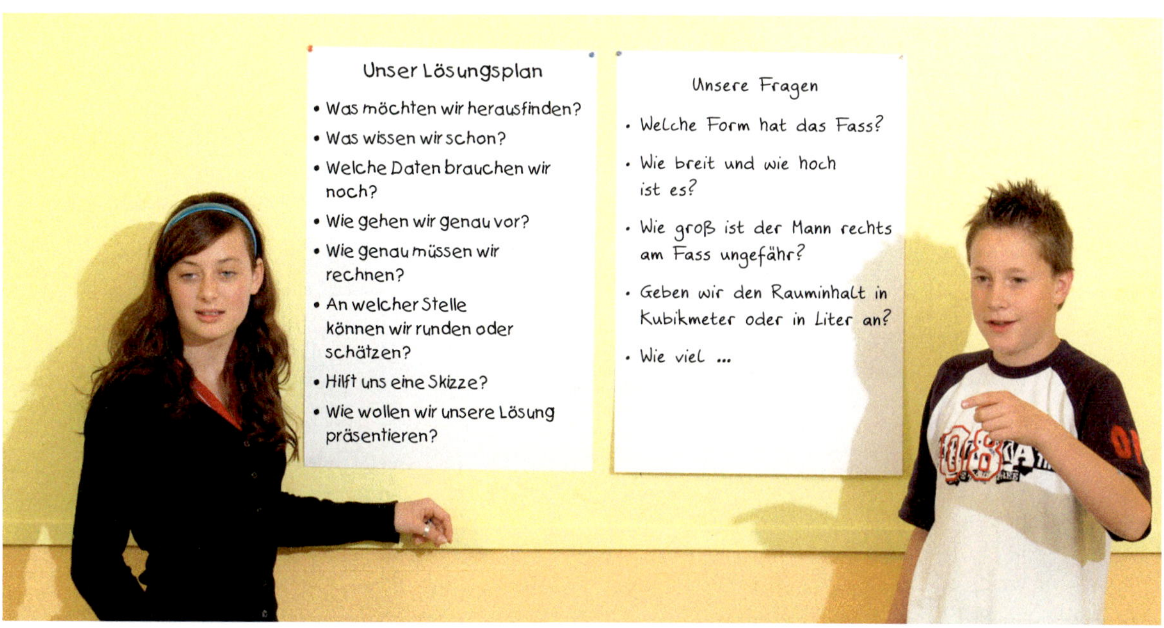

Station 1

Kann aus den jeweiligen Netzen einer der abgebildeten Körper gefaltet werden?

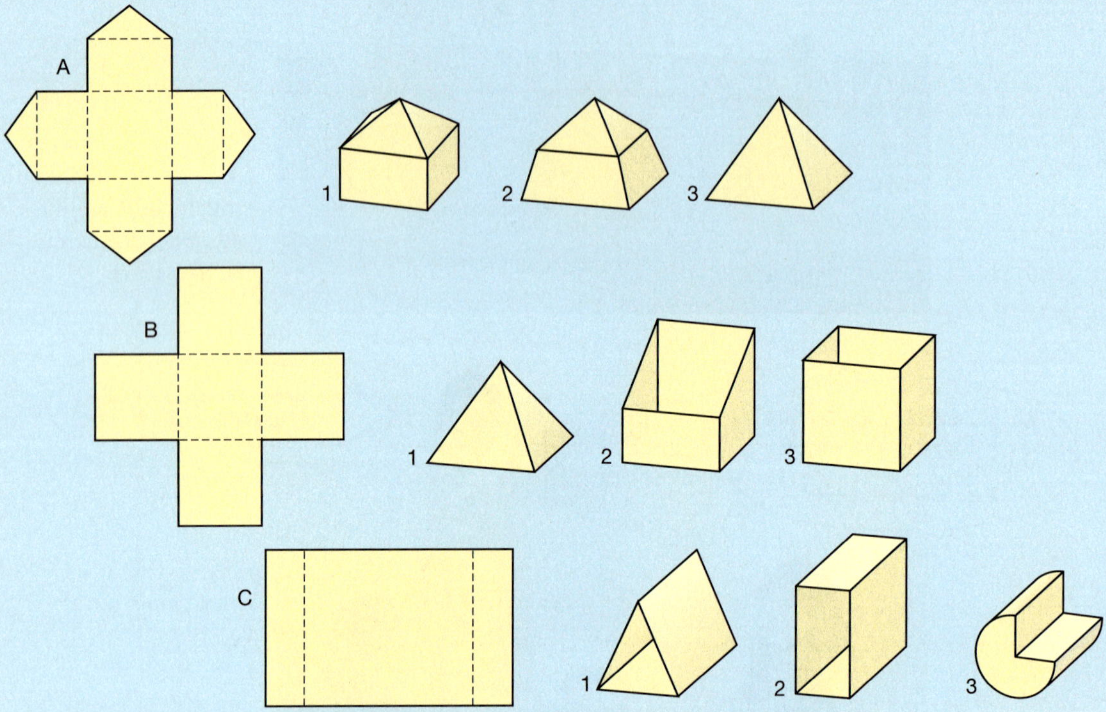

Station 4

Passt das abgebildete Netz zu je einem der Körper? Achte besonders auf die Muster.

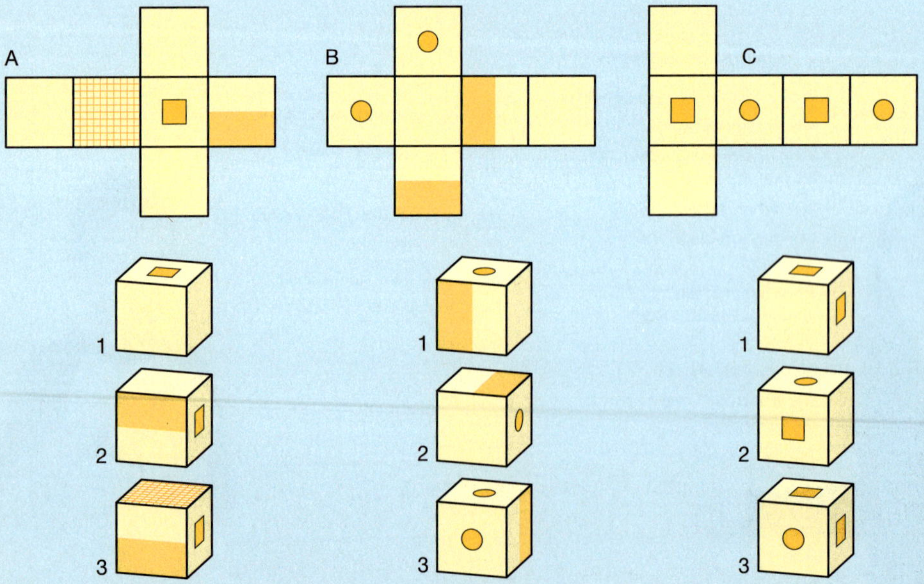

Station 2

Je zwei der Körper ergeben einen Quader. Welche Körper sind es?

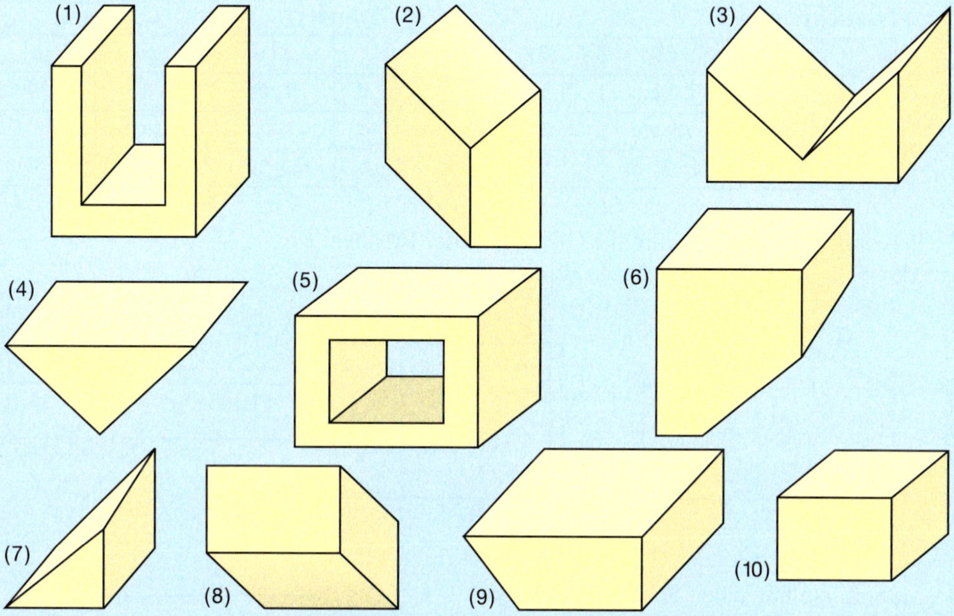

Station 3

Stelle Kantenmodelle (z. B. aus Pfeifenreinigern und Strohhalmen) verschiedener Körper her.
a) Beschreibe die entstandenen Körper.
b) Wie viele Ecken und Kanten haben die Körper?
c) Fülle die Tabelle im Heft aus.

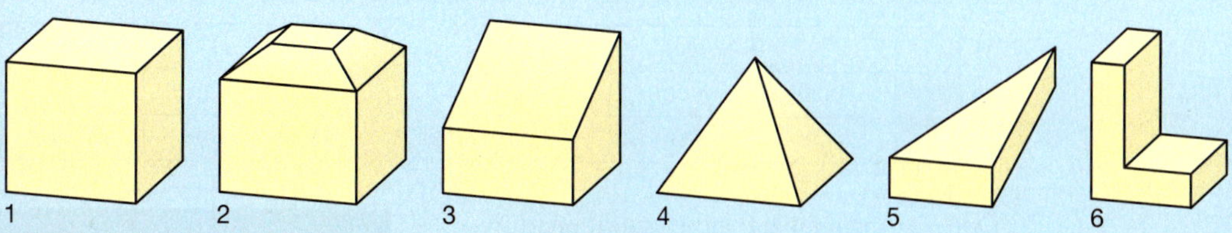

Körper Nr.	Ecken	Kanten	gleichlange Kanten
1			

Bleibe fit!

1 Eine Streichholzschachtel hat die Maße a = 5 cm, b = 3,5 cm und c = 1 cm. Zeichne ein Schrägbild und eine Abwicklung. Berechne das Volumen und die Oberfläche.

2 Berechne das Volumen der Prismen. Achte auf die Maßeinheit.

a) Dreieckprisma

	(1)	(2)	(3)
g	12 cm	6,8 cm	71,2 cm
h	7 cm	7,9 cm	33,3 cm
h_k	18 cm	15,3 cm	1,5 m

b) Zylinder

	(1)	(2)	(3)
d	9 cm		3,20 m
r		3,05 cm	
h_k	25 cm	12 cm	7,20 m

3 Berechne das Volumen und die Oberfläche der Prismen.

(1) Maße in cm

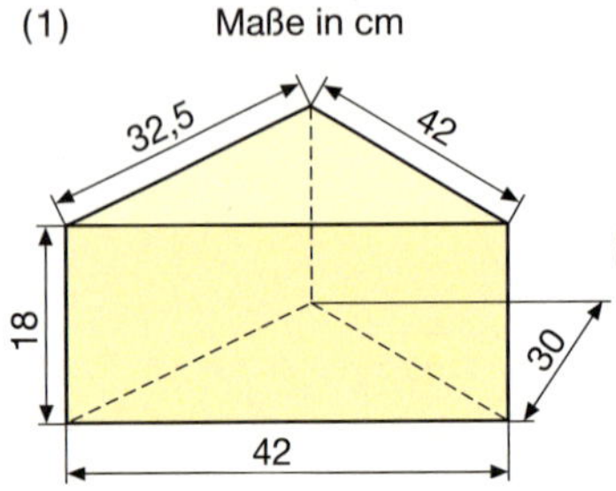

(2)

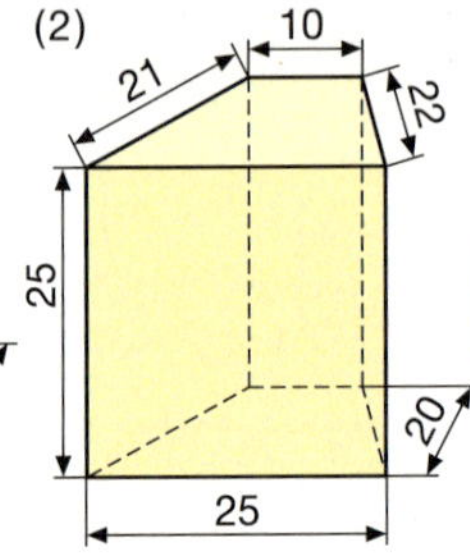

(3)

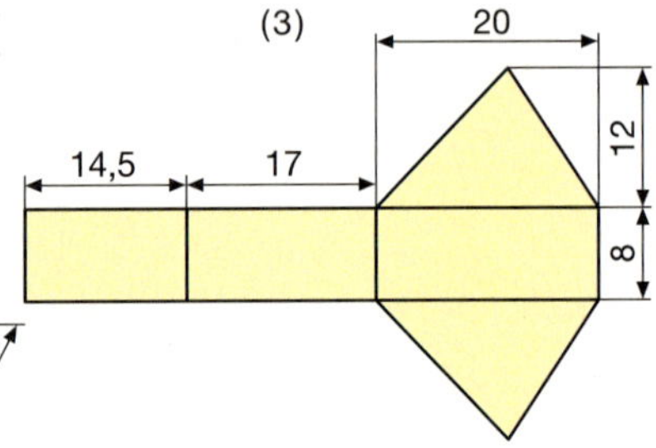

4 Maximilian hat einen Schokoladenriegel geschenkt bekommen. Er vergleicht das Volumen mit einer gewöhnlichen Schokoladentafel, die 15,5 cm lang, 7,5 cm breit und 0,9 cm dick ist.

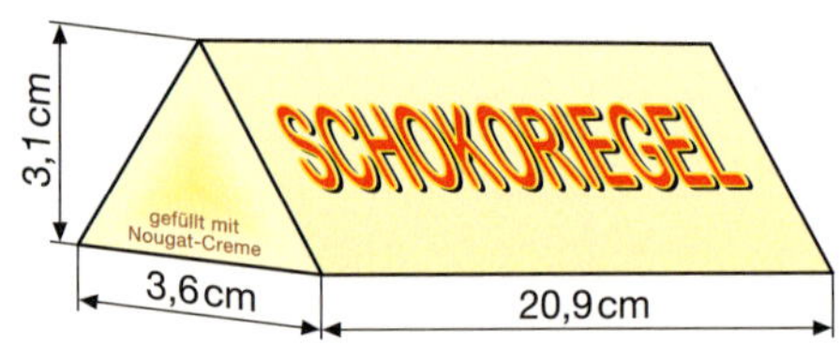

5 a) Zerlege die Werkstücke zuerst in geeignete Teilkörper und berechne ihre Volumen.
b) Berechne das Gewicht der Werkstücke (Dichte von Eisen: $7{,}8\ \frac{g}{cm^3}$).
c) 100 kg Eisen kosten 40 €. Berechne den Preis.

1)

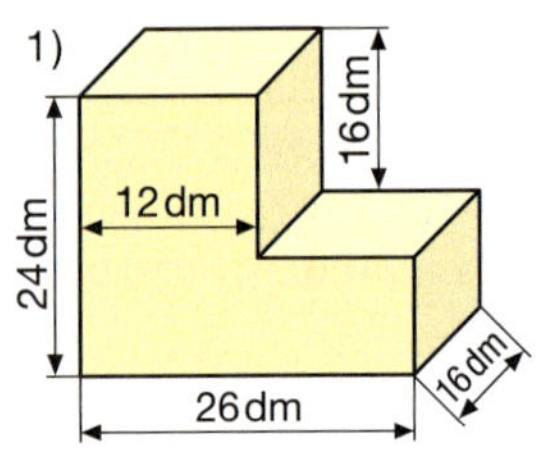

2)

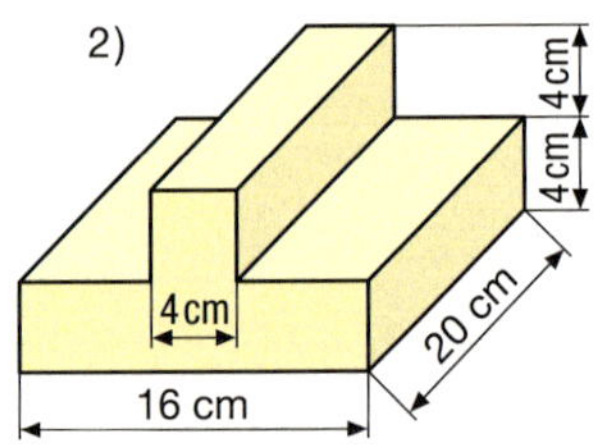

3)

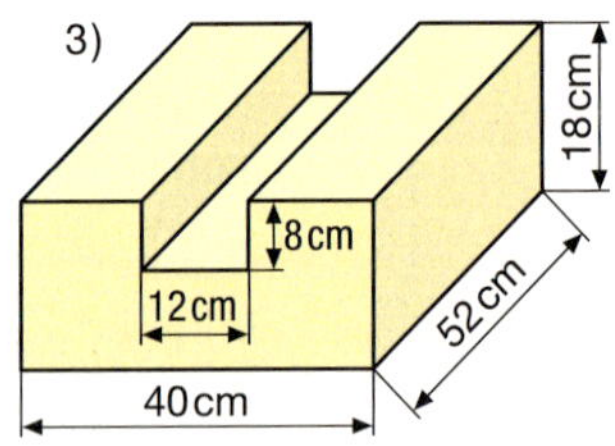

6 Berechne das Volumen und die Oberfläche der Zylinder.

a)

	(1)	(2)	(3)
r	4 cm	8 cm	3,8 dm
h_k	8 cm	4 cm	9,2 dm

b)

	(1)	(2)	(3)
d	5 cm	5 cm	10 cm
h_k	5 cm	10 cm	5 cm

7 Der Tankwagen hat eine annähernd zylindrische Form.
a) Wie viel Liter fasst er?
b) Ein Liter Benzin wiegt 700 g. Wie hoch ist die Zuladung?

Test 1

1 Zwei Öltanks haben diese Maße:
Quader: a = 3,30 m b = 1,20 m c = 1,50 m Würfel: a = 1,90 m
a) Vergleiche das Fassungsvermögen der beiden Tanks.
b) Wie viel Blech wird für die Herstellung jedes Tanks benötigt?

2 Berechne das Volumen der drei Körper.
Die Körperhöhe h_k beträgt immer 20 cm.

Beachte: h ist die Höhe der Fläche.

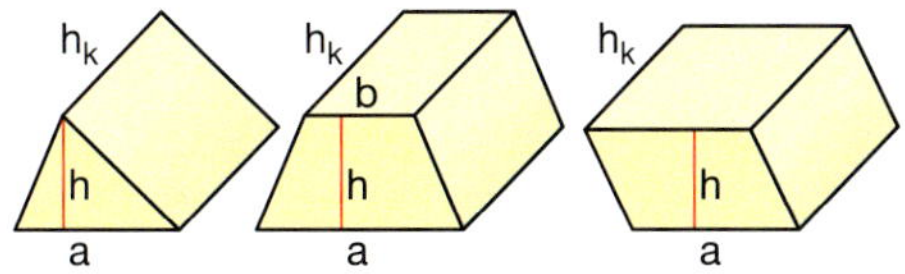

Dreieck: a = 12 cm, h = 8 cm
Trapez: a = 15 cm, b = 7 cm, h = 8 cm
Parallelogramm: a = 12 cm, h = 7 cm

3 Ein Prisma hat einen quadratischen Grundriss, die Länge der Grundseite beträgt 25 cm. Wie hoch ist das Prisma, wenn die Mantelfläche 1000 cm² beträgt? Fertige eine Skizze an und trage die Maße ein.

4 Die Grundfläche eines Prismas ist ein rechtwinkliges Dreieck (a = 3 cm, b = 4 cm, c = 5 cm). Das Volumen des Prismas beträgt 150 cm³. Wie groß ist die Höhe?

5 Wie viel Kubikmeter Beton sind zur Herstellung der Rampe erforderlich?

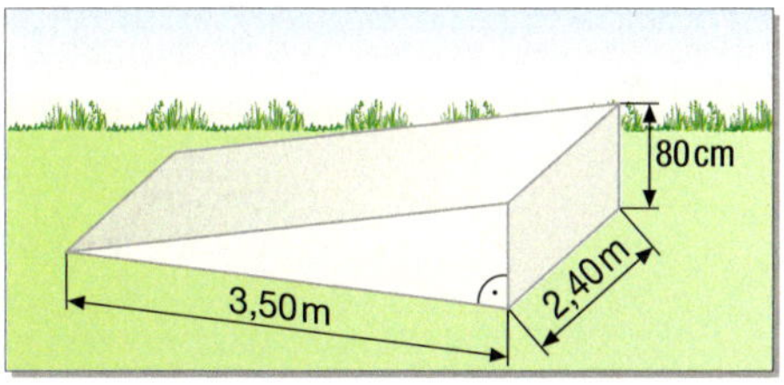

6 Ein Zylinder hat einen Durchmesser von 21 cm, seine Körperhöhe beträgt 24 cm. Berechne das Volumen, die Mantelfläche und die Oberfläche des Zylinders.

Test 2

1 Ein gerades Prisma hat ein Volumen von 1020 cm³. Die Grundfläche beträgt 51 cm². Wie groß ist die Höhe?

2 Eine zylinderförmige Regentonne hat innen einen Durchmesser von 0,90 m und eine Höhe von 80 cm. Herr Huber meint: „Die Tonne fasst 3 Kubikmeter Wasser. Damit kann ich im Sommer billig den Garten gießen.“ Stimmt die Angabe?

3 Der Umfang eines quaderförmigen Prismas aus Blech im Ausstellungspark beträgt 2,80 m. Die Körperhöhe ist 1,60 m. Die Seitenflächen müssen 2-mal gestrichen werden. Reicht eine Farbdose für 10 m² aus?

4 Die Baugrube für ein Haus mit Tiefgarage ist 23,50 m lang, 14,00 m breit und 3,50 m tief. Ein Lkw fasst 7 m³ Erde. Wie viele Fahrten sind zum Abtransport erforderlich?

5 Die Körper werden aus Formstahl hergestellt.
Die Dichte von Formstahl ist 7,9 $\frac{g}{cm^3}$.
Für 1 t Formstahl werden als Tagespreis 400 € bezahlt.

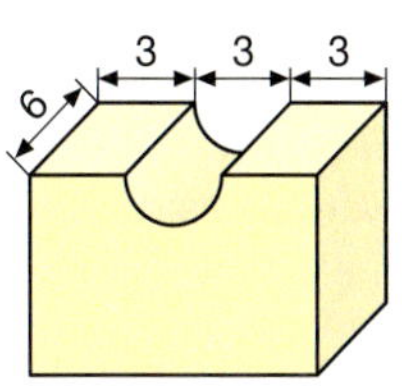

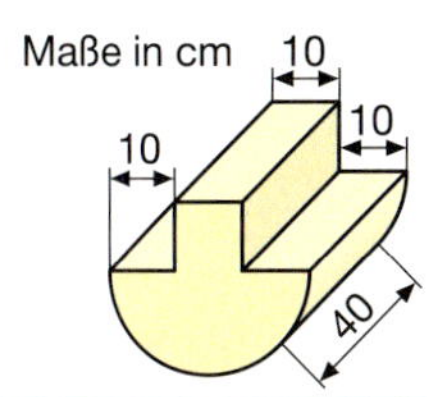

Wiederholen & Sichern

1 Berechne den Flächeninhalt der gelben und blauen Flächen. Beschreibe deinen Rechenweg.

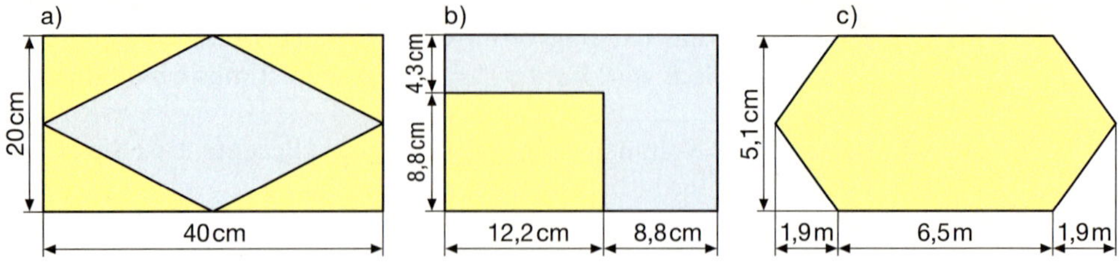

2 a)
(+ 12) + (− 15)
(− 28) − (− 16)
(+ 55) + (− 39)
(− 47) − (− 68)

b)
− 44 + 35
28 − 72
− 35 − 86
− 46 + 59

c)
(− 1,9) − (− 2,8)
(− 8,5) + (+ 4,7)
(+ 7,5) − (+ 7,04)
(− 7,2) + (− 9,08)

d)
7,08 + 3,5
− 2,9 + 8,06
8,4 − 17,9
− 4,05 + 3,7

3 Übertrage die Tabelle in dein Heft und vervollständige die Kontoführung.

Datum	Kontobewegung	Kontostand
05.01.		Soll 345,84 €
11.01.	Gutschrift 207,53 €	
15.01.	Lastschrift 97,45 €	
22.01.		Haben 601,75 €
23.01.	Gutschrift 512,96 €	
25.01.	Lastschrift 327,95 €	
31.01.		Haben 201,64 €

4

Zu welchem Zinssatz muss Frau Becker den Gewinn anlegen?

5 Herr Roth hat einen Lottogewinn in Höhe von 600 000 € gemacht. Für 240 000 € kauft er eine Eigentumswohnung. Den Rest des Geldes will er zu 6,5 % anlegen und vom Zinsertrag monatlich 500 € verbrauchen. Wie hoch ist sein Guthaben nach einem Jahr (zwei Jahren, 3 Jahren, 4 Jahren, 5 Jahren)?

6 Berechne die Jahreszinsen und den Zinssatz.
a) Sven leiht sich von seinem Onkel 2600 €. Nach einem Jahr zahlt er ihm 2665 € zurück.
b) Pia leiht sich bei ihrer Oma 1200 €. Nach einem Jahr zahlt sie ihr 1230 € zurück.

Apothekerwaage

Nostalgische Waage

Waage mit Gewichten

1 Bestimme den Umfang eines Quadrats für die Seitenlängen 5 cm, 10 cm, 15 cm, …, 50 cm. Gib die Ergebnisse in einer Tabelle an.

Formel: $u = 4 \cdot a$

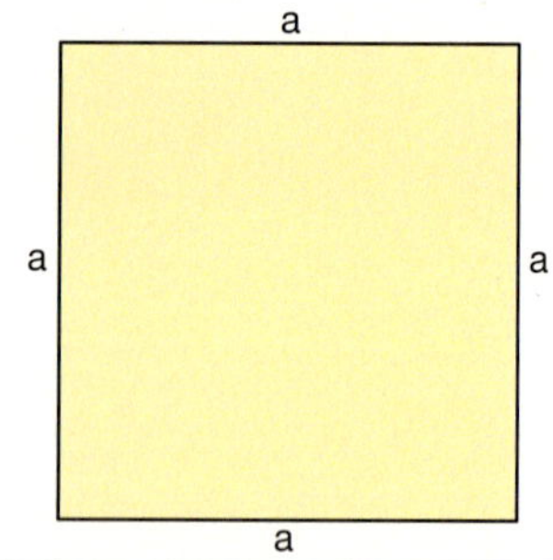

a (cm)	5	10	15	20	25	30	35	40	45	50
$4 \cdot a$ (cm)	20	40								

a) Übertrage die Tabelle in dein Heft und fülle sie aus.
b) Wie ändert sich der Umfang, wenn man die Seitenlänge verdoppelt (verdreifacht, verfünffacht)?

2 Stelle für den Umfang eines Quadrats mit der Seitenlänge 1 dm, 2 dm, ..., 12 dm eine Tabelle auf. Erläutere mit eigenen Worten den Zusammenhang von Seitenlänge und Umfang.

3 a) Wie heißt die Formel für den Flächeninhalt A eines Quadrats mit der Seitenlänge a?
b) Stelle eine Tabelle auf und berechne den Flächeninhalt für die Seitenlängen 2 cm, 4 cm, 6 cm, …, 20 cm.
c) Wie verändert sich der Flächeninhalt, wenn man die Seitenlänge verdoppelt (verdreifacht, vervierfacht, verfünffacht, halbiert, viertelt)?

4 Eine Seite eines Rechtecks ist 25 cm lang. Die andere Seite ist x Meter lang.
a) Wie heißt die Formel für den Flächeninhalt A dieses Rechtecks?
b) Gib den Flächeninhalt A des Rechtecks in einer Tabelle an. Ersetze dabei x nacheinander durch 2 m, 4 m, 6 m, …, 20 m.
c) Wie verändert sich der Fächeninhalt A, wenn die Seitenlänge x verdoppelt (verdreifacht) wird?

5 Bestimme den Umfang der Rechtecke. Vervollständige die Tabelle in deinem Heft.
Formel: $u = 2 \cdot a + 2 \cdot b$

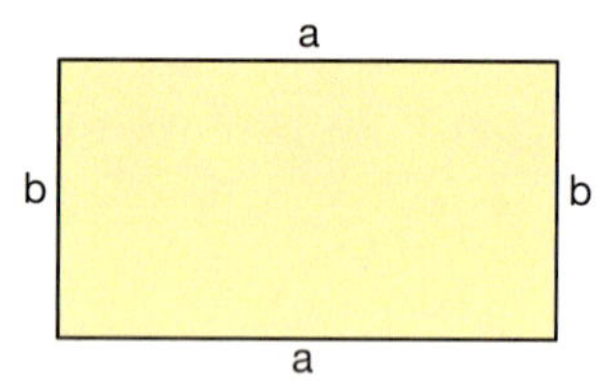

a	2 cm	4 cm	8 cm	10 dm	7 dm	21 dm	12 m	36 m	6 m
b	8 cm	6 cm	6 cm	5 dm	4 dm	4 dm	28 m	40 m	28 m
$2 \cdot a + 2 \cdot b$									

6 a) Wie heißt die Formel für den Flächeninhalt des Dreiecks?
b) Berechne den Flächeninhalt des Dreiecks in einer Tabelle. Ersetze h durch 2 cm, 4 cm, 6 cm, …, 20 cm.
c) Wie ändert sich der Flächeninhalt?

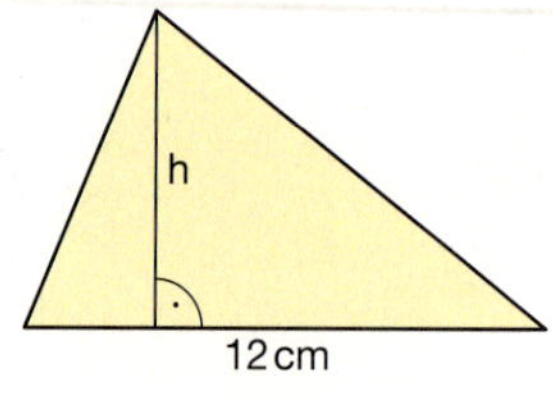

1 Spielregel:
Jeder Spieler zieht verdeckt eine Termkarte. Es wird rundum mit einem Würfel gewürfelt.
Die Augenzahl wird für das x auf der Termkarte eingesetzt. Der Wert des Terms gibt die Punktzahl an.
Gewonnen hat, wer zuerst 300 Punkte erreicht.

a) Beispiel für die Termkarte $8 \cdot x$

	x	$8 \cdot x$	gesamt
1. Wurf	6	$8 \cdot 6 = 48$	48
2. Wurf	2	$8 \cdot 2 = 16$	64

b) Welche Termkarte würdest du wählen? Teste anhand der Tabelle im Heft.

x	$8 \cdot x$	$60 : x$	$10 \cdot x - 3$	$30 - 3 \cdot x$
1	8	60	7	27
2	16			

c) Spielt das Spiel mit eigenen Termkarten. Zeichnet dazu eine Tabelle und beurteilt die Gewinnchancen.

2 Setze für den Platzhalter die Zahlen 2 (3, 5, 8, 10) ein und berechne.

a) $4 \cdot x$; $7 \cdot x$
b) $y + 18$; $25 + y$
c) $50 - z$; $z - 1$
d) $1080 : a$; $720 : a$
e) $12 \cdot x + 35$; $6 + 10 \cdot x$
f) $15 \cdot y - 7$; $100 - 4 \cdot y$

3 Stelle ebenso Terme für den Umfang der anderen Figuren mit den Platzhaltern r und b auf und vereinfache sie.

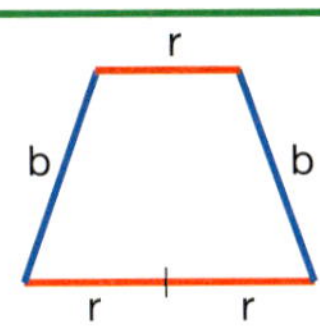

$r + b + r + r + b$
$= r + r + r + b + b$
$= 3 \cdot r + 2 \cdot b$

a) 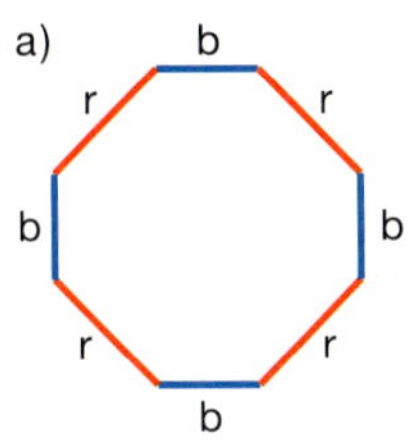

b) 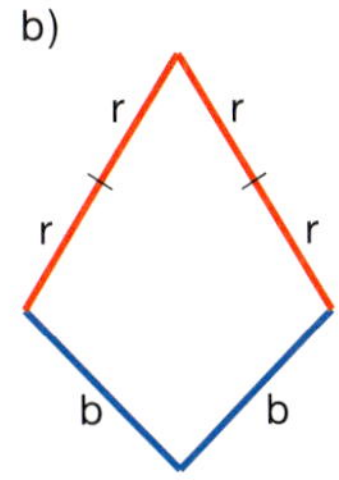

c) 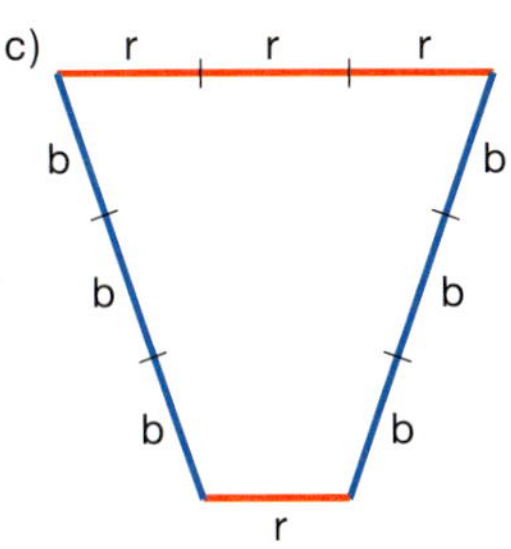

4

$4 \cdot x + 5 \cdot x$
$= 9 \cdot x$

$x + 6 + 3 \cdot x - 2$
$= 1 \cdot x + 3 \cdot x + 6 - 2$
$= 4 \cdot x + 4$

$4 \cdot x + 8 \cdot y + x - y$
$= 4 \cdot x + 1 \cdot x + 8 \cdot y - 1 \cdot y$
$= 5 \cdot x + 7 \cdot y$

a) $2 \cdot x + 3 \cdot x$; $8 \cdot z - 2 \cdot z$; $4 \cdot y - y$
b) $z + 4 \cdot z + z$; $x + 9 \cdot x + x - 7 \cdot x$; $6 \cdot y - y + 5 \cdot y$
c) $8 \cdot y + 6 - 7 \cdot y - 6$; $z + 1 + 5 \cdot z + 2$; $11 + x - 7 + 3 \cdot x$
d) $5 \cdot x + 6 \cdot y - x - 4 \cdot y$; $9 \cdot z + 7 \cdot a + z - 2 \cdot a$; $4 \cdot a + 6 \cdot b - a - 5 \cdot b$

5 Vereinfache. Beachte Platzhalter und Zahlen.

a)
$9 \cdot x + 7 - 2 \cdot x$
$12 + 3 \cdot y - 3 - y$
$z + 4 + 5 \cdot z - 1$

b)
$3 \cdot y + 12 + y + 10$
$4 + 7 \cdot x - 3 - 7 \cdot x$
$9 \cdot z - 8 - z$

c)
$25 \cdot a + 13 - 16 \cdot a - 12$
$8 + 3 \cdot x - 4 - 2 \cdot x$
$10 \cdot y - y + 6 - 3 \cdot y - 5$

1 Die Waage ist im Gleichgewicht.
Erkläre die Umformungen.

$$\begin{aligned} x + 3 &= 10 \\ x + 3 - 3 &= 10 - 3 \quad \mid -3 \\ x &= 7 \end{aligned}$$

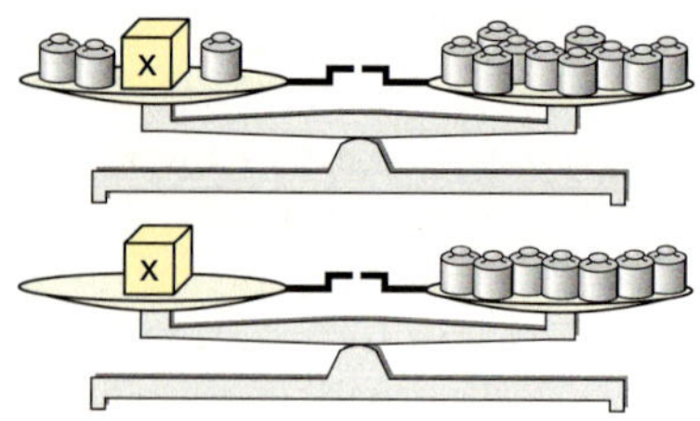

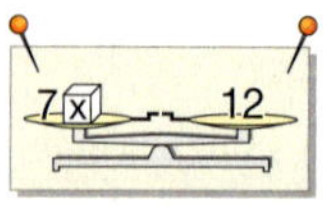

2 Veranschauliche die Gleichung mithilfe der Waage und bestimme die Lösung.
a) $7 + x = 12$ b) $9 = x + 2$ c) $x + 11 = 17$ d) $14 = 6 + x$

3 a) $x + 49 = 70$; $74 + x = 140$ b) $540 = x + 35$; $320 = 170 + x$ c) $123 = 45 + x$; $461 = x + 397$ d) $9{,}7 + x = 13{,}1$; $x + 5{,}3 = 8{,}2$

4

$$\begin{aligned} x - 7 &= 5 \\ x - 7 + 7 &= 5 + 7 \quad \mid +7 \\ x &= 12 \end{aligned}$$

a) $x - 6 = 8$; $5 = x - 15$; $x - 32 = 18$ b) $63 = x - 37$; $x - 174 = 216$; $87 = x - 87$ c) $x - 5{,}5 = 7{,}5$; $8 = x - 1{,}2$; $x - 34{,}7 = 41{,}8$

Wenn man auf beiden Seiten einer Gleichung dieselbe Zahl addiert oder subtrahiert, ändert sich die Lösung nicht.

5 Die Waage ist im Gleichgewicht. Erkläre die Umformungen.

$$\begin{aligned} 4 \cdot x &= 8 \\ 4 \cdot x : 4 &= 8 : 4 \quad \mid :4 \\ x &= 2 \end{aligned}$$

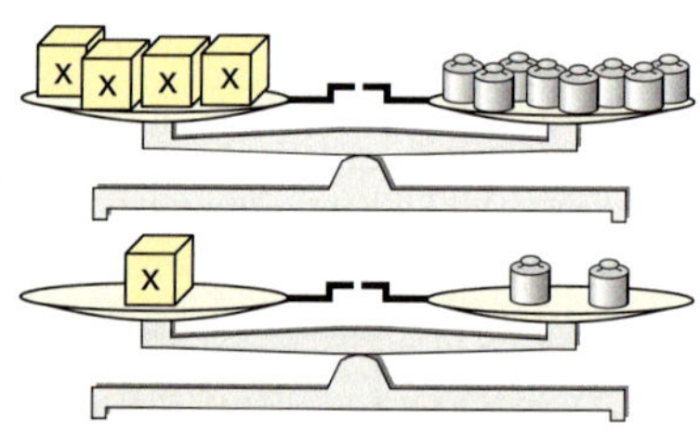

6 Veranschauliche die Gleichung mithilfe der Waage und bestimme die Lösung.
a) $2 \cdot x = 12$ b) $15 = 5 \cdot x$ c) $6 \cdot x = 6$ d) $16 = 4 \cdot x$

7 a) $8 \cdot x = 72$; $15 \cdot x = 90$ b) $108 = 12 \cdot x$; $91 = 7 \cdot x$ c) $10 \cdot x = 12$; $5 \cdot x = 2$ d) $15 = 2{,}5 \cdot x$; $60 = 1{,}5 \cdot x$

8

$$\begin{aligned} x : 6 &= 3 \\ x : 6 \cdot 6 &= 3 \cdot 6 \quad \mid \cdot 6 \\ x &= 18 \end{aligned}$$

a) $x : 4 = 5$; $7 = x : 7$; $x : 5 = 1$ b) $8 = x : 15$; $x : 9 = 16$; $17 = x : 1$ c) $x : 5 = 1{,}8$; $8{,}5 = x : 3$; $x : 1{,}2 = 6$

Wenn man beide Seiten einer Gleichung mit derselben Zahl multipliziert oder durch dieselbe Zahl dividiert, ändert sich die Lösung nicht.

9
a) $x + 31 = 65$; $x - 8{,}6 = 47{,}6$; $85 = x + 11{,}5$; $280 = x - 70$
b) $x - 77{,}9 = 79{,}7$; $100 = 8{,}89 + x$; $3{,}68 = x - 6{,}5$; $99 + x = 100{,}1$
c) $1{,}1 \cdot x = 23{,}1$; $36{,}6 = 0{,}6 \cdot x$; $x \cdot 1{,}2 = 36$; $x \cdot 1{,}6 = 32$
d) $x : 6 = 2{,}5$; $10 = x : 1{,}5$; $x : 3 = 6{,}6$; $x : 5{,}5 = 0$

Immer auf beiden Seiten das Gleiche tun:

Alle x auf eine Seite

Alle Zahlen auf die andere Seite

x ausrechnen

Probe machen

1 Die Waage ist im Gleichgewicht.
Erkläre die Umformungen.

$$4 \cdot x + 2 = 2 \cdot x + 8 \quad | -2 \cdot x$$
$$4 \cdot x - 2 \cdot x + 2 = 2 \cdot x - 2 \cdot x + 8$$
$$2 \cdot x + 2 = 8 \quad | -2$$
$$2 \cdot x + 2 - 2 = 8 - 2$$
$$2 \cdot x = 6 \quad | :2$$
$$2 \cdot x : 2 = 6 : 2$$
$$x = 3$$

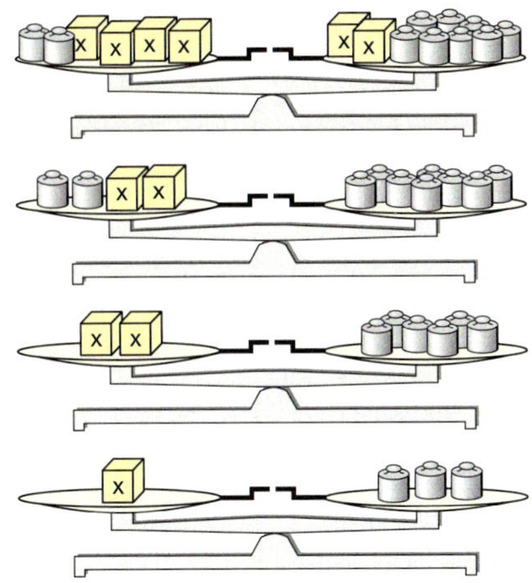

Probe: $4 \cdot 3 + 2 = 2 \cdot 3 + 8$
$14 = 14$

2 Löse die Gleichungen und mache die Probe.

a) $7 \cdot x + 8 = 6 \cdot x + 19$
$x + 14 = 2 \cdot x + 5$
$12 \cdot x - 4 = 11 \cdot x + 3$
$4 \cdot x + 1 = 5 \cdot x - 1$

b) $10 \cdot x = 8 \cdot x + 28$
$85 + 13 \cdot x = 18 \cdot x$
$7 \cdot x = 84 - 5 \cdot x$
$9 \cdot x - 24 = 6 \cdot x$

c) $7 \cdot x + 12 = 3 \cdot x + 36$
$6 \cdot x - 18 = 5 \cdot x + 3$
$8 \cdot x + 55 = 15 \cdot x + 6$
$x + 21 = 9 \cdot x - 11$

3 Fasse zuerst zusammen.

a) $6 \cdot x + 7 \cdot x = 100 + 3 \cdot x - 20$
$8 \cdot x + 6 - 5 \cdot x = 22 + 2 \cdot x - 13$
$15 \cdot x + 10 - 8 \cdot x - 3 = 10 \cdot x + 9 - 4 \cdot x + 6$

b) $2 \cdot x - 54 + 3 \cdot x = 2 \cdot x - 6$
$50 - 3 \cdot x = 7 \cdot x + 46$
$62 + 45 \cdot x - 30 = 25 \cdot x + 172$

4

a) Stelle die Gleichung auf.
b) Löse die Gleichung.

Gedachte Zahl:	x
mit 3 multiplizieren:	$3 \cdot x$
dazu 2 addieren:	$3 \cdot x + 2$
Gleichung:	$3 \cdot x + 2 = 14$

5 a) Multipliziere eine Zahl mit 12. Addiere 22. Du erhältst 130.
b) Addiere zum Fünffachen einer 39. Du erhältst 264.
c) Multipliziere eine Zahl mit 8. Subtrahiere 48. Du erhältst 104.
d) Subtrahiere 16 vom Neunfachen einer Zahl. Du erhältst 200.

6 Löse die Gleichungen und mache die Probe:

a) $2x + 12 = 28 + x$
$7x + 24 = 80 + 3x$

b) $65 = 45 + 4x + 8$
$70 = 22 + 6x - 6$

c) $9x - 20 = 40 - 3x$
$5x - 19 = 21 + x$

7 a) $4x + 7{,}2 = 23{,}2 + 2x$
$12x - 15{,}8 = 20{,}2 + 6x$

b) $24{,}2 - x = 6x - 23{,}4$
$42{,}6 + 5x = 0{,}6 + 10x$

c) $7{,}8 = 2{,}3 + 1{,}1x$
$13{,}6 - 17{,}5 = 5{,}9 + 10x$

1 a) Laura kauft 4 CDs und einen DVD-Spielfilm für 19 €. Insgesamt zahlt sie 55 €. Wie teuer ist eine CD? Erkläre den Lösungsplan.

Lösungsplan		x: Preis für 1 CD (€)
1. Schritt:	Variable festlegen und Skizze anfertigen	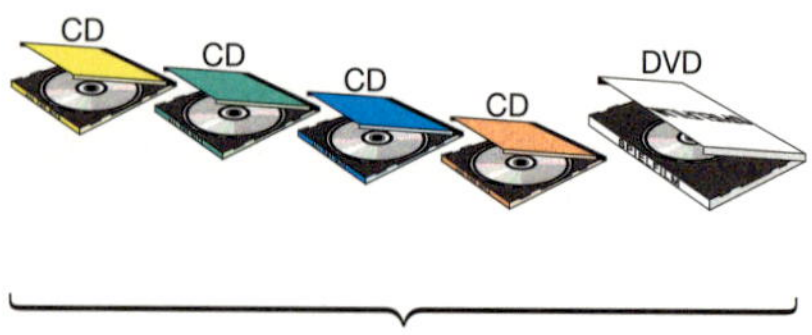
2. Schritt:	Gleichung aufstellen	$4 \cdot x + 19 = 55 \quad | - 19$
3. Schritt:	Gleichung lösen	$4 \cdot x = 36 \quad | : 4$ $x = 9$
4. Schritt:	Probe am Text durchführen	$4 \cdot 9\,€ + 19\,€ = 55\,€$ $36\,€ + 19\,€ = 55\,€$
5. Schritt:	Antwort formulieren	Antwort: Eine CD kostet 9 €.

b) Halima kauft eine Druckerpatrone für 12,50 € und zwei USB Sticks. Insgesamt bezahlt sie 52,40 €. Wie teuer ist ein USB Stick?

2

a) Im Englischunterricht wird ein englisches Frühstück vorbereitet. Kristin besorgt den Orangensaft. Für einen Kasten einschließlich Pfand bezahlt sie 10,50 €. Wie viel Euro kostet eine Flasche Orangensaft?

b) Maria kauft für ihre Gruppe ein Toastbrot und sechs Eier. Sie muss insgesamt 2,50 € bezahlen. Wie viel kostet ein Ei?

c) Hussain bringt ein Paket Cornflakes und zwei Liter Milch mit. Er muss 4,60 € bezahlen. Wie teuer war ein Liter Milch?

Erfinde selbst Rechengeschichten.

3 Carina kauft einen Pullover für 60 € und drei Paar Strümpfe. Insgesamt bezahlt sie 73,50 €. Wie teuer ist ein Paar Strümpfe?

4 Für einen Blumenstrauß wählt Herr Bittner eine Lilie zu 3,50 € und 7 Gerbera aus. Er bezahlt 16,10 €. Wie viel Euro kostet eine Gerbera?

5 Erfinde eine Rechengeschichte und berechne.

a) $20 + 5 \cdot x = 75$ b) $2 \cdot x + 1{,}10 = 5{,}90$ c) $18{,}50 + 5\,x = 49{,}50$

1

Wie viel Geld haben die beiden jeden Tag gesammelt? Erkläre den Lösungsplan.

Lösungsplan

1. Schritt: Variable festlegen und Skizze anfertigen

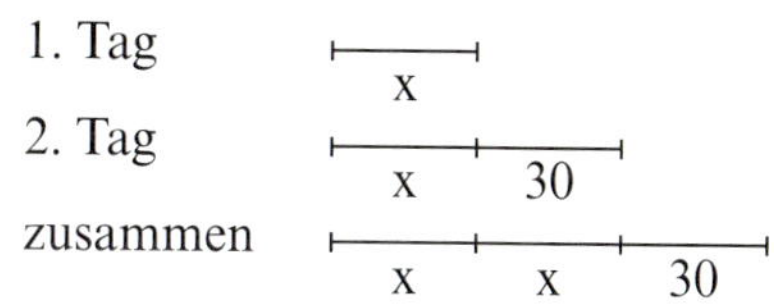

2. Schritt: Gleichung aufstellen

3. Schritt: Gleichung lösen

$$x + x + 30 = 150$$
$$2x + 30 = 150 \quad | -30$$
$$2x = 120 \quad | :2$$
$$x = 60$$

4. Schritt: Probe am Text durchführen — 60 € + 60 € + 30 € = 150 €

5. Schritt: Antwort formulieren — Antwort: Die beiden haben am ersten Tag 60 € und am zweiten Tag 90 € gesammelt.

2 a) Bei einer zweitägigen Wanderung war die Strecke am zweiten Tag 7 km länger als am ersten Tag. Insgesamt legten die Wanderer 49 km zurück. Wie lang waren die einzelnen Tagesstrecken?

b) Benno und sein Freund legten mit ihren Fahrrädern an zwei Tagen 110 km zurück. Am zweiten Tag fuhren sie 18 km weniger als am ersten.

3 Die Radsportgruppe des THC Westerkappeln machte eine 3-Tagestour. Am zweiten Tag fuhren sie 18 km mehr als am ersten Tag und am dritten Tag 12 km weniger als am ersten. Die Strecke betrug insgesamt 300 km. Wie lang waren die Tagesetappen?

4 Herr und Frau Krause unternehmen mit ihren zwei Kindern eine mehrtägige Fahrradwanderung. Das Gepäck wiegt 40 kg. Die beiden Kinder transportieren je 5 kg. Herr Krause packt 6 kg Gepäck mehr auf sein Rad als seine Frau. Wie viel kg Gepäck transportieren Herr und Frau Krause?

5 Die 8. Klassen der Marienschule in Emsdetten machen eine Kanufahrt auf der Ems. Die gesamte Strecke beträgt 38 km.
Am zweiten Tag paddeln die Schülerinnen und Schüler 4 km mehr als am ersten Tag und am dritten Tag schaffen sie 2 km weniger als am ersten Tag.
Wie lang waren die Kanustrecken an jedem Tag?

1 In der Schillerstraße stehen 7 Straßenlaternen in gleichem Abstand voneinander. Der Abstand von der ersten bis zur letzten Laterne beträgt 102 Meter.

1. Schritt

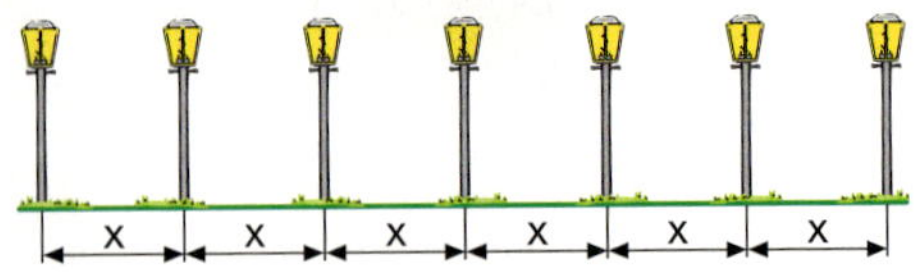

x: Abstand zwischen 2 Laternen (in m)

2. Schritt $6 \cdot x =$

2 Bianca und Ute Lehmann wohnen in der Schillerstraße. Auf der Grenze zum Nachbargrundstück haben die Eltern einen 15 m langen Gartenzaun aufgestellt. Er besteht aus sechs Elementen. Wie breit ist jedes Element? Erläutere den Lösungsplan.

3 An der Autobahn wird eine Schallschutzwand errichtet, um die Bewohner vor zu großem Lärm zu schützen. Sie ist insgesamt 3,600 km lang und besteht aus 300 Einzelteilen. Wie breit ist jedes Betonelement?

4 Familie Worms ist gerade dabei, den Garten neu zu gestalten. Für eine Trockenmauer mussten insgesamt 180 Steine herangeschafft werden. Am ersten Ferientag wurden x Steine geholt, am zweiten Tag 13 mehr als am ersten und am dritten Tag wurden noch 67 Steine herbeigeschafft. Wie viele Steine mussten am ersten und zweiten Tag geschleppt werden?

Skizze:

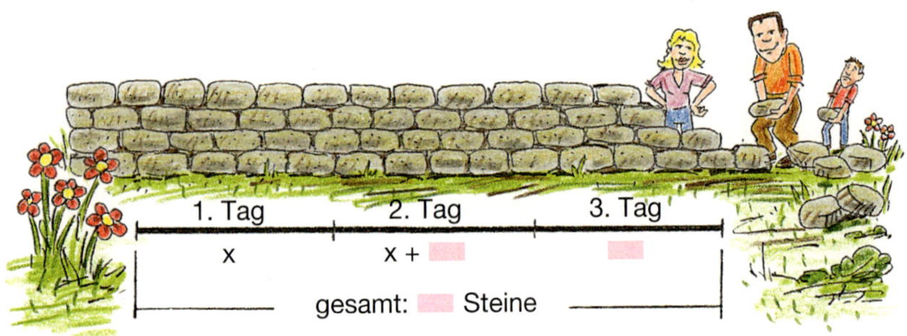

5 Das Grundstück von Familie Vogt hat eine Fläche von 630 Quadratmeter. Es ist 35 m lang. Wie breit ist das Grundstück?

Beachte: $A_{\square} = a \cdot b$

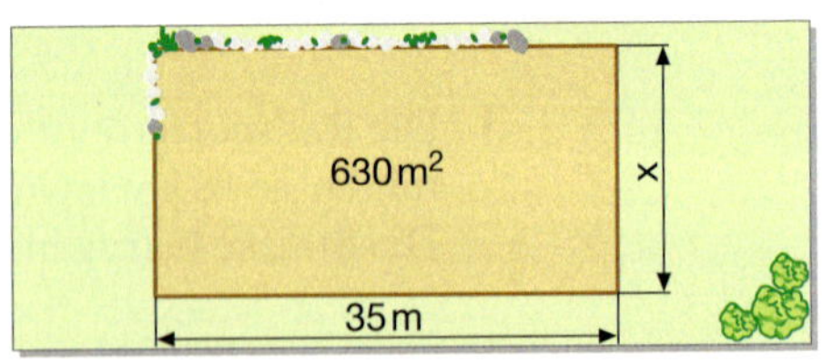

6 In der Schillerstraße gibt es noch zwei unbebaute Grundstücke. Fertige zuerst eine Skizze an.

a) Das eine rechteckige Grundstück hat einen Flächeninhalt von 520 m^2. Es ist 32,5 m lang. Wie breit ist es?

b) Auf dem zweiten rechteckigen Grundstück spielen die Kinder Fußball. Es ist 621 m^2 groß und 22,5 m breit. Wie lang ist es?

So löse ich Gleichungen in vier Schritten:

Beachte: Ich fasse gleiche Variablen und die Zahlen zusammen.

$12 \cdot x + 12 = 3 \cdot x + 75 \quad | -3 \cdot x$

1. Schritt: Ich bringe alle x auf eine Seite der Gleichung. Der x-Wert soll positiv sein.

$9 \cdot x + 12 = 75 \quad | -12$

2. Schritt: Ich bringe alle Zahlen auf die andere Seite.

$9 \cdot x = 63 \quad | : 9$
$x = 7$

3. Schritt: Ich rechne x aus.

$12 \cdot 7 + 12 = 3 \cdot 7 + 75$
$84 + 12 = 21 + 75$
$96 = 96$

4. Schritt: Bei der Probe setze ich den ausgerechneten Wert für x ein.

So stelle ich Gleichungen aus Texten auf und löse sie in fünf Schritten:

Aufgabe:
Franco kauft drei T-Shirts und eine Hose für insgesamt 40 €. Die Hose kostet 19 €.

x x x 19

1. Schritt: Ich lege die Variable fest und fertige eine Skizze an.

x : Preis für ein T-Shirt (in €)

$x + x + x + 19 = 40$
$3 \cdot x + 19 = 40 \quad | -19$
$3 \cdot x = 21 \quad | : 3$
$x = 7$

2. Schritt: Ich stelle die Gleichung auf.
3. Schritt: Ich löse die Gleichung.

$3 \cdot 7\text{ €} + 19\text{ €} = 40\text{ €}$
$40\text{ €} = 40\text{ €}$

4. Schritt: Ich führe die Probe am Text durch.

Antwort: Ein T-Shirt kostet 9 €.

5. Schritt: Ich schreibe einen Antwortsatz.

1 Hier stehen Formeln, die du aus dem Geometrieunterricht kennst.
Was wird jeweils berechnet?

$A = a \cdot a$ $A = \frac{g \cdot h}{2}$ $A = g$
$u = 2a + 2b$ $u = 4a$
$u = a + b + c$ $A = a \cdot b$

2

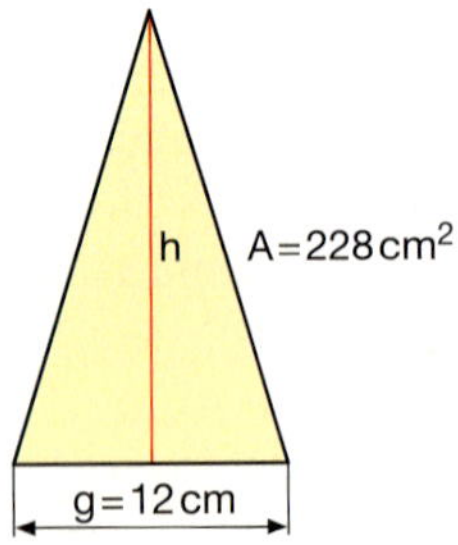

Gegeben:	$A = 228\ cm^2$
	$g = 12\ cm$
Gesucht:	h

Formel: $A = \frac{g \cdot h}{2}$

Einsetzen: $228 = \frac{12 \cdot x}{2}$ $|\cdot 2$

$456 = 12x$ $|:12$

$38 = x$

Antwort: Die Höhe beträgt 38 cm.

Paul

Formel: $A = \frac{g \cdot h}{2}$ $|\cdot 2$

Umformen: $2A = g \cdot h$ $|:g$

$\frac{2A}{g} = h$

Einsetzen: $\frac{2 \cdot 228}{12} = h$

$38 = h$

Antwort: Die Höhe beträgt 38 cm.

Lotta

3 Ein rechteckiger Bauplatz ist 840 m² groß.
Der Bauplatz ist 35 m lang.
a) Berechne seine Breite.
b) Welche Länge hat ein Zaun um das Grundstück?

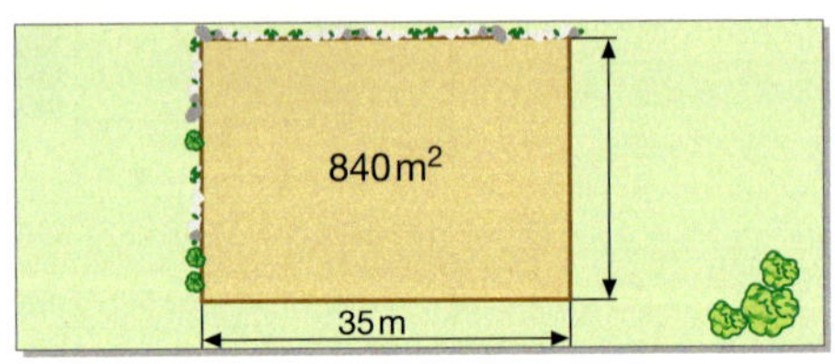

4 Berechne die fehlenden Seitenlängen und den Flächeninhalt.
a) Ein Quadrat hat einen Umfang von 14,4 cm.
b) Ein Rechteck hat einen Umfang von 640 m. Es ist 230 m lang.

5 Sieh dir noch einmal das Dreieck in Aufgabe 2 an.
a) Die Fläche ist doppelt so groß. Wie verändert sich die Höhe?
b) Die Grundlinie wird halbiert, verdoppelt, verdreifacht. Wie verändert sich die Höhe?
c) Die Grundlinie ist doppelt so lang und die Fläche doppelt so groß. Wie verändert sich die Höhe?

6 Eine Seite eines Rechtecks ist 8 cm länger als die andere.
Der Umfang des Rechtecks beträgt 40 cm. Wie groß sind beide Seiten des Rechtecks?

7 Eine Seite eines Rechtecks ist 9 cm kürzer als die andere. Der Umfang beträgt 62 cm. Wie lang sind beide Seiten?

1 Was kannst du jeweils mit den Formeln berechnen?

$V = G \cdot h_k$ $V = a \cdot a \cdot a$ $O = M + 2\,G$ $V = \frac{g \cdot h}{2} \cdot h_k$ $V = \pi \cdot r^2 \cdot h_k$ $O = 6 \cdot a \cdot a$ $V = a \cdot b \cdot c$

2 Der Behälter einer Betonmischanlage hat die Form eines Zylinders. Sein Durchmesser beträgt 4 m. Er fasst 100 m³ Beton. Welche Höhe hat der Behälter?

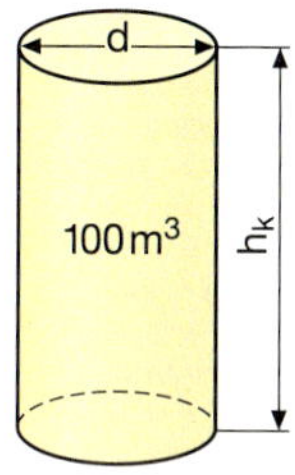

Gegeben: d = 4 m
V = 100 m³
Gesucht: h_k

2 Lösungswege
Weg 1: Werte in die Formel einsetzen, dann die Gleichung lösen.
Weg 2: Erst die Formel umformen, dann die bekannten Werte einsetzen.

a) Partnerarbeit: Rechnet auf beide Arten und stellt euren Weg vor.
b) Das Volumen soll gleich bleiben. Die Höhe ist halb so hoch (doppelt so hoch, dreimal so hoch). Wie muss sich der Durchmesser ändern?
c) Der Behälter ist nur zu 60 % gefüllt.

3 Berechne das Volumen der Zylinder.

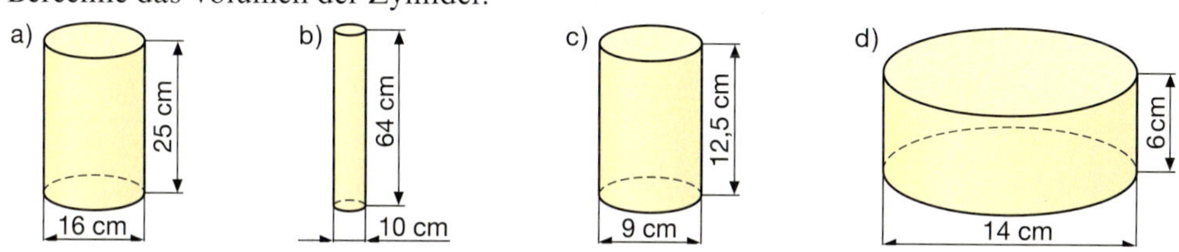

4 Die Brücke ruht auf Zylindern aus Beton. Wie viel Kubikmeter Beton müssen beim Gießen dieser Zylinder angefahren werden?

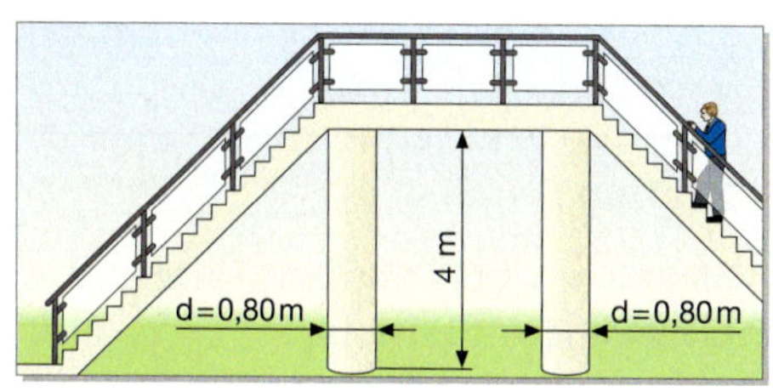

5 Eine Litfaßsäule ist 3,60 m hoch und hat einen Durchmesser von 1,90 m. Wie groß ist die Werbefläche, die beklebt werden kann?

6 a) Ein massiver Zylinder aus Gusseisen hat einen Umfang von 25,12 cm und ein Volumen von 602,88 cm³. Wie hoch ist der Zylinder?
b) Welche Masse hat dieser Körper, wenn die Dichte von Gusseisen $7{,}25\,\frac{g}{cm^3}$ beträgt?

7

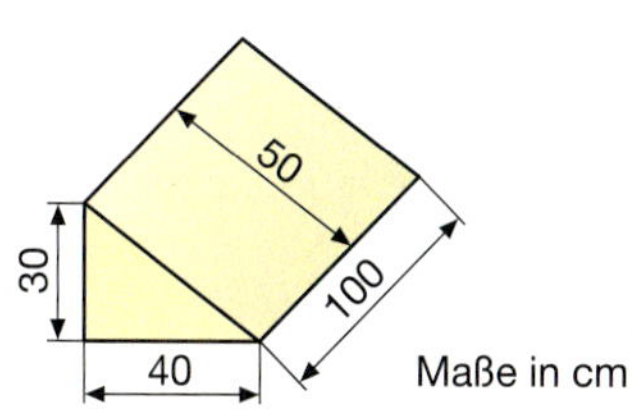

Fatima und Robin wollen Dreieckprismen mit Filz bespannen.
Wie groß ist der Bedarf an Filz für einen Körper?

Station 1 Mauertermchen

a) Ergänze den Additionsturm in deinem Heft.
b) Überprüfe deine Ergebnisse. Setze für x die Zahlen 2 (0,5; 10) ein und berechne jeweils den Wert der Felder.

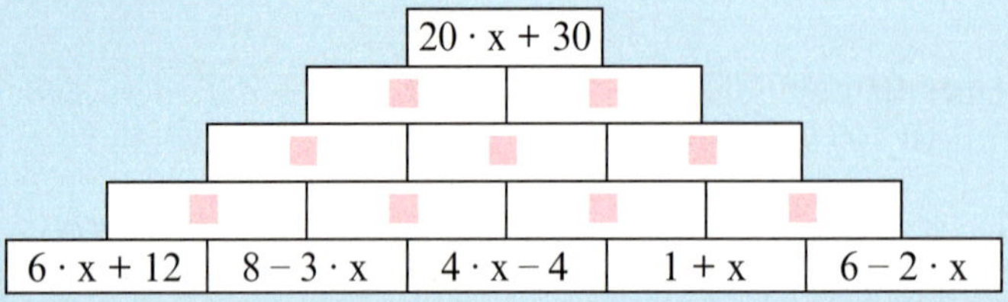

Variante 1: Ordne die Felder der Grundmauer anders an und bestimme den Zielterm.
Variante 2: Verändere zwei Felder so, dass du den Zielterm $10 \cdot x + 10$ erhältst.

Station 6 Eingefärbt

Der quaderförmige Holzklotz (9 cm lang, 7 cm breit, 10 cm hoch) wird zur Hälfte in ein Farbglas getaucht. Wie groß ist die gefärbte Fläche des Klotzes? Ist es egal, wie der Holzklotz dabei in das Farbglas getaucht wird (hochkant, waagerecht, an der Flächendiagonale)?

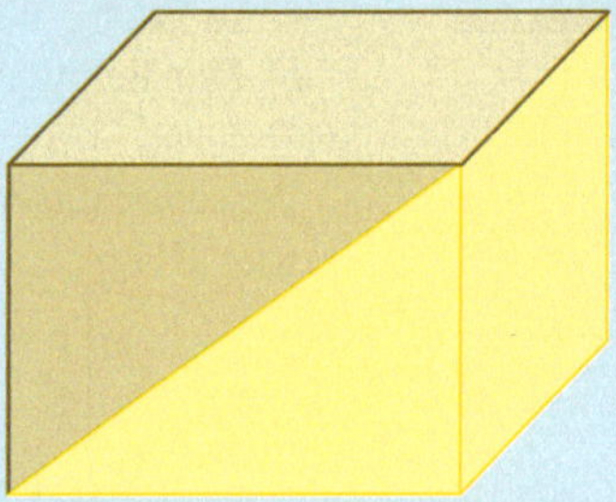

Station 5

Stellt Karten für eine Lernkartei her. Auf der Vorderseite steht ein Text und auf der Rückseite steht eine Gleichung mit Lösung.

Addiere das Sechsfache einer Zahl zu 12 und du erhältst das Neunfache der Zahl.

Vorderseite

$12 + 6x = 9x \quad | -6x$
$12 = 3x \quad | :3$
$4 = x$
$x = 4$

Rückseite

- Addiere 8 zum Sechsfachen einer Zahl und du erhältst das Siebenfache der Zahl vermehrt um 1.
- Multipliziere eine Zahl mit 9 und du erhältst das Siebenfache der Zahl vermehrt um 6.

Erfindet weitere Texte und erstellt die Karten.
Stellt euch gegenseitig Aufgaben.

Station 2 Wie die Jahre vergehen!

a) So funktioniert Pauls Trick: Multipliziere den Tag mit 10. Addiere 10. Multipliziere das Ergebnis mit 10. Addiere den Monat. Subtrahiere 100. Wie heißt das Ergebnis?

b) Wenn Markus 9-mal so alt wäre wie jetzt und noch 5 Jahre älter, so wäre er genauso alt wie sein Opa und seine Oma zusammen.

Station 3 Felderspiel

Spielregel:

a) Ihr würfelt rundum in der Gruppe. Die gewürfelte Augenzahl gibt das Feld an. Die Augenzahl wird dort für den Platzhalter eingesetzt. Gewonnen hat, wer nach 10 Würfen die meisten Punkte sammelt.

b) Erfindet selbst einen Spielplan mit 6 Feldern. Untersucht, bei welchem Feld die Gewinnchancen hoch oder niedrig sind.

Feld 1	Feld 2	Feld 3	Feld 4	Feld 5	Feld 6
$5x + 7$	$20 - 3x$	$2x + 2 - x$	$8 - 4 + 3x$	$6x$	$4 + 2x - 1$

Station 4

a) Franz hat für seine Modelleisenbahn gespart. Er kann sich 4 Packungen mit Gleisen, einen ICE-Zug für 137 € sowie eine IC-Lok für 59 € kaufen. Insgesamt bezahlt er 306,40 €. Wie teuer kommt eine Packung mit Gleisen?

b) Julia kann monatlich 12,50 € für den Farbdrucker ihres Computers zurücklegen. Von den 347,50 € hat sie schon 272,50 € gespart. Wie viele Monate muss sie noch sparen?

c) Eine Jugendgruppe war 6 Tage lang mit Paddelbooten unterwegs. Dazu wurden 5 Paddelboote gemietet. Je Boot mussten für den ersten Tag 19 € bezahlt werden. Die übrigen Tage waren deutlich billiger. Die gesamten Mietkosten betrugen 320 €.

Bleibe fit!

1 Vereinfache die Terme.

a) $9 \cdot x - 8 + 6 \cdot x$
$5 \cdot y - 3 - 2 \cdot y$
$12 \cdot z - z + 6 + 6 \cdot z$

b) $10 + 2 \cdot x - 7 + 8 \cdot x$
$20 - 5 \cdot y - 9 + 10 \cdot y$
$16 \cdot y + 20 - y - 12$

c) $4 \cdot a + 2 \cdot a - a + 6 \cdot a$
$7 \cdot x + x + 3 \cdot x - x$
$9 \cdot y - 6 \cdot y - 10 \cdot y + 13 \cdot y$

2 Löse die Gleichungen und mache die Probe.

a) $3 \cdot x + 7 = 22$
$41 = 14 + 9 \cdot x$

b) $12 \cdot x + 6 = 90$
$100 = 15 \cdot x - 5$

c) $4{,}8 = 4 \cdot x - 3{,}2$
$10 \cdot x + 5 = 7$

3 Wie heißen die Zahlen? Schreibe eine Gleichung und löse sie.

a) Addiere 3 zum Vierfachen einer Zahl, so erhältst du 35.

b) Subtrahiere 8 vom Dreifachen einer Zahl, so erhältst du 7.

c) Addiere 28 zum Sechsfachen einer Zahl, so erhältst du das Zehnfache der Zahl.

4 Fasse zuerst zusammen.

a) $20 + 6 \cdot x + 43 = 153$
$89 = 21 + 10 \cdot x + 38$

b) $x + 14 + 5 \cdot x = 74$
$91 = 4 \cdot x + 42 + 3 \cdot x$

c) $17 \cdot x + 28 - 8 \cdot x = 100$
$96 = 40 + 12 \cdot y + 56$

5 Löse die Gleichungen.

a) $10 \cdot x = 9 \cdot x + 4$
$19 \cdot x + 25 = 20 \cdot x$

b) $8 \cdot x + 15 = 65 + 7 \cdot x$
$3 + 5 \cdot x = 6 \cdot x - 4$

c) $7 \cdot x = 3 \cdot x + 32$
$2 \cdot x = 9 \cdot x - 91$

6 Wie heißen die Zahlen?

a) Addiere 36 zum Vierfachen einer Zahl, so erhältst du das Sechsfache der Zahl.

b) Subtrahiere 42 vom Neunfachen einer Zahl, so erhältst du das Dreifache der Zahl.

7 Für das Klassenfest kauft Marc einen Kasten (12 Flaschen) Limo. Mit Pfand bezahlt er insgesamt 11 €.
Wie viel Euro kostet eine Flasche Limo?

8 Auf einer zweitägigen Radtour fuhr Kathi am zweiten Tag 18 km mehr als am ersten Tag. Insgesamt legte sie eine Strecke von 200 km zurück. Wie viel Kilometer fuhr sie an jedem Tag?

9 Florian trägt 6 kg mehr als seine Schwester. Wie viel Kilogramm trägt jeder?

10 Bei der Wahl des Klassensprechers werden 29 gültige Stimmen abgegeben. Corinna erhält 3 Stimmen weniger als Martina, Julia 5 Stimmen mehr als Martina. Wie viele Stimmen erhält jede von ihnen? Wer wird zur Klassensprecherin gewählt?

Test 1

1 Fasse zusammen.
a) $4x - 3x + x + 11x$ b) $12x - 9 + 14 - 8x$ c) $18a + 9b - b - 18a$ d) $8y - 3y - y - 3y$

2 Löse die Gleichungen.
a) $4\,x = 44$ b) $108 = 12\,x$ c) $x : 5 = 10$ d) $49 = x : 2$ e) $y \cdot 1{,}2 = 24$

3 a) Addiere 7 zum Doppelten einer Zahl, so erhältst du das Vierfache der Zahl vermindert um 9.
b) Subtrahiere 48 vom Fünffachen einer Zahl, so erhältst du das Dreifache der Zahl.

4 Ein Rechteck hat einen Umfang von 120 cm. Es ist zweimal so lang wie breit. Wie lang und wie breit ist das Rechteck? Erstelle eine Skizze. Bezeichne die kurze Seite mit x.

5 Eine Wandergruppe wandert im Münsterland. Sie starten in Tecklenburg in Richtung Münster. Die Gesamtstrecke ist 42 km lang. Am zweiten Tag wandern sie 5 km mehr als am ersten Tag. Am dritten Tag wandern sie 2 km weniger als am ersten Tag. Welche Strecken haben sie an jedem Tag zurückgelegt? Fertige eine Skizze an.

6 Wie breit ist das rechteckige Grundstück von Familie Schmitz?

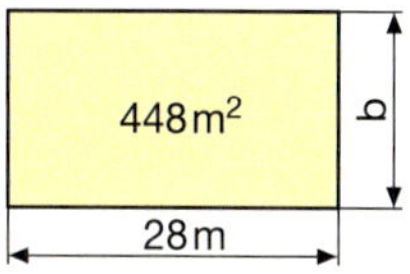

Test 2

1 Löse die Gleichungen.
a) $4 \cdot x + 12 = 56$ b) $12 \cdot x - 15{,}8 = 20{,}2$ c) $x \cdot 3{,}6 - 17{,}5 = 5{,}90$ d) $42{,}6 = 15 \cdot x + 0{,}6$

2 Fasse zusammen und löse.
a) $32 - 5x + 14 = x - 22$ b) $12x - 26 = 8 - 8x + 16$ c) $25x + 172 = 45x + 62$

3 a) Addiere 7 zum Doppelten einer Zahl. Du erhältst 9 weniger als das Vierfache der Zahl.
b) Subtrahiere 48 vom Fünffachen einer Zahl. Du erhältst 21 mehr als das Doppelte der Zahl.

4 Die längere Seite eines Rechtecks ist 4 cm länger als die kürzere Seite. Verwende für die kürzere Seite x.
a) Schreibe eine Gleichung für den Umfang dieses Rechtecks auf.
b) Der Umfang des Rechtecks beträgt 40 cm. Wie lang und wie breit ist das Rechteck?

5 Uli kauft eine Sportgarnitur für insgesamt 66 €. Das T-Shirt kostet 6 € weniger als die Hose. Der Sportschuh kostet 18 € mehr als die Hose. Wie teuer ist jedes Teil?

6 Maria, Sven, Aygül und Marion haben für die SOS-Kinderdörfer insgesamt 105,60 € gesammelt. Maria hat in ihrer Büchse 1,60 € weniger als Marion. Sven hat in seiner Büchse 2,20 € mehr als Marion, Aygül hat 3,60 € mehr als Marion. Wie viel Euro hat jeder gesammelt?

Wiederholen & Sichern

1

2 Frau Lenhardt hat für einen Kleinkredit über 2000 € und einer Laufzeit von einem Jahr drei Angebote vorliegen.
A: Zinssatz 5 %; 20 € Bearbeitungsgebühr
B: Zinssatz 6 %; keine Bearbeitungsgebühr
C: 4 Raten zu je 550 €; keine Gebühren

3 Herr Keller hat sich bei einem Kreditinstitut 5800 € geliehen. Nach einem Jahr zahlt er 6525 € zurück. Seine Frau meint, das sei Wucher.

4 Autowracks sind eine wichtige Rohstoffquelle. Folgende Materialien stecken in einem Schrott-Pkw von 1200 kg.

Gummi/Kunststoff	Glas	Stahl/Eisen	Aluminium	Andere Metralle	Sonstiges
180 kg	36 kg	852 kg	30 kg	24 kg	78 kg

a) Berechne die Anteile der einzelnen Materialien in Prozent. Zeichne ein Kreisdiagramm.
b) Jährlich werden in Deutschland 2,1 Mio. Kraftfahrzeuge aus dem Verkehr genommen. Davon gelangen 95 % über den Schrotthandel in die Autowrack-Verwertung. Wie viele Tonnen der einzelnen Materialien werden jährlich aus dem Schrott gewonnen? Rechne mit einem durchschnittlichen Gewicht von 1300 kg je Pkw.

5 a) Wie viel kg Fassadenfarbe brauchen die Anstreicher für das Haus?
b) Am Nachbarhaus sind 160 m^2 zu streichen. Wie viele Eimer wird der Hausbesitzer wohl kaufen?
c) Wie lange brauchen 4 Anstreicher für das Nachbarhaus?

6 a) $160 + 5 \cdot x = 7 + 14 \cdot x$
$24 - 7 \cdot y = 192 - 15 \cdot y$
$60 + 5 \cdot y = 12 \cdot y - 45$

b) $5 \cdot x + 53 = 15 \cdot x - 47$
$174 + 6 \cdot x = 12 \cdot x + 60$
$13 \cdot y - 65 = 175 - 7 \cdot y$

c) $8 \cdot y - 40 = 100 + y$
$100 - 8 \cdot x = 16 \cdot x - 20$
$37 + 13 \cdot y = 18 \cdot y - 83$

7 Bestimme die Masse des abgebildeten Körpers. Berechne dazu zunächst das Volumen.

a) Dichte Holz: $0{,}5\,\frac{g}{cm^3}$ Maße in cm

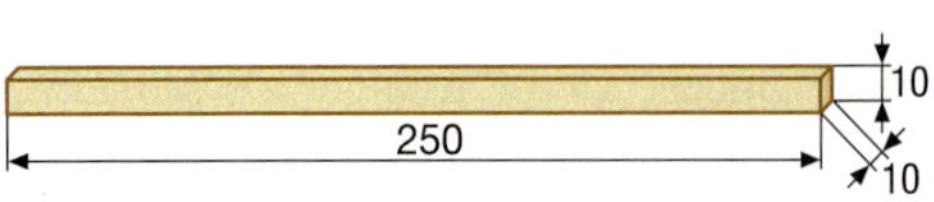

b) Dichte Eisen: $7{,}9\,\frac{g}{cm^3}$

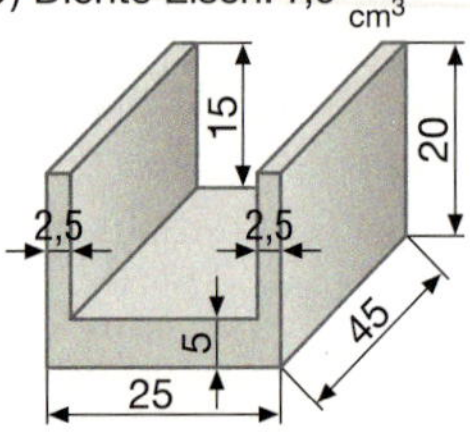

c) Dichte Messing: $8{,}1\,\frac{g}{cm^3}$

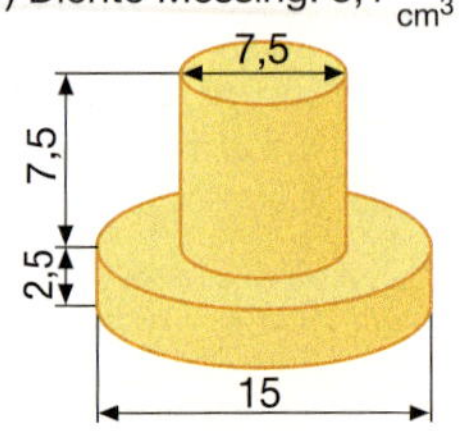

Alles Zufall?

1

Kai hat keine Sechs gewürfelt: Julia dagegen zwei Sechsen.
Kai ärgert sich und behauptet. „Die Sechs kommt sowieso selten vor. Und außerdem habe ich immer Pech beim Würfeln.“ Hat Kai Recht?

2 a) Partnerarbeit: Kommt die Sechs beim Würfeln wirklich selten vor?
- Jeder würfelt mit einem Würfel 50-mal.
- Notiert die gewürfelte Augenzahl jeweils in einer Strichliste.
- Tragt die Ergebnisse in eine Tabelle ein.

Augenzahl	1	2	3	4	5	6
Strichliste						
Anzahl/Häufigkeit						

b) Diskutiert die Ergebnisse: Welche Zahl wurde am häufigsten gewürfelt? Welche Zahl wurde am wenigsten gewürfelt? Kommt die Sechs seltener vor?

> Wenn ein Würfel geworfen wird, kann man nicht vorhersagen, welche Zahl oben liegt. Das **Ergebnis** ist **zufällig.**
> Deshalb heißt ein solcher Versuch auch **Zufallsversuch.**

3 Beschreibe die möglichen Ergebnisse. Ist das Ergebnis zufällig? Diskutiert weitere Beispiele.

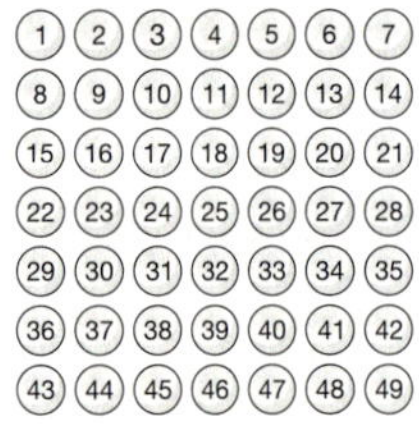

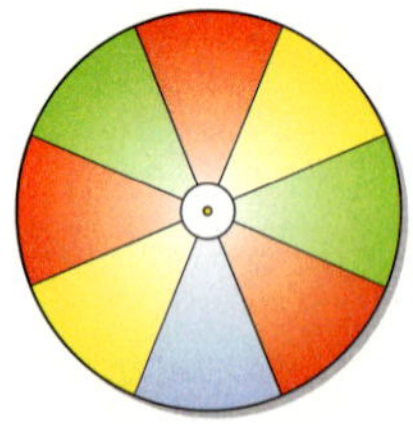
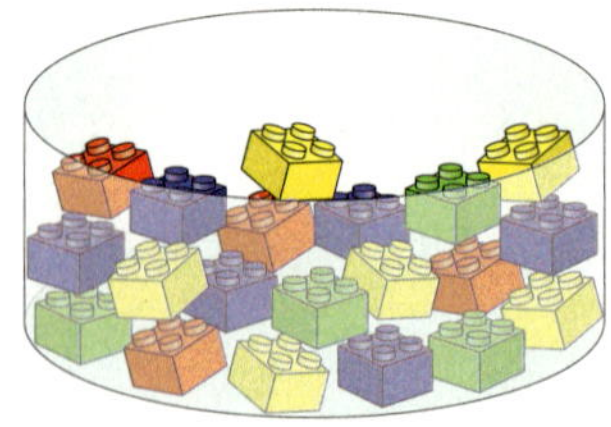

4 Zufall oder nicht? Schätze bei den Spielen ein.

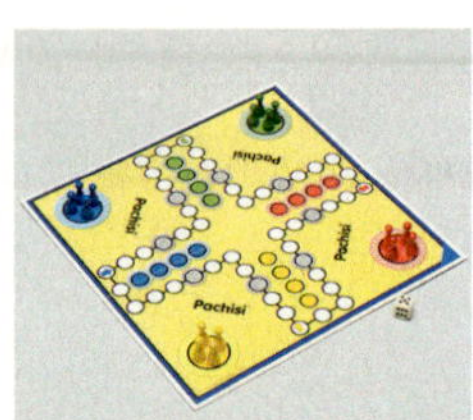

1 Kai und Julia haben den Würfel ebenfalls getestet.

4 6 3 5 2 5 4 2 1 3	2 1 3 3 4 1 6 5 6 3	4 6 4 6 1 6 4 2 5 3
5 4 3 5 4 5 4 2 2 5	1 3 5 6 3 4 5 2 4 3	2 6 4 6 2 4 3 6 5 5
1 1 1 1 5 2 3 6 1 4	1 5 2 4 3 1 3 4 3 6	3 1 5 3 3 1 3 4 1 2
1 6 6 2 3 1 6 2 6 4	2 2 1 3 6 2 5 3 2 2	4 1 6 5 5 1 6 3 1 2
6 5 4 4 5 5 3 3 2 2	2 6 4 1 2 2 6 1 5 1	5 3 6 2 4 6 2 4 5 5

a) Wie oft haben sie gewürfelt?
b) Übertrage die Tabelle ins Heft. Ergänze die Strichliste, bestimme dann die Anzahl und den Anteil.

Würfelaugen	1	2	3	4	5	6
Strichliste	卌 卌 卌 卌 ||||	卌 卌 卌 卌 卌 ||				
Anzahl	24	27				
Anteil	$\frac{24}{150}$					

c) Welche Zahl wurde am häufigsten, welche am wenigsten gewürfelt? Warum ist die Anzahl der einzelnen Würfelaugen nicht gleich?
d) Vergleiche das Ergebnis der Tabelle mit den Würfelergebnissen in eurer Klasse. Gib Beispiele für absolute und relative Häufigkeiten an.

Beispiel: Die Augenzahl 1 wurde 24-mal geworfen.

absolute Häufigkeit = 24 — **Anzahl,** mit der das Ergebnis auftritt

relative Häufigkeit = $\frac{24}{150}$ — **Anteil,** mit dem das Ergebnis auftritt (24 von 150)

relative Häufigkeit = $\frac{\textbf{absolute Häufigkeit}}{\textbf{Anzahl der Versuche}}$

2 Wirf eine Münze 100-mal und lege im Heft eine Tabelle für „Bild" und „Zahl" an. Welches Ergebnis erwartest du? Vergleiche.

Münzwurf	Bild	Zahl
Anzahl		
Anteil		

3 Allein denken – austauschen – vortragen.
a) Du startest mit einer 6 das Mensch-ärgere-dich-nicht-Spiel. Die drei „Würfel" stehen zur Verfügung. Womit würfelst du? Begründe.
b) Schätzt für die drei „Würfel" die Wahrscheinlichkeit ein, dass eine 6 geworfen wird. Werft jeweils 50-mal und überprüft eure Vermutung.

1 Auf dem Schulfest hat die Klasse 8 a das Glücksrad aufgebaut. Du setzt auf die 5.
a) Wie wahrscheinlich ist es, dass die 5 kommt?
b) Wie wahrscheinlich ist es, dass die 3 oder die 7 kommt?

2 Ein anderes Glücksrad besteht aus 6 Feldern.
a) Wie hoch ist dort die Wahrscheinlichkeit für einen Gewinn?
b) Vergleiche mit dem Würfelspiel. Gibt es Gemeinsamkeiten?

So berechnen wir die **Wahrscheinlichkeit** am Glücksrad mit 8 Feldern:

Anteil: 1 Feld von 8 Feldern $= \frac{1}{8} = 0{,}125 = 12{,}5\%$

Man sagt: Die Wahrscheinlichkeit beträgt $\frac{1}{8}$ oder 12,5 %.

3 Gib die Wahrscheinlichkeit für „Blau gewinnt“ als Bruch und in Prozent an. An welchem Glücksrad würdest du spielen?

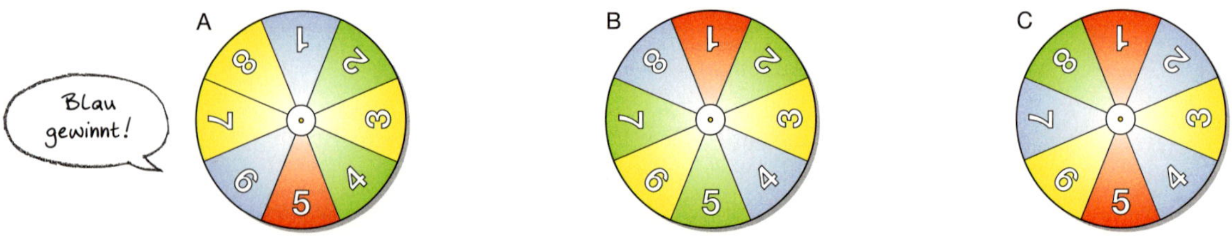

4 Entwirf selber Glücksräder mit unterschiedlicher Aufteilung und Färbung. Deine Mitschülerinnen und Mitschüler bestimmen die Wahrscheinlichkeit für einen Gewinn für jede Farbe als Bruch und in Prozent.

5 Was sagt ihr zu folgender Wette zwischen Sabine und Jan?

a) Überlegt, mit welcher Wahrscheinlichkeit Sabine gewinnt und mit welcher Wahrscheinlichkeit Jan.
b) Übertragt die Skizze ins Heft. Gib die Wahrscheinlichkeit als Bruch und in Prozent an.

6 Würdest du folgende Wette eingehen?
Wenn du eine 1 oder 2 würfelst, spendierst du mir ein Eis.
Ich spendiere dir ein Eis, wenn ich eine ungerade Zahl würfele.

1 

a) Die Klasse 8 b hat das Glücksrad gebaut. Stimmt die Werbung über die Gewinnchance?
b) Mit welcher Wahrscheinlichkeit gewinnt man einen Trostpreis, mit welcher Wahrscheinlichkeit den Hauptgewinn?

2 a) Mit welcher Wahrscheinlichkeit tritt hier beim Drehen ein weißes Feld, ein rotes Feld, das blaue Feld auf?
b) Gib die Wahrscheinlichkeit als Bruch, Dezimalbruch und in Prozent an.
c) Zeichne ein Glücksrad, bei dem die Farbe Gelb eine Wahrscheinlichkeit von 20 %, Blau von 50 % und Grün von 30 % hat.

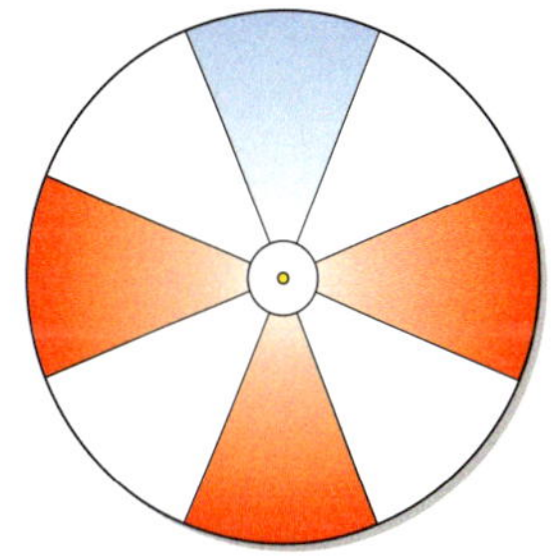

3 Die 8. Klassen bieten Lose an. Ein Los kostet 2 €. Der Hauptgewinn ist eine Eishockey-Jahreskarte für die Kölnarena. Die Einnahmen werden an die Stiftung „Kinder in Not" überwiesen. Du kaufst ein Los. Welche Losbox wählst du? Erläutere deine Überlegung.

4 Zu einem Skatspiel gehören 32 Karten. Wie groß ist die Wahrscheinlichkeit
a) ein Ass zu ziehen?
b) Herz zu ziehen?
c) Denke selbst geeignete Aufgaben mit dem Kartenspiel aus.

5 Lena fährt mit dem Zug zur Schule. An 190 Schultagen hatte der Zug 42-mal Verspätung. Wie groß ist die Wahrscheinlichkeit für die Verspätung eines Zuges dieser Strecke?

6 Mit welcher Wahrscheinlichkeit fällt ein Freitag auf den 13. eines Monats?

7 Erfinde selbst ein Spielgerät, bei dem alle Ergebnisse mit folgender Wahrscheinlichkeit auftreten:

a) $\frac{1}{5}$ b) 25 % c) $\frac{3}{10}$

1

Die Schülerinnen und Schüler haben alle Jungen und Mädchen in der Klasse gemessen und die Werte in einer **Rangliste** sortiert:

Körpergröße der Jungen in cm:
152 154 162 163 164 167 168 168 168 172 174 178 180

Körpergröße der Mädchen in cm:
156 157 162 163 167 170 170 171 172 172 173 174 174 176

a) Welche Aussagen kannst du mithilfe der Rangliste machen?
b) Berechne den Mittelwert der Körpergrößen bei den Mädchen und bei den Jungen. Vergleiche. Wie groß ist der Junge auf dem Foto in der Mitte?
c) Messt in der Klasse die Körpergrößen. Erstellt Ranglisten und Mittelwerte. Vergleicht Jungen und Mädchen. Vergleicht mit der Klasse oben.

Mittelwert (arithmetisches Mittel) M = $\frac{\textbf{Summe aller Daten}}{\textbf{Anzahl der Daten}}$

Median (Zentralwert) = Wert in der Mitte einer Rangliste

Bei stark abweichenden Werten (Ausreißern) ist der Median meist aussagekräftiger.

2 Die Spieler der Basketball-Schulmannschaft sind größer:
1,76 m; 1,72 m; 1,75 m; 1,69 m; 1,72 m; 1,98 m; 1,80 m; 1,71 m; 1,77 m; 1,73 m; 1,88 m
a) Der kleinste Spieler verlässt die Mannschaft. Wie verändert sich der Mittelwert?
b) Es kommt ein Spieler neu in die Mannschaft, der 1,96 m groß ist. Schätze zuerst. Berechne den Mittelwert.
c) Vergleiche den Median (Zentralwert) mit dem Mittelwert. Wie schätzt du die Aussagekraft von Median und Mittelwert ein?

3 Für jedes Foul bei einem Basketballspiel erhalten die Gegenspieler Freiwürfe. Die Anzahl der Fouls werden notiert, um sie am Ende der Spielsaison auszuwerten.

Spieler	1	2	3	4	5	6	7	8	9	10	11
Anzahl Auszeiten	12	21	8	16	7	18	20	8	13	11	6

a) Welcher Spieler hat am häufigsten gefoult, welcher am wenigsten?
b) Stelle die Daten in einem Säulendiagramm dar.
c) Berechne den Mittelwert und überlege, wie du den Wert im Diagramm kenntlich machen kannst.

1 Boris hat jeden Tag die Zeit vor dem PC aufgeschrieben und im Säulendiagramm dargestellt. Lies ab:

a) An welchem Tag saß er besonders kurz am PC, an welchen Tagen auffallend lange?

b) An welchen Tagen blieb er unter seinem Mittelwert, wann überschritt er ihn?

c) Zeichnet für die Umfrage ebenso Säulendiagramme und vergleicht sie miteinander.

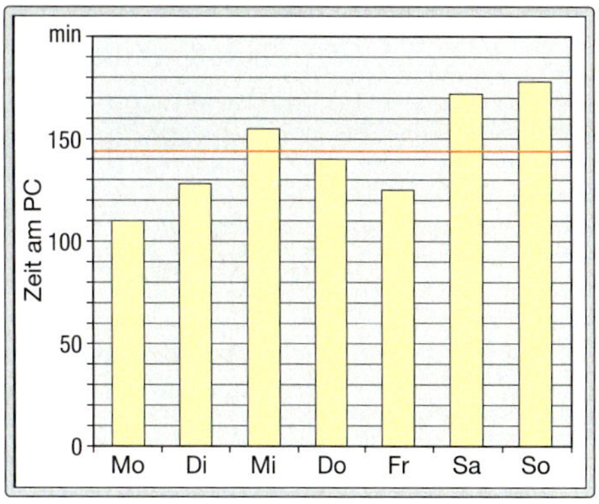

2 a) Wie beurteilst du diese Aussage? Besprich dich mit deinem Partner.

b) Findet ein Beispiel und stellt eure Meinung dar.

3 Das sind Michaels Noten bei den letzten Klassenarbeiten: 3, 4, 5, 2, 3

a) Berechne seine Durchschnittsnote.

b) Verändere die geschriebenen Noten. Wie ändert sich die Durchschnittsnote?

4 Ein Bautrupp mit 9 Personen hat die folgenden monatlichen Einkünfte:
1160 1050 980 1200 970 1800 6600 1180 1090 (in Euro)

a) Bestimme das arithmetische Mittel. Was sagt dieser Zahlenwert aus? Vergleiche mit den Einzelwerten.

b) Beurteile am Beispiel die Wirkung von „Ausreißern". Das sind Werte, die nach oben und unten stark abweichen.

c) Marion meint: *„Wenn viele Arbeiter wenig und wenige Arbeiter viel verdienen, denkt man: Die verdienen im Durchschnitt ja gut. So ist das aber nicht."*
Was meinst du dazu? Zeige deine Argumente an einem Beispiel.

5 „Was ist deine Lieblingsfarbe?"
In der Klassenstufe 8 wurde die Befragung durchgeführt.

Farbe	schwarz	blau	rot	rosa	weiß	grün
Anzahl Schülerinnen und Schüler	45	34	18	19	24	7

a) Stelle die Daten in einem Säulendiagramm dar.

b) Welche Werte fallen besonders auf?

c) Ist es sinnvoll, für diese Daten einen Mittelwert zu berechnen?

Für die Umfrage „Was ist deine Lieblingsfarbe?" ist die Berechnung eines Mittelwertes nicht sinnvoll. Aussagekräftig ist der Wert, der am häufigsten vorkommt. Wir bezeichnen ihn als **Modalwert.**
Der Modalwert im Beispiel ist 45 (schwarz).

Zufallsversuch
Mit Würfeln, Münzen, Glücksrädern, Losen und Spielkarten kann man Zufallsversuche durchführen. Die Ergebnisse sind zufällig.

Mögliches Ergebnis
Bild und Zahl sind mögliche Ergebnisse beim Münzwurf.

Absolute und relative Häufigkeit
Beispiel: Beim Würfeln wird bei 100 Versuchen 18-mal die Augenzahl 6 geworfen.

absolute Häufigkeit = 18	**Anzahl,** mit der das Ergebnis auftritt
relative Häufigkeit = $\frac{18}{100}$	**Anteil,** mit dem das Ergebnis auftritt (18 von 100)

Wahrscheinlichkeit

Beispiel: Glücksrad mit 8 Feldern
Die Anzahl der günstigen Ergebnisse (blau) ist 2.
Die Anzahl der möglichen Ergebnisse ist 8.
Man sagt: Die Wahrscheinlichkeit beträgt 2 von 8 Feldern.

Wahrscheinlichkeit für blau: $\frac{2}{8} = \frac{1}{4} = 0{,}25 = 25\,\%$

Der Wert kann als Bruch, Dezimalbruch oder in Prozent angegeben werden.

Mittelwert = $\frac{\textbf{Summe aller Daten}}{\textbf{Anzahl der Daten}}$

Beispiel:
Temperaturen in einer Woche

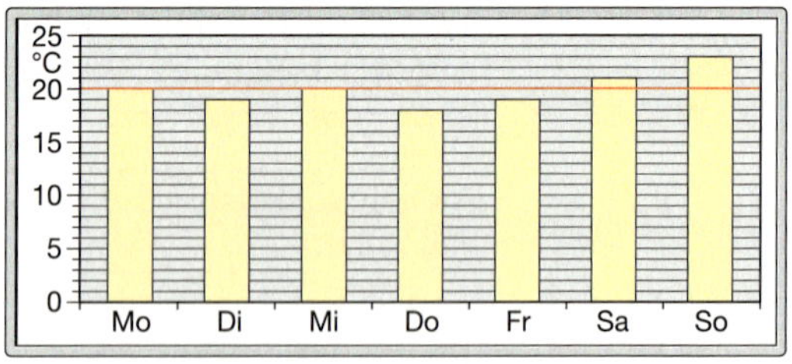

Median (Zentralwert) = Wert in der Mitte einer Rangliste
Beispiel: 12 cm, 14 cm, 17 cm, 20 cm, **24 cm**, 25 cm, 27 cm, 29 cm, 30 cm

Modalwert
Befragung: Was ist deine Modefarbe?
Hier ist die Berechnung eines Mittelwertes nicht möglich.
Wir betrachten den Merkmalswert, der am häufigsten vorkommt **(Modalwert).**

1

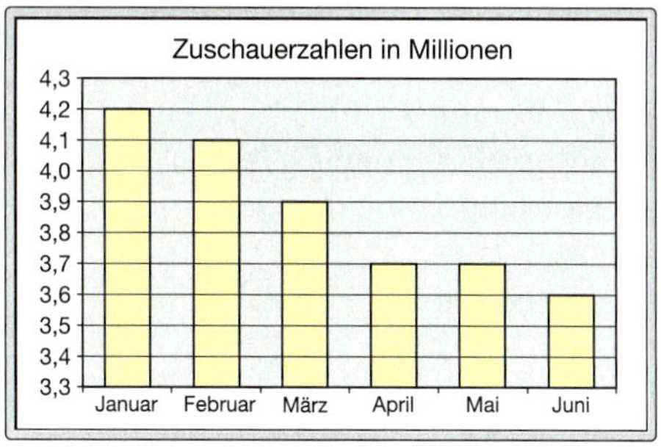

„Hallo Schwester" wird aus dem Programm genommen!

(alig) Union TV setzt zum Ende des Jahres die beliebte Krankenhausserie „Hallo Schwester" ab. Laut der neuesten vom Sender veröffentlichten Zuschauerstatistik sinkt das Interesse an der früher sehr beliebten Serie deutlich.

a) Was fällt dir an der Darstellung auf?
b) Zeichne ein vollständiges Säulendiagramm, in dem die absoluten Werte dargestellt sind.

2 Der Filialleiter eines Fahrradgeschäftes meldet der Geschäftsleitung: „Dieses Jahr wird sehr erfolgreich! Von Monat zu Monat habe ich den Umsatz fast verdoppelt!".
a) Vergleiche seine Meldung mit den Verkaufszahlen.
b) Zeichne ein Säulendiagramm.
c) Berechne die Steigerung in Prozent.

Verkaufte Fahrräder	
Januar:	keine
Februar:	10 Stück
März:	30 Stück
April:	60 Stück
Mai:	70 Stück
Juni:	80 Stück

3 Unfallstatistik einer mittleren Großstadt

Jahr	Verkehrsunfälle	Anteil der Verkehrsunfälle mit Personenschaden (%)
2002	7384	22,0
2003	8165	20,9
2004	9940	17,9
2005	9965	15,7
2006	11 076	16,4

Verkehrsunfälle mit Personenschaden deutlich zurückgegangen

(ewu) Wie aus einer heute vom Polizeipräsidium veröffentlichten Unfallstatistik hervorgeht, ist die Anzahl

a) Was meinst du zu der Schlagzeile?
b) Wie hoch war die Anzahl der Verkehrsunfälle mit Personenschaden? Worin besteht der „Trick" für die falsche Information?

4

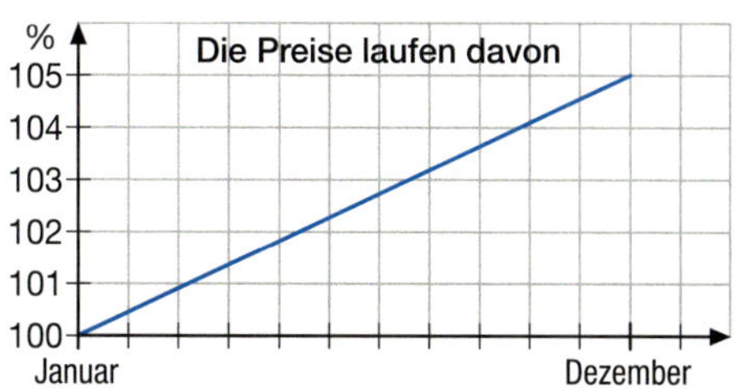

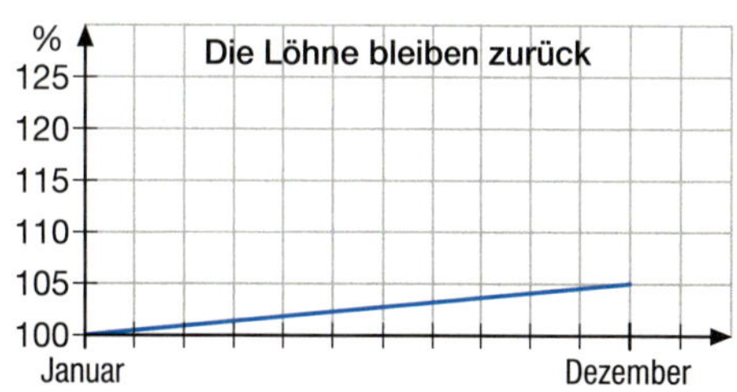

a) Vergleiche die beiden Grafiken. Stimmen diese Aussagen?
b) Wie kommt es zu diesen Aussagen? Vergleiche dazu die Einteilungen der Skalen.
c) Wer könnte ein Interesse an diesen „frisierten" Grafiken haben?
d) Zeichne mit dem gleichen Zahlenmaterial zwei Grafiken mit der Überschrift „Die Preissteigerung hält sich in Grenzen" und „Die Löhne entwickeln sich gut".

1 a) Die Arbeitsgemeinschaft „Schülerzeitung“ der Johannes-Gutenberg-Hauptschule möchte in der nächsten Ausgabe einen Artikel über den Schulweg aller Schülerinnen und Schüler ihrer Schule veröffentlichen. Hierzu haben Jana und Tim eine Umfrage zur Länge des Schulweges gemacht.
Sie haben die Fragebögen mithilfe von Strichlisten ausgewertet und die *absoluten Häufigkeiten* in ein Tabellenkalkulationsprogramm eingegeben.

Schulweglänge [Gruppe]

C14 = =SUMME(C2;C13)

	A	B	C
1	Länge des Schulwegs in km		absolute Häufigkeit
2	unter 1 km		25
3	1 km		32
4	2 km		63
5	3 km		14
6	4 km		8
7	5 km		24
8	6 km		54
9	7 km		48
10	8 km		9
11	9 km		32
12	10 km		11
13	über 10 km		68
14	**Summe**		388

b) In der Abbildung siehst du, wie Jana und Tim die relativen Häufigkeiten mithilfe einer Formel bestimmt haben. Beschreibe, wie sie vorgegangen sind.

Datei Bearbeiten Einfügen Format Extras Daten Fenster ?

Ansicht 100 %

Arial 10 F K U € % 000

Schulweglänge [Gruppe]

E3 = =C3/C14

	A	B	C	D	E	F
1	Länge des Schulwegs in km		absolute Häufigkeit		relative Häufigkeit	
2	unter 1 km		25		0,064	
3	1 km		32		0,082474	
4	2 km		63			
5	3 km		14			
6	4 km		8			
7	5 km		24			
8	6 km		54			
9	7 km		48			
10	8 km		9			
11	9 km		32			
12	10 km		11			
13	über 10 km		68			
14	**Summe**		388			

Dezimalstelle löschen

c) Gib die Daten wie Jana und Tim in ein Tabellenkalkulationsprogramm ein. Bestimme die fehlenden relativen Häufigkeiten. Gib die Ergebnisse auf drei Nachkommastellen gerundet an. Benutze dazu die Schaltfläche „Dezimalstellen löschen“.
d) Überprüfe die Summe der relativen Häufigkeiten.
e) Markiere die Zeilen A1 bis A13 und D1 bis D13 und erstelle mithilfe des Diagrammassistenten ein Säulendiagramm für die absoluten Häufigkeiten.

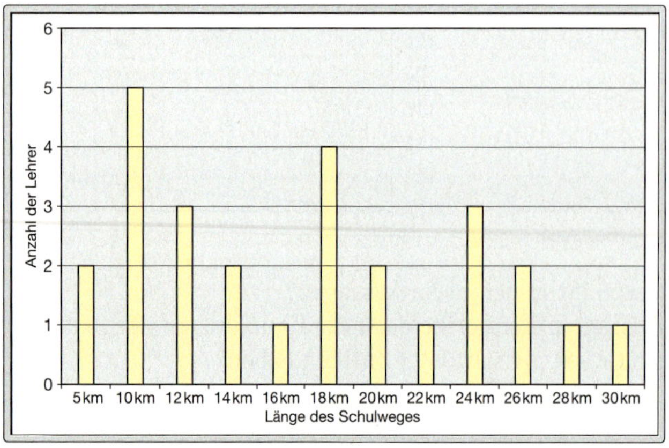

2 Ali und Sarah haben auch die Lehrerinnen und Lehrer ihrer Schule nach der Länge ihres täglichen Schulweges befragt und die Ergebnisse mithilfe eines Säulendiagramms dargestellt.
a) Welche Werte kannst du aus dem Säulendiagramm ablesen?
b) Vergleiche die Ergebnisse mit den Daten aus der Schülerbefragung. Erkläre.
c) Ermittle die relativen Häufigkeiten und stelle diese in einem geeigneten Diagramm dar.

1 Führe eine Befragung in deiner Schule zum benutzten Verkehrsmittel durch.
a) Gib die absoluten Häufigkeiten in ein Tabellenkalkulationsprogramm ein.
b) Bestimme die relativen Häufigkeiten.
c) Erstelle geeignete Diagramme und vergleiche.
d) Ist die Angabe eines Mittelwertes möglich?

2 Die Schülerinnen und Schüler einer Hauptschule haben in den letzten Jahren Angaben über die Mitgliedschaft in einem Sportverein gemacht.

	2001	2002	2003	2004	2005	2006	2007
Fußball	64	73	81	88	103	112	133
Schwimmen	23	23	31	28	30	29	32
Basketball	11	11	15	18	20	21	24
Kampfsport	4	5	5	7	8	8	10
Leichtathletik	5	5	6	5	7	9	8

a) Trage die Daten in ein Tabellenkalkulationsprogramm ein. Ermittle auch die Summe aller Werte von 2001 bis 2007 für eine Sportart.
b) Markiere alle Daten, die für die Darstellung in einem Säulendiagramm benutzt werden. Wenn du die [strg]-Taste gedrückt hältst, kannst du einzelne Spalten auswählen.
c) Erstelle so mithilfe des Diagrammassistenten unterschiedliche Säulendiagramme.

3 Janina, Rudik und Christoph vergleichen ihre täglichen Lesezeiten (Zeitschriften, Schularbeit, Bücher). Sie schreiben die Zeiten in Minuten auf.

	Mo	Di	Mi	Do	Fr	Sa	So
Janina	45	65	50	70	55	75	60
Rudik	30	50	35	45	75	90	95
Christoph	15	85	25	30	90	120	30

a) Berechne die Mittelwerte und vergleiche.
b) Zeichne jeweils ein Säulendiagramm. Trage die Mittelwerte durch eine rote Linie ein. Was kannst du über das unterschiedliche Leseverhalten aus den Diagrammen ablesen?

4 Die Tabelle zeigt die Ergebnisse einer Mathematikarbeit in den Klassen 8 a, 8 b, und 8 c.

Note	1	2	3	4	5	6
Anzahl 8 a	0	8	9	11	1	1
Anzahl 8 b	2	5	10	7	4	0
Anzahl 8 c	3	4	5	6	5	2

a) Gib die Werte in ein Tabellenkalkulationsprogramm ein und bestimme auch die relativen Häufigkeiten.
b) Stelle die absoluten und relativen Häufigkeiten für jede Klasse in einem Säulendiagramm dar und vergleiche.
c) Berechne die Mittelwerte.

Klasse 8a:
$0 \cdot 1 + 8 \cdot 2 + 9 \cdot 3 + 11 \cdot 4 + 1 \cdot 5 + 1 \cdot 6 = 98$
$98 : 30 = 3{,}266\ldots$
$\approx 3{,}3$

d) Trage in jedes Diagramm den zugehörigen Mittelwert durch eine rote Linie ein. Erkläre.

Die Aufgaben in diesem Kapitel dienen zum Training für den Test und zur Vorbereitung auf das neue Schuljahr. Zugleich kannst du dein eigenes Leistungsvermögen überprüfen und einschätzen.

- Im Teil 1 geht es um Grundfertigkeiten und Grundvorstellungen.
- Im Teil 2 übst du an dem Schwerpunkt, an dem du noch Schwierigkeiten hast.
- Der Teil 3 enthält schwierige Aufgaben, wie sie auch in Eignungstests und Abschlussarbeiten vorkommen.

Selbstkontrolle (Schüler/in)

→ Übertrage die Tabelle ins Heft.
→ Bearbeite jede Aufgabe in Teil 1. Kontrolliere nach dem Test die Ergebnisse im Lösungskapitel.
→ Wo hast du dich sicher gefühlt, wo unsicher? Setze das Kreuz an die entsprechende Stelle.

Aufgabe	richtig	teilweise richtig	falsch
(A)	sicher	unsicher	sehr unsicher
1			
2			
3			
4 a, b			
4 c			
5			
6			
7			
8			
9			

→ Wo hattest du Schwierigkeiten? Wo warst du unsicher?
→ Im Teil II findest du weitere Aufgaben zum Üben (Ü).

Schwierigkeiten bei	Übungen
A 1, 2	Ü 1 – 5
A 3	Ü 6 – 7
A 4, 5, 6	Ü 8 – 10
A 7, 8	Ü 11 – 13
A 9	Ü 14 – 16

Diagnosebogen (Lehrer/in)

Name des Schülers/der Schülerin:	+	o	-
Kann addieren, subtrahieren, multiplizieren und dividieren.			
… Zahlen sinnvoll runden und einen Überschlag machen.			
… Daten aus einem Diagramm ablesen.			
… Diagramme lesen.			
… ein Koordinatensystem zeichnen und … Punkte in ein Koordinatensystem einzeichnen.			
…die Längen der Seiten und Höhen eines Dreiecks ausmessen.			
…den Umfang und den Flächeninhalt von Dreiecken berechnen.			
… den Flächeninhalt von Parallelogrammen berechen.			
… aus dem Flächeninhalt von Parallelogrammen die Seiten des Parallelogramms berechnen.			
… Parallelogramme zeichnen.			
… stumpfe, spitze und rechte Winkel zeichnen.			
… erklären, welcher Anteil einer Fläche dargestellt ist.			
… den Anteil einer Fläche (z. B. 2/3) genau einzeichnen.			
… Gleichungen lösen.			

Bei der Bearbeitung sind als einzige Hilfsmittel ein Geodreieck und ein Zirkel erlaubt. Du solltest nicht länger als 40 Minuten benötigen.

1 Übertrage die Aufgaben in dein Heft und ergänze die fehlenden Zahlen.

a) $7 \cdot 0{,}9 = \square$ b) $8765 : 100 = \square$ c) $23 - \square = 22{,}94$ d) $\square + \square = 50{,}05$

2 Schreibe den Überschlag in dein Heft.

a) 21 587 + 4897 + 13 027 b) 917 – 408 – 97 c) $92 \cdot 59$ d) 6144 : 12

3 So sah das Streckenprofil der 3. Etappe der Deutschlandtour 2006 aus.

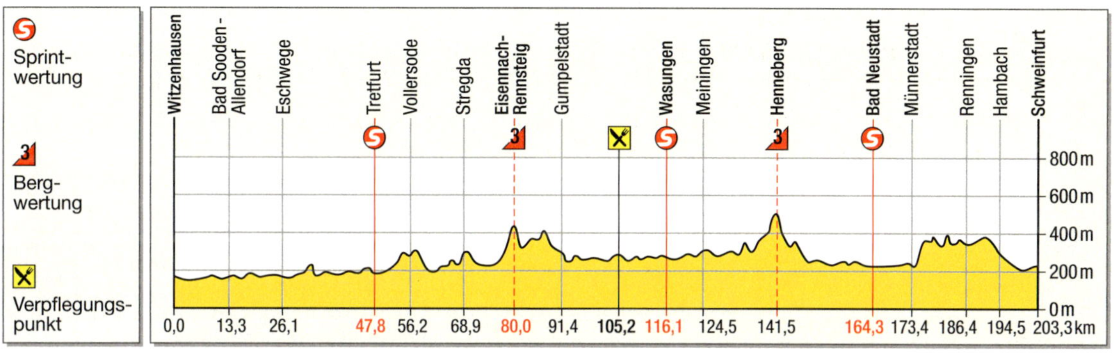

a) Nach wie vielen Kilometern ist der höchste Punkt dieser Etappe erreicht?

b) Wie viele Kilometer liegen zwischen der ersten und der letzten Sprintwertung?

c) Schreibe eine weitere Frage auf, die man mithilfe des Streckenprofils beantworten könnte.

4 a) Zeichne ein Koordinatensystem (Einheit 1 cm auf beiden Achsen).

b) Trage die Punkte A (1|3), B (7|1) und C (3|6) ein und verbinde sie zu einem Dreieck.

c) Miss die Seitenlängen in der Zeichnung und berechne Flächeninhalt und Umfang des Dreiecks.

5 Zeichne ein Parallelogramm mit einem Flächeninhalt von 18 cm^2.

6 Zeichne einen beliebigen stumpfen Winkel.

7 Tanja und Ugur haben versucht $\frac{2}{3}$ darzustellen. Welche Darstellung ist richtig? Begründe.

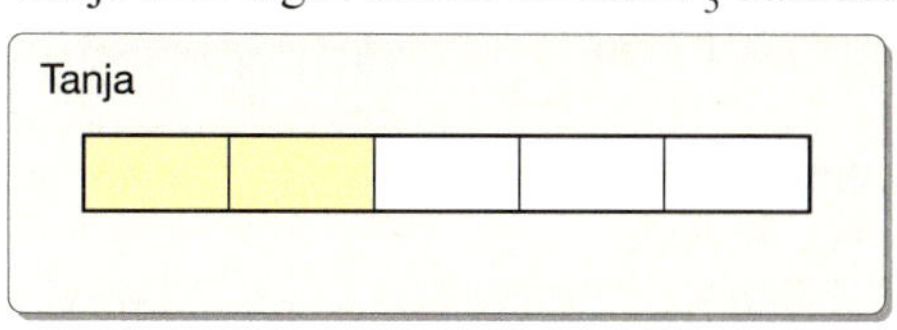

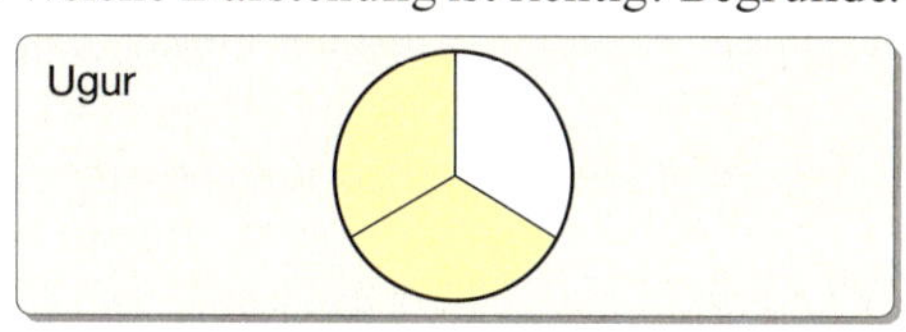

8 a) Übertrage das Rechteck in dein Heft. Färbe 20 % des Rechtecks.

b) Übertrage den Kreis in dein Heft. Färbe 75 % des Kreises.

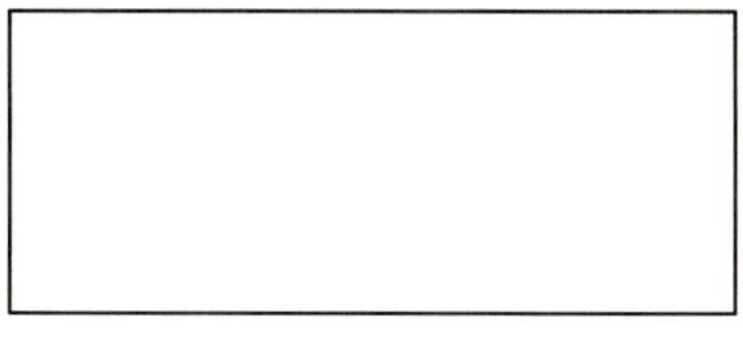

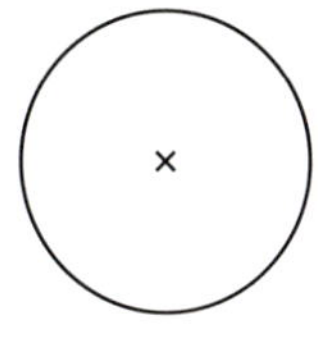

9 Löse die Gleichung. $5x + 4 = 2x + 22$

Bei der Bearbeitung sind als einzige Hilfsmittel ein Geodreieck und ein Zirkel erlaubt.

1 Übertrage die Aufgaben in dein Heft und berechne. Was fällt dir auf?

a)	b)	c)	d)
$2{,}354 \cdot 10$	$50 : 10$	$6 \cdot 7$	$32 - 1$
$2{,}354 \cdot 100$	$50 : 100$	$0{,}6 \cdot 7$	$32 - 0{,}1$
$2{,}354 \cdot 1000$	$50 : 1000$	$0{,}06 \cdot 7$	$32 - 0{,}01$

2 Übertrage die Aufgaben in dein Heft und ergänze die fehlende Zahl.
a) $5 \cdot 0{,}8 =$ ■ b) $456 : 100 =$ ■ c) $44 -$ ■ $= 43{,}96$ d) ■ + ■ $= 34{,}43$

3 Welche Fehler stecken in den Überschlagsrechnungen? Wie würdest du überschlagen?
a) $12835 + 2945 + 1677 =$ ■
Ü: $20000 + 3000 + 1700 = 24700$ f
b) $67 \cdot 22 =$ ■
Ü: $70 \cdot 22 = 1540$ f
c) $5098 : 12 =$ ■
Ü: $5100 : 20 = 255$ f

4 Überschlage. Berechne anschließend. Kontrolliere.
a) $68899 - 34567 - 12345 =$ ■ b) $78 \cdot 33 =$ ■ c) $21 \cdot 97 =$ ■ d) $4605 : 15 =$ ■

5 Bei dieser Aufgabe geht es um Kontobewegungen. Übertrage die Tabelle in dein Heft und ergänze sie.

Alter Kontostand	Ein-/Auszahlung	Neuer Kontostand
+ 12 €	Einzahlung von 15 €	■
+ 30 €	Auszahlung von 50 €	■
– 18 €	■	– 50 €
+ 35 €	■	+ 80 €
■	Auszahlung von 120 €	– 40 €
■	Einzahlung von 50 €	– 75 €

6 a) Worum geht es in dem Diagramm?
b) Welche Informationen kannst du dem Diagramm entnehmen? Nenne mindestens 5.
c) Welches ist der niederschlagsreichste Monat?
d) Wie hoch ist die durchschnittliche Jahrestemperatur?
e) Wie groß ist der Temperaturunterschied zwischen dem wärmsten und dem kältesten Monat?
f) Formuliere mindestens eine weitere Frage, die du mit dem Diagramm lösen kannst.

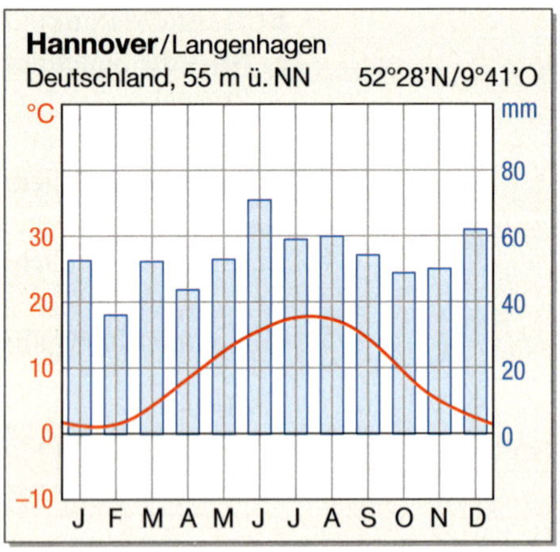

7

LH 1409 London – Berlin	Ankunft	15:18 Uhr	
BA 4711 Lissabon – Berlin	Ankunft	15:27 Uhr	45 min später
LH 4242 Athen – Berlin	Ankunft	15:37 Uhr	
HL 0871 Rom – Berlin	Ankunft	15:40 Uhr	90 min später
BA 1984 Paris – Berlin	Ankunft	15:58 Uhr	

a) Wo ist das Flugzeug, das 15:37 Uhr in Berlin landet, gestartet?
b) Wann soll der Flug mit der Nummer HL 0871 voraussichtlich landen?
c) Schreibe eine weitere Frage auf, die du mithilfe dieser Grafik beantworten kannst.

8 a) Übertrage die Figur in dein Heft. Ergänze sie zu einem Rechteck.
b) Berechne den Flächeninhalt und den Umfang.
c) Halbiere die eine Seite und verdopple die andere. Wie verändert sich der Flächeninhalt, wie der Umfang? Begründe.
d) Findest du weitere flächengleiche Rechtecke? Wie gehst du vor?

9 a) Zeichne ein Parallelogramm, das den gleichen Flächeninhalt hat wie das Dreieck A. Wie gehst du vor?
b) Begründe: Die Dreiecke A, B und C haben den gleichen Flächeninhalt.

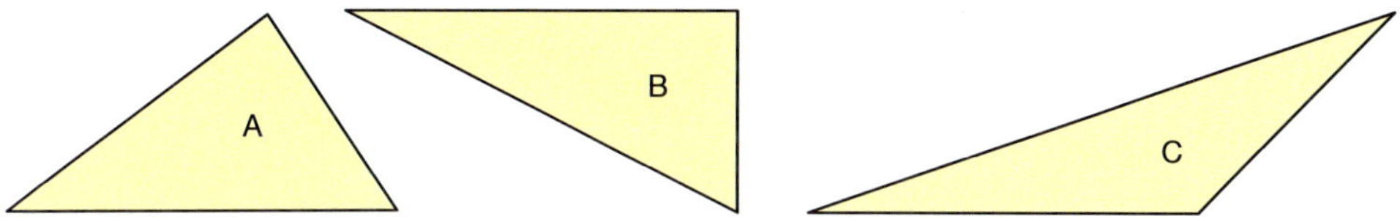

10 a) Zeichne das Viereck ABCD mit A (−2|−3), B (3|−1), C (2|3) und D (−1,5|2) in ein Koordinatensystem (Einheit 1 cm auf beiden Achsen) ein.
b) Benenne die Winkel mit α, β, γ und δ.
c) Gib für alle vier Winkel die Winkelart an. Begründe.

11 Welche Brüche sind dargestellt? Gib auch die dazugehörigen Dezimalbrüche und Prozentsätze an.

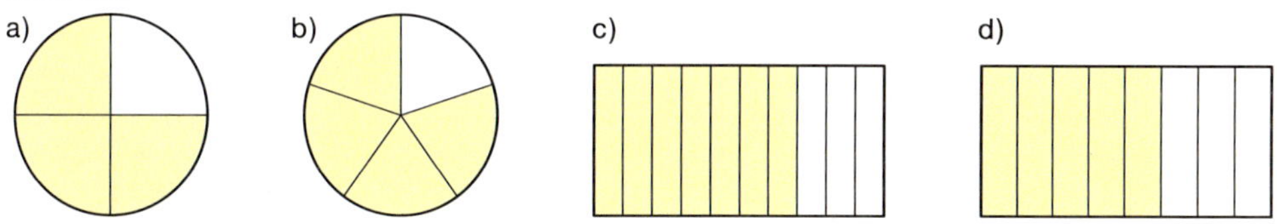

12 Stelle grafisch dar.
a) 0,25 b) $\frac{1}{3}$ c) 60 % d) $\frac{375}{1000}$

13 Bastian, Felix und Marco haben 40 % dargestellt. Welche Darstellung ist richtig? Begründe.

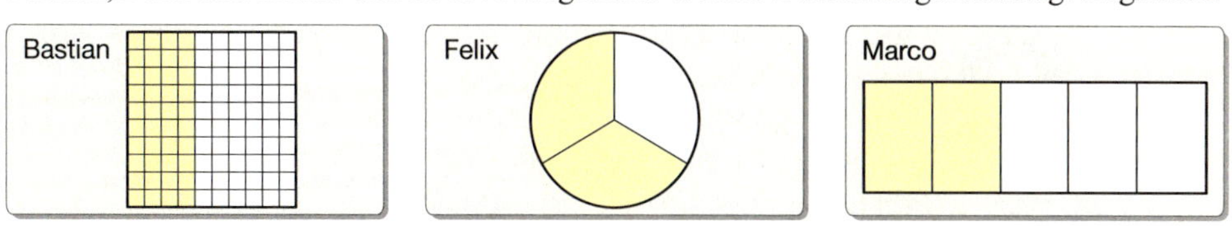

14 Wie schwer ist ein Beutel? Schreibe als Gleichung und forme auf beiden Seiten um.

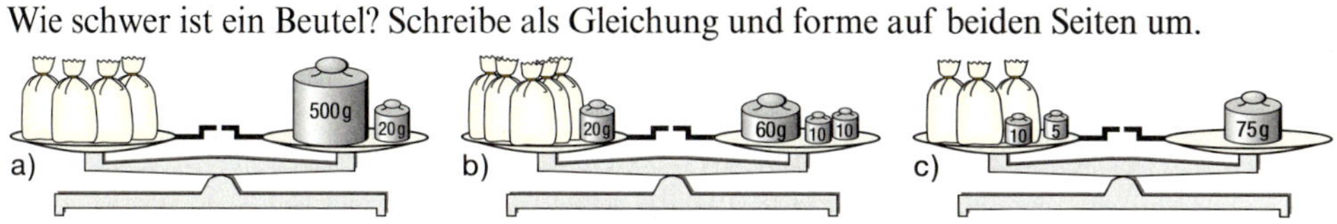

15 Löse die Gleichungen Schritt für Schritt.
a) $4 \cdot x + 2 = 10$ b) $6 \cdot z - 9 = 27$ c) $12 + 5 \cdot x = 27$ d) $6 \cdot n - 3 = 3 + 4 \cdot n$

16 Schreibe zwei unterschiedliche Gleichungen auf, die 5 als Lösung haben.

Hier darfst du neben dem Geodreieck und dem Zirkel auch dein Regelheft und einen Taschenrechner verwenden.

1 Familie Schneider (2 Erwachsene, 3 Kinder) macht einen 7-tägigen Urlaub auf La Palma. Eine Autovermietung bietet das gewünschte Auto in drei Tarifen an:

a) Ordne die Tarife den Graphen zu.

b) Schreibe ein Info-Kästchen zu dem vierten Graphen.

c) Familie Schneider hat die geplanten Fahrtstrecken auf der Karte herausgesucht und notiert. Zu welchem Tarif würdest du ihr raten? Begründe.

Planung Tagesausflug:
12 km – 27 km – 19 km – 5 km – 21 km – 16 km

Tarif I
Basis
- keine Grundmiete
- 70 ct pro km

Tarif II
Classic
- 20 € pro Tag
- 40 ct pro km

Tarif III
Sorglos
- 75 € pro Tag
- all inklusive

Tarif IV
Holiday-Plus
- 30 € pro Tag
- ab 50 km 40 ct pro km

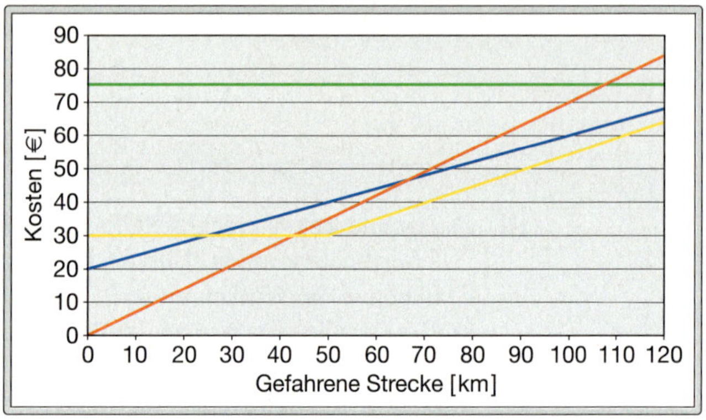

2 War der Koloss von Rhodos größer oder kleiner als die Freiheitsstatue? Begründe.

Der Koloss von Rhodos stand oberhalb der Hafenstadt Rhodos, der Hauptstadt der gleichnamigen Insel im Ägäischen Meer.
Er wurde vom Bildhauer Chares aus Lindos zwischen 292 und 280 v. Chr. erbaut. 227 v. Chr. wurde die ca. 30 m hohe Bronzestatue, die den griechischen Sonnengott Helios darstellte, durch ein Erdbeben zerstört.

3 Übertrage die Figur in dein Heft. Ergänze sie zu einem Quadernetz. Berechne das Volumen des Quaders.

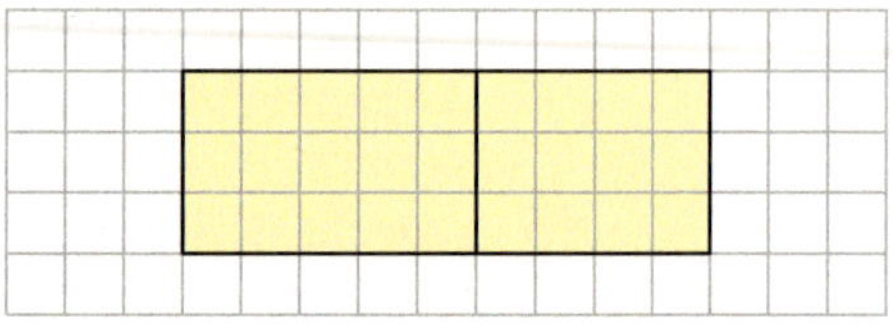

4

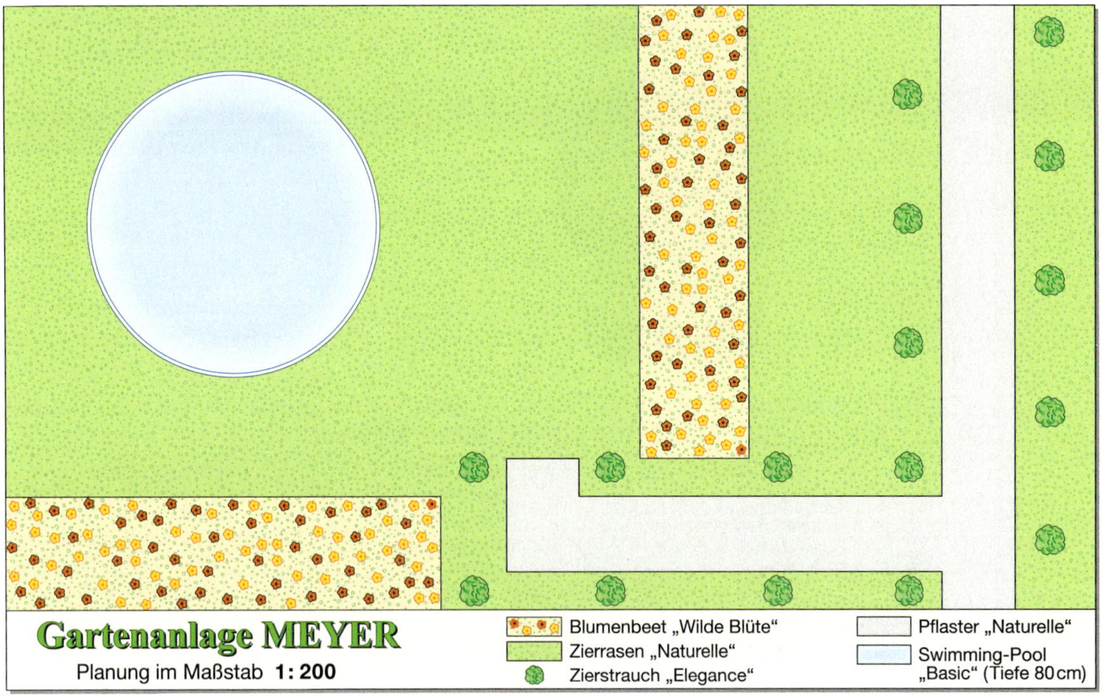

a) Ein Zierstrauch „Elegance“ kostet 80 € zuzüglich Mehrwertsteuer.

b) Ein Sack Rasensamen „Klassik“ reicht für etwa 50 m^2. Wie viele Sack Saatgut werden benötigt?

c) Wie viel Quadratmeter Pflaster müssen bestellt werden, wenn mit 13 % Verschnitt zu rechnen ist?

d) Wie viel Liter Wasser fasst der Swimmingpool, wenn er zu 90 % gefüllt wird?

5 a) Erläutere, mit welchem Trick in der Grafik gearbeitet wird, um den Leser zu beeinflussen.

b) Erstelle selbst ein Diagramm, das den Sachverhalt fair darstellt.

c) Der Autor des Zeitungsartikels vertritt eine klare Meinung. Teilst du sie? Begründe.

Dramatischer Zuschauerschwund!

Erfolgsserie laufen die Zuschauer in Scharen davon

Köln. Bei der einst beliebten Vorabendserie „Familienbande“ stehen die Zeiten auf Sturm. Der ehemals so beliebten Serie kehren immer mehr Zuschauer den Rücken, wie unsere Grafik belegt. „Wenn sich dieser Trend nicht ändert, wird bald keiner mehr die Serie sehen“, hieß es aus gut unterrichteten Kreisen.

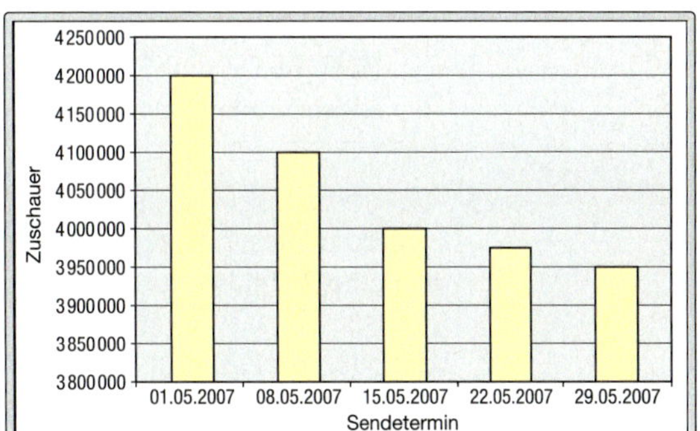

6

a) Welche Uhrzeit zeigt die Uhr?
b) Skizziere „02:16 Uhr“ und „07:55 Uhr“.
c) Skizziere die Uhr so, dass sie Zeiten im 24-Stunden-Format anzeigen kann.

7 Max möchte sich ein neues Fahrrad kaufen. Für das gleiche Modell bekommt er die folgenden Auskünfte. Wo würdest du kaufen? Begründe.

A) Fahrrad Fritz

B) Zweirad Jauch

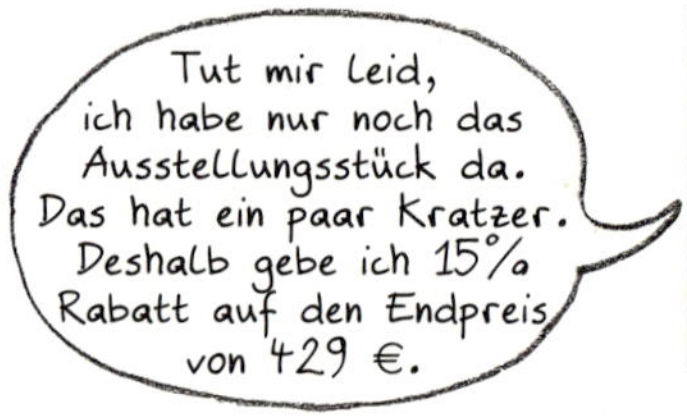

C) Fahrrad.online

Mountain-Speed, neu, 300 € zuzüglich 19% Mehrwertsteuer und 30 € Versandpauschale (versicherter Versand), Vorkasse, Lieferung in 2–3 Wochen.

8

GESCHÄFTSAUFGABE!!!

Alles muss raus! Sonderverkauf bei Möbel-Müller

Hinkommen – mitnehmen: Einzelstücke radikal im Preis gesenkt!		
z. B.: Essecke, Buche rustikal	statt 699 €	nur noch 399 €
Wohnzimmerschrank	statt 1359 €	nur noch 899 €
Wir müssen komplett verrückt sein: 20% auf alle Einbauküchen!		
z. B.: Küchenzeile „Landhaus“	früher bei uns:	12 249 €
Design-Küche „Profi“	früher bei uns:	19 999 €
DA geht Ihnen nicht nur ein Licht auf: 15% auf alle Lampen!		
z. B.: Halogen, 3er - Spot	jetzt nur noch	24,65 €
Kinderzimmerlampe	jetzt nur noch	38,25 €

Erfinde zu dieser Anzeige drei Aufgaben zur Prozentrechnung. Erstelle eine Musterlösung für deine Aufgaben und schreibe sinnvolle Antwortsätze.

9 Wenn Herr Meise (28, verheiratet, drei Kinder) die neue Küche innerhalb einer Woche bezahlt, darf er vom Rechnungsbetrag (5995 €) 2% Skonto abziehen. Deshalb nimmt er ein kurzzeitiges Darlehen über 5000 € auf. Er vereinbart, dass er das Geld einschließlich 6,75% nach 3 Monaten zurückzahlt.

Übungszirkel: Funktionale Zusammenhänge Seite 34/35

Station 1

a)	b)	c)	d)
1,95	–	7	15,2
1,30	16	–	–
–	9	15	45
5,20	31	14	21,6

Station 2
individuelle Lösungen

Station 3
a) Alpha-Extra-Tarif

Minute	1	5	10	15	30	45	60	75	...
Preis (€)	0,45	2,25	4,50	6,75	13,50	20,25	27	33,75	...

Beta-Plus-Tarif

Minute	1	5	10	15	30	45	60	75	...
Preis (€)	10,40	11	11,75	12,50	14,75	17	19,25	21,50	...

b)

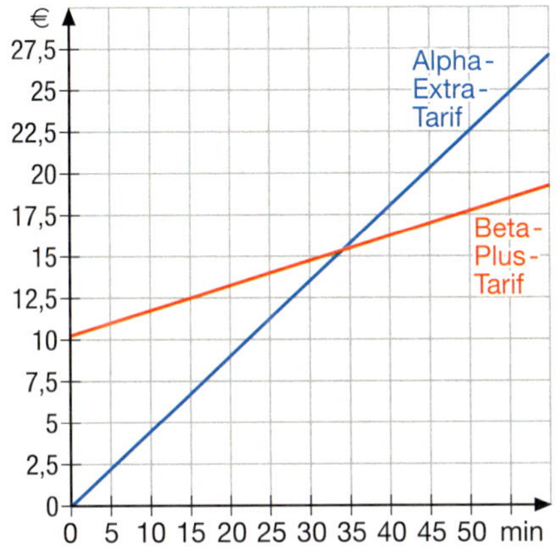

c) Familie Jobst: Alpha-Extra-Tarif
Familie Götz: Beta-Plus-Tarif

d) Alpha-Extra-Tarif
10,35 € → 23 Minuten
18,90 € → 42 Minuten
25,20 € → 56 Minuten

e) individuelle Lösungen

Station 4
a) zurückgelegte Strecke → verbleibender Tankinhalt
Länge → Breite bei flächeninhaltsgleichen Rechtecken
Anzahl der Karten → Preis
Entfernung → Zeitunterschied von Blitz und Donner
Uhrzeit → Temperatur

b) proportional
antiproportional
proportional
proportional
weder noch

c) 9 Sekunden
20 Liter
2 cm breit

Übungszirkel: Flächen Seite 66/67

Station 1
–

Station 2
–

Station 3
(1) Winkel: 75° Winkelsumme: 180°
u = 38 cm A = 58 cm²
(2) Winkel: 98°/82° Winkelsumme 360°
u = 36,6 cm A = 74,4 cm²

(3) Winkel: 60° Winkelsumme: 180°
u = 30 cm A = 45 cm²
(4) Winkel: 45°/135° Winkelsumme 360°
u = 25 cm A = 48 cm²

Station 4
60° 1) Kreis : 6 = 360° : 6 = 60°
2) 3 · 60° = Winkelsumme 180°

Station 5
–

Station 6
a) A = 16,085 cm^2
u = 10,05 cm

b) A = 8,329 m^2
u = 11,309 m

c) A = 4,71 cm^2
u = 15,42 cm

d) A = 3,4452 m^2
u = 9,769 m

Übungszirkel: Haushalt Seite 98/99

Station 1
Angebot A ist 100 € günstiger, verbraucht aber mehr Strom. Allerdings dauert es fast 15 Jahre bei normalem Strom (fast 10 Jahre bei Ökostrom), bis sich das umweltfreundlichere Angebot B rechnet.

Station 2
a) 1900 € stehen ihnen zur Verfügung.

b)

	€	%
Wohnen	532	28
Nahrung/Kleidung	760	*40*
Rücklagen	*475*	25
Fahrtkosten	133	*7*

c)

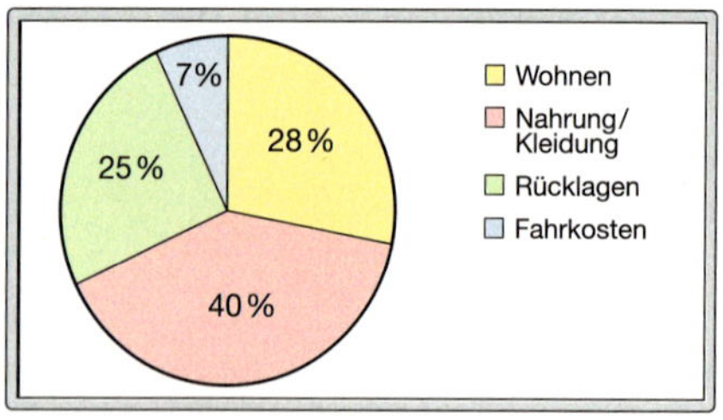

Station 3
a) Von 2400 € bezahlt Familie Hafner 260 € für Versicherungen. Das sind 10,83% des Einkommens.
b) Mit 1290 € machen die drei Posten 53,75% des Einkommens aus.
c) 2150,40 € muss die Familie Hafner für den Urlaub bezahlen.
d)

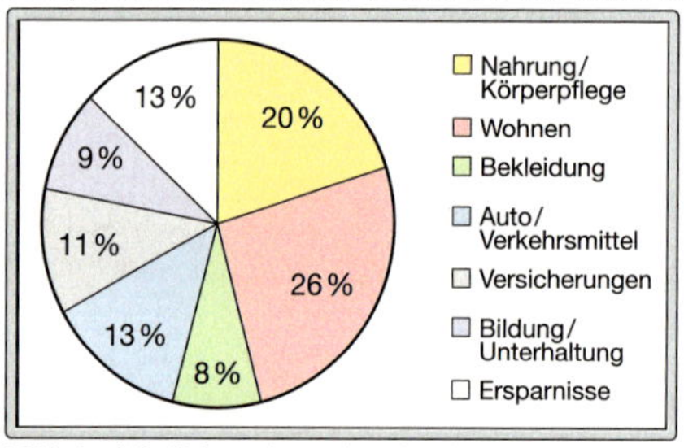

e) 15% der jährlichen Ausgaben für das Auto entfallen auf die Sommerreifen.

Station 4
a) Herr Kettler muss jährlich 1049,58 € für Heizöl zahlen.
b) Nach ca. 11 Jahren (10,87 Jahre) machen sich die Wärmeschutzmaßnahmen bezahlt.

Station 5
Der jährliche Verbrauch sind 156 m^3. Für Wasser müssen 340,90 €, für Abwasser 218,40 €, zusammen also 559,30 € gezahlt werden. Der monatliche Abschlag wird ungefähr 46,50 € betragen.

Übungszirkel: Rationale Zahlen Seite 120/121

Station 1

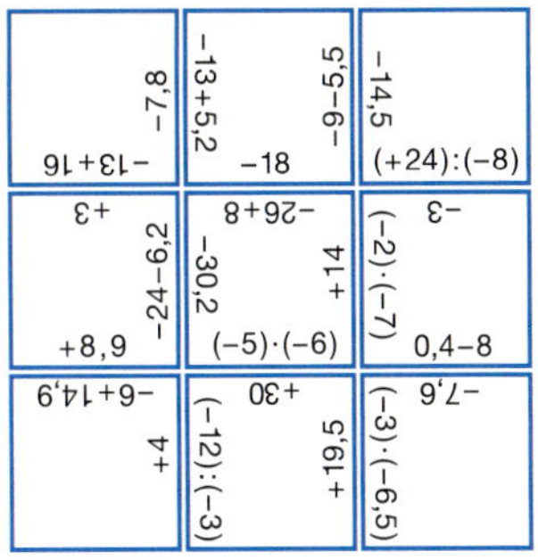

Station 2

A) Summe: –26

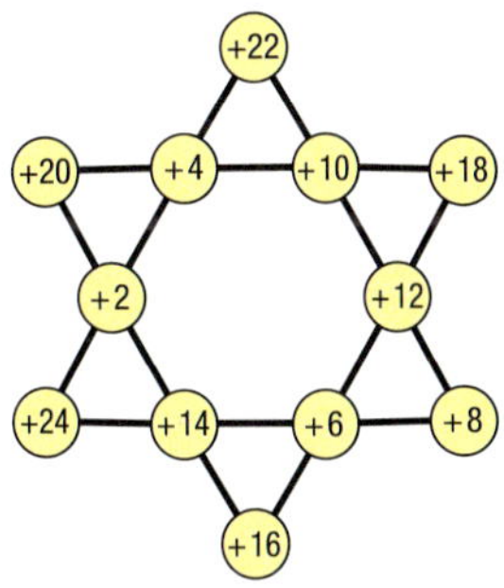

B) Summe: –6,8

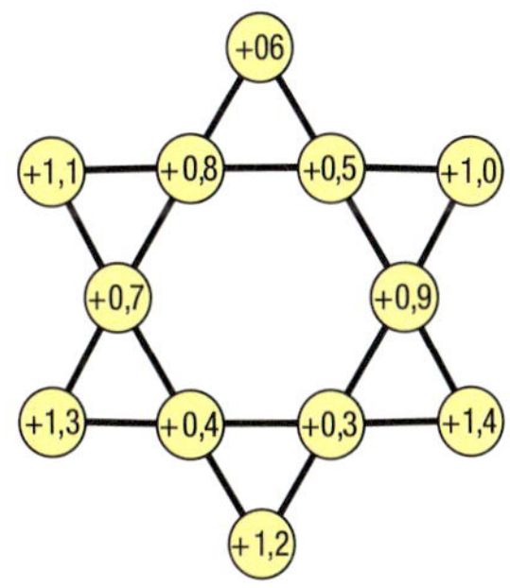

Station 3

Lösungswort: Sommerferien

Station 4

a)

–45
–8 | –37
+13 | –21 | –16
–14 | +27 | –48 | +32

b)

–21,6
–7,2 | +3
+6 | –1,2 | –2,5
–0,5 | –12 | +0,1 | –25

Station 5

–72; –64; –54; –52; –42; –12; –8; –6; 0; +6; +8; +12; +42; +54; +64; +72

Übungszirkel: Raumvorstellung Seite 150/151

Station 1

A–1, B–3, C–3

Station 2

1–8, 2–9, 3–4, 5–10, 6–7

Station 3

	Ecken	Kanten	gleichlange Kanten
1	8	12	4, 4, 4
2	12	20	4, 4, 4, 4, 4
3	8	12	4, 2, 2, 2, 2
4	5	8	4, 4
5	6	9	3, 2, 2, 2
6	12	18	6, 2, 2, 2, 2, 2, 2

Station 4

A–2, B–1, C–2

Übungszirkel: Terme und Gleichungen Seite 166/167

Station 1

$20 \cdot x + 30$
$10 \cdot x + 25$ | $10 \cdot x + 5$
$4 \cdot x + 25$ | $6 \cdot x + 1$ | $4 \cdot x + 4$
$3 \cdot x + 20$ | $x + 4$ | $5 \cdot x - 3$ | $7 - x$

Station 2

a) individuelle Lösung
b) 13 Jahre

Station 3

–

Station 4

a) 27,60 €
b) 6 Monate
c) 9 €

Station 5

–

Station 6

ja

Bleibe fit!
Seite 36

1 a) 360 €

2 a) 11,70 € b) 10,40 €

3 1,40 €

4 Manuela 26,60 €
Sascha 28,50 €
Thorsten 19,00 €
Heiko 39,90 €
Jaqueline 24,70 €
Nein, für Manuela, Thorsten und Jaqueline hat es sich nicht gelohnt.

5 a) 75,35 € b) 64,90 €

6 20-mal

7 279,29 €
460,00 €
509,29 €
624,29 €

8 a) 190,35 € b) 21,80 € c) 19 h d) 18 m e) 133,10 € f) 21,80 €

9 a)

Zeit (h)	1	2	3	4	5	6	7	8	9
Gebühr (€)	1,50	2,50	3,50	4,50	5,50	6,50	7,50	8,50	9

b)
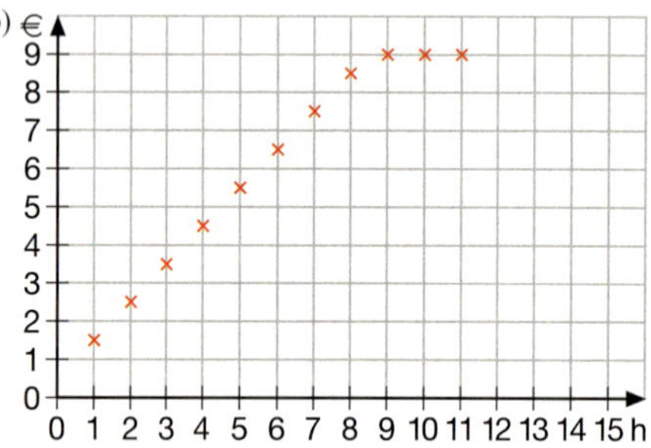

c) 5,50 €

Bleibe fit!
Seite 68

1
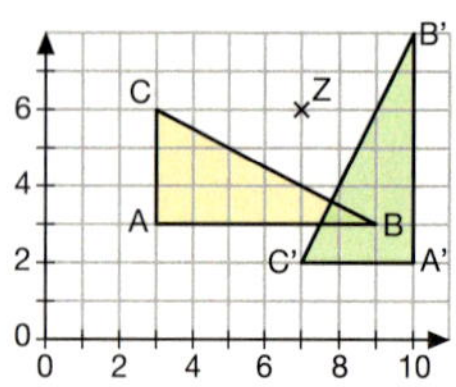

2
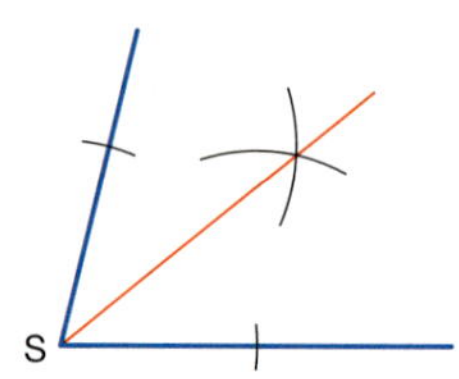

3
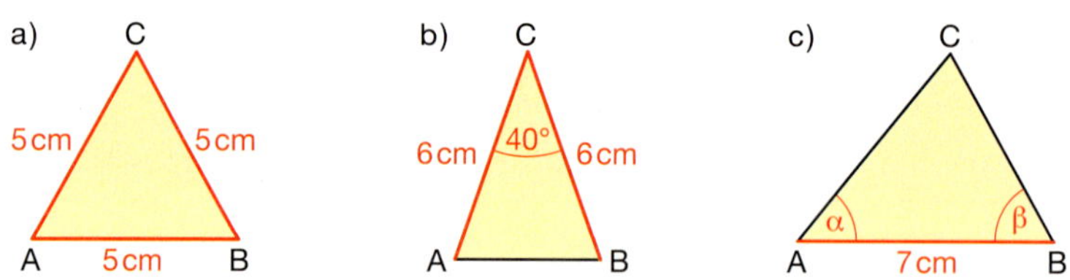

4 a) (1) 44 cm^2 (2) 25,92 dm^2 (3) 2,809 m^2 (4) 0,26 m^2
b) (1) 57 cm^2 (2) 18 dm^2 (3) 3,7975 m^2 (4) 0,14625 km^2

5 a) (1) 43,98 cm (2) 26,39 dm (3) 39,584 m (4) 56,55 dm
b) (1) 201,06 cm^2 (2) 754,767 dm^2 (3) 14,186 m^2 (4) 25,52 km^2

6 a) 3,55 m b) ca. 620 Steine (613,6 Steine) c) 0,075 kg

7 a) 318,3 cm ≈ 320 cm b) 79 577,5 cm^2

8 152,78 cm ≈ 160 cm

9 a) 812 000 b) 13 026,54 m^2

10 a) 58,5 cm^2 b) 49,25 cm^2

Bleibe fit!
Seite 100

1 a) Frage: Welchen Versicherungsbeitrag muss Daniel bezahlen?
Antwort: Er muss 435,05 € bezahlen.
b) Es wurden 350 Mopeds untersucht.
c) Frage: Wie viel Prozent der kontrollierten Mofafahrer fuhren mit Sturzhelm?
Antwort: 82% fuhren mit Sturzhelm.
Frage: Wie viel Prozent der kontrollierten Mofafahrer hatten ihren Versicherungsnachweis dabei?
Antwort: 72% hatten ihren Nachweis dabei.
Frage: Wie viel Prozent der kontrollierten Mofafahrer hatten ihre Fahrerlaubnis dabei?
Antwort: 78% hatten ihren Führerschein dabei.

2 a) Das Monatseinkommen beträgt 2400 €.
b) Sonstiges 420 €; Ersparnis/Kreditzurückzahlung 240 €; Versicherungen/Beiträge 300 €; Verkehr/Auto 336 €; Freizeit/Bildung 192 €; Nahrung/Genussmittel 432 €; Miete/Energie 480 €
c)

Sonstiges	Ersparnis	Versicherungen	Verkehr	Freizeit	Nahrung	Miete
17,5%	10%	12,5%	14%	8%	18%	20%

3 Familie Walz muss 664,73 bezahlen.

4 a) –
b) bis 2 Jahre 100%; 2–6 Jahre 55,54%; 7–14 Jahre 24,31%
c) Familie Hauser müsste 1792 € ohne und 1828 € mit Reiserücktrittsversicherung bezahlen.

5 Maren erhält 15063 € am Ende des Jahres.

6 Peter zahlt 1,54 € Zinsen.

7 Nein, Tina bezahlt 299 €, Katrin nur 294,33 €

8 Wenn man das Geld bar hat, ist es sinnvoll bei „Adam“ zu kaufen, weil man dort nur 892,25 € bezahlen muss. Hat man das Geld nicht, aber z. B. ein monatliches Einkommen, könnte man bei „Bauer“ kaufen, muss da aber insgesamt 1035 € bezahlen. Fahrradhändler „Danner“ kommt mit einem Barpreis von 946,05 € nicht in Frage.

Bleibe fit!
Seite 122

1 a) –40; +20; +30 b) –50; +7,3; –10,5
c) +65; –70; –105 d) –1,6; –5,7; –16,1

2 a) 67 b) –289 c) +5,6 d) +3,4

3 a) +1482 – 247 = +1235
+1235 – 247 = +988
+988 – 247 = +741
+741 – 247 = +494
+494 – 247 = +247
+247 – 247 = 0

b) –1611 + 179 = –1432
–1432 + 179 = –1253
–1253 + 179 = –1074
–1074 + 179 = –895
–895 + 179 = –716
–716 + 179 = –537
–537 + 179 = –358
–358 + 179 = –179
–179 + 179 = 0

c) –16,08 + 2,68 = –13,4
–13,4 + 2,68 = –10,72
–10,72 + 2,68 = –8,04
–8,04 + 2,68 = –5,36
–5,36 + 2,68 = –2,68
–2,68 + 2,68 = 0

d) –15,54 + 2,59 = –12,95
–12,95 + 2,59 = –10,36
–10,36 + 2,59 = –7,77
–7,77 + 2,59 = –5,18
–5,18 + 2,59 = –2,59
–2,59 + 2,59 = 0

4 a)

–51	+12	+64	**+25**
+26	–36	+19	**+6**
–42	+47	–74	**–69**
–67	**+20**	**+9**	**–38**

b)

–4,5	+3,8	–0,6	**–1,3**
+8,1	–5,0	+6,2	**+9,3**
–10,4	+7,5	–0,1	**–3**
–6,8	**+6,3**	**+5,5**	**+5,0**

5 +269,07 €

6 a) –8595,15 € b) +6373,49 €

7 a) –91; –48; +108 b) –38; +2; –2,25
c) +8; –7; –5 d) –0,04; +6; –3

8 a) $-\frac{6}{10} = -\frac{3}{5}; -1\frac{1}{2}$ b) $+5\frac{1}{4}; -2\frac{11}{40}$
c) $+\frac{1}{3}; -\frac{4}{5}$ d) $-1\frac{1}{2}; -6\frac{2}{3}$

9 Beim Rational-Slalom kommt die Zahl (–8,88) ans Ziel.
Rechnung: **+11,8 + 5,2** = 17
17 : **(–0,5) · (–0,6) : 5** = 4,08
4,08 – **8,08** = –4
(–4) · **(–7)** = 28
28 + **5** = 33
33 : **(–11) · 0,04** = –0,12
–0,12 – **8,76** = –8,88

Bleibe fit! Seite 152

1	$V = 17{,}5\ cm^3$ $O = 51\ cm^2$		
2	a) (1) $V = 756\ cm^3$ (2) $V = 410{,}958\ cm^3$ (3) $V = 177822\ cm^3$	b) (1) $V = 490{,}625\ cm^3$ (2) $V = 402{,}234\ cm^3$ (3) $V = 231{,}50592\ cm^3$	
3	(1) $V = 11\,340\ dm^3$ $O = 3357\ cm^2$	(2) $V = 8750\ cm^3$ $O = 2300\ cm^2$	(3) $V = 960\ cm^3$ $O = 652\ cm^2$
4	Tafel: $V = 104{,}625\ cm^3$	Riegel: $V = 116{,}22\ cm^3$	
5	(1) $V = 6400\ cm^3$ (2) $V = 1280\ cm^3$ (3) $V = 32\,448\ cm^3$	Gewicht. 49 920 g = 49,920 kg Gewicht: 9984 g = 9,984 kg Gewicht: 253 094 g = 253,094 kg	Preis: 19,97 € Preis: 3,99 € Preis: 101,58 €
6	a) (1) $V = 401{,}92\ cm^3$ $O = 301{,}44\ cm^2$	(2) $V = 803{,}84\ cm^3$ $O = 602{,}88\ cm^2$	(3) $V = 417{,}143\ dm^3$ $O = 507{,}83\ dm^2$
	b) (1) $V = 98{,}125\ cm^3$ $O = 117{,}75\ cm^2$	(2) $V = 196{,}24\ cm^3$ $O = 196{,}25\ cm^2$	(3) $V = 392{,}5\ cm^3$ $O = 314\ cm^2$
7	a) $42{,}503\ m^3$	b) Zuladung: 29,752 t	

Bleibe fit! Seite 168

1	a) $15x - 8$ $3y - 3$ $17z + 6$	b) $10x + 3$ $5y + 11$ $15\,y + 8$	c) $11a$ $10x$ $6y$
2	a) $x = 5$ $x = 3$ $x = 7$	b) $x = 7$ $x = 7$ $x = 8$	c) $x = 2$ $x = 0{,}2$ $x = 0{,}3$
3	a) $4x + 3 = 35$ $x = 8$	b) $3x - 8 = 7$ $x = 5$	c) $6x + 28 = 10x$ $x = 7$
4	a) $x = 15$ $x = 3$	b) $x = 10$ $x = 7$	c) $x = 8$ $y = 0$
5	a) $x = 4$ $x = 25$	b) $x = 50$ $x = 7$	c) $x = 8$ $x = 13$
6	a) $4x + 36 = 6x$ $x = 18$	b) $9x - 42 = 3x$ $x = 7$	
7	0,60 €		
8	$x + x + 18\ km = 200\ km$ $x = 91\ km$		
9	$x + x + 6\ kg = 22\ kg$ $x = 8\ kg$	Florian: 14 kg, seine Schwester: 8 kg	
10	Martina: x Corinna: $x - 3$ Julia: $x + 5$	$x + x - 3 + x + 5 = 29 \rightarrow x = 9$	
	Martina 9 Stimmen, Corinna 6 Stimmen, Julia 14 Stimmen		

Wiederholen und Sichern Seite 38

1 a)

	60	6
750	75	
190		1,9
	8	0,8

b)

	12,5	1,25
75	7,5	
62		0,62
1475	147,5	

c)

0,19	19	
	25	250
0,015	1,5	
	7,5	75

2 a) 830 mm; 83 cm
100 cm; 10 dm
48,2 dm; 4,82 m

b) 390 cm; 3,9 m
100 cm; 1 m
4,9 cm; 0,049 m

c) 130 cm; 1,30 m
245 cm; 2,45 m
64 cm; 0,64 m

d) 1615 m; 1,615 km
760 m; 0,760 km
977 m; 0,977 km

3 a) 48,05 km

b) 8-mal durch den See schwimmen; 15 Runden Rad fahren (14,3); 8 Runden laufen (7,5)

4 a) 450 dm^2 = 4,50 m^2
875 dm^2 = 8,75 m^2
750 cm^2 = 7,50 dm^2
35 cm^2 = 0,35 dm^2

b) 8 500 cm^2 = 850 000 mm^2
370 cm^2 = 37 000 mm^2
280 dm^2 = 28 000 cm^2
75 dm^2 = 7 500 cm^2

c) 6,50 ha = 0,065 km^2
0,72 ha = 0,0072 km^2
225 ha = 22 500 a
35 ha = 3 500 a

5 a) 7,74 cm^2
1,84 dm^2
9,95 m^2

b) 3 614 cm^2
5 085 mm^2
5 156 mm^2

c) 0,49 a
608 ha
225 ha

d) 8 743 m^2
1,11 km^2
19 500 a

6 1,04208 m^2; 10,21 €

7 1,03 km^2 = 103 ha

8 a) 12,6 a

b) 498,6 a = 4,9860 ha

Wiederholen und Sichern Seite 70

1 a) 44 min

b) 4 min

c) 8 h 43 min

d) Sie hat dafür 26 min. Zeit. Die Zeit reicht wohl noch für einen Imbiss.

2 a) 540 s = 9 min
998 s = 16 min 38 s
2000 s = 33 min 20 s
5603 s = 1 h 33 min 23 s
10 000 s = 2 h 46 min 40 s

b) 111 min = 1 h 51 min
671 min = 11 h 11 min
148 min = 2 h 28 min
5999 min = 4 Tg 3 h 59 min

3 a) 16 Uhr (Ortszeit New York)

b) 12.15 Uhr (Ortszeit Tokio)

4 a) 80 $\frac{km}{h}$
75 $\frac{km}{h}$

b) 30 $\frac{km}{h}$
120 $\frac{km}{h}$

c) 15,3 $\frac{km}{h}$
12,6 $\frac{km}{h}$

d) 140 $\frac{km}{h}$
96 $\frac{km}{h}$

5

	3 500	3 500 000
0,75		750 000
0,0063	6,3	
	750	750 000

	2 500	2 500 000
0,0035		3500
0,650	650	
	250	250 000

	52	52 000
0,75		75 000
4,5	450	
	87,5	87 500

6 a) 162 m^3

b) 48 m^3

7 2 kg Mehl; 2,500 kg Honig; 100 Eier; 250 g Hefe; 25 Teelöffel Zucker; 1,25 *l* Milch; 1,875 kg Nüsse, 13 Zitronen

---

Wiederholen und Sichern Seite 102

1 a) 1,94 € b) 1,35 € c) 2,10 € d) 1,90 €

2 a) 0,95 € b) 35,63 € c) 27, 9 *l* d) 34,3 *l* e) 75,42 € f) 8,5 h g) 21,80 $\frac{€}{h}$

3 250 €; 6,67 €

4 Preisangaben jeweils auf 100 g bezogen:

	Tina	Sven
Spagetti	0,20 €	0,19 €
Tomaten	0,45 €	0,40 €
Schinken	0,75 €	0,75 €
Salami	0,96 €	0,84 €
Käse	0,60 €	1,32 €

Tina hat günstiger eingekauft.

5 a) 156,25 m^2 (1,96 dm^2; 453,69 m^2)

b) 313,6 m^2

c) 699,84 cm^2

d) 1,064 m^2

6 a) 2009,10 € (Fläche: 74 m^2) b) 1574,70 € (Fläche: 58 m^2); man spart ca. 28%.

7 a) 1,37; 2,58 b) 0,356; 25,4 c) 0,026; 0,00125 d) 9,548; 0,145925 e) 2,9632; 0,000034

8 33,10 €

9 550000 Ameisen

Wiederholen und Sichern Seite 124

1 a) 10 b) $2,\overline{6}$; 4,8

2 12 · 860,75 €; 1208,60 €; 13 · 240,45 €
\+ 308,25 €; 13 · 190,75 €; 13 · 85,15 €
\+ 215,78 €
= 18774,18 €
15000 € reichen nicht aus.

3 a) 243 Mädchen, 297 Jungen
b) 23 Prüflinge in Informatik
c) 18 Stimmen

4 a) 300 Getränke; Cola 35%; Kakao 26%; Limo 23%; Milch 16%
b) Streifendiagramm Länge 10 cm
3,5 cm; 2,6 cm; 2,3 cm; 1,6 cm

5 a) 1151,50 m^3 Erde
b) 165 Fahrten

6 a) quaderförmiger Tank 6120 *l*
würfelförmiger Tank 6859 *l*
b) Winterpreis 1000 *l* ≙ 73,50 € → 504,14 €
1000 *l* ≙ 67,20 € → 460,92 €
Ersparnis: 43,22 €

7 a) 13,75 m^2 b) 206,25 m^2

Wiederholen und Sichern Seite 154

1 a) gelb: 400 cm^2; blau: 400 cm^2 b) gelb: 107,36 cm^2; blau: 167,75 cm^2 c) 132,6 cm^2

2 a) −3; −12; +16; +21 b) −9; −54; −121; +13 c) +0,9; −3,8; +0,44; −16,28 d) +10,58; +5,16; −9,5; −0,35

3

	Kontobewegung	Kontostand
05.1.		Soll 345,84 €
11.1.	+ 207, 53 €	Soll 138,31 €
15.1.	− 97,45 €	Soll 235,76 €
22.1.	+ 837,51 €	Haben 601,75 €
23.1.	+ 512,96 €	Haben 1114,71 €
25.1.	− 327,95 €	Haben 787,06 €
31.1.	− 585,42 €	Haben 201,64 €

4 6%

5 nach 1 Jahr: 377400 €
nach 2 Jahren: 395931 €
nach 3 Jahren: 415667 €
nach 4 Jahren: 436685 €
nach 5 Jahren: 459069 €

6 a) 2,5%
b) 2,55

Wiederholen und Sichern Seite 170

1 Es wurden 30 Räder und 300 Fahrzeuge überprüft.

2 A Kosten 120 €; B Kosten 120 €; C Kosten 200 €

3 12,5%

4 a) Gummi: 15%, Glas: 3%, Stahl: 71%, Aluminium: 2,5%, Andere Metalle: 2%, Sonstiges: 6,5%
b) Gummi: 389025 t, Glas: 77805 t, Stahl: 1841385 t, Aluminium: 64837 t, Andere Metalle: 51870 t, Sonstige: 168577 t

5 a) 24 kg
b) 32 kg → 3 Eimer
c) 2 Stunden

6 a) x = 17; x = 21; x = 15 b) x = 10; x = 19; y = 20 c) y = 20; x = 5; y = 24

7 a) V = 25000 cm^3; Gew.: 12500 g b) V = 9000 cm^3; Gew.: 71100 g c) V = 772,734 cm^3; Gew.: 6259,15 g

Test
Seite 183

1 a) 6,3 b) 87,65 c) 0,06 d) 40 + 10,05
50 + 0,05
und weitere Möglichkeiten

2 Beim Überschlag sind auch andere Zahlen möglich.
a) Ü: 21 000 + 5000 + 13 000 = 39 000 Ergebnis: 39 511
b) Ü: 900 – 400 – 100 = 400 Ergebnis: 412
c) Ü: 90 · 60 = 5400 Ergebnis: 5428
d) Ü: 6000 : 10 = 600 Ergebnis: 512

3 a) 141,5 km b) 116,5 km
c) Wie groß ist der Abstand zwischen Bad Neustadt und Schweinfurt in Kilometern?
Wie oft überfahren die Fahrer die 400 m-Höhenlinie?

4

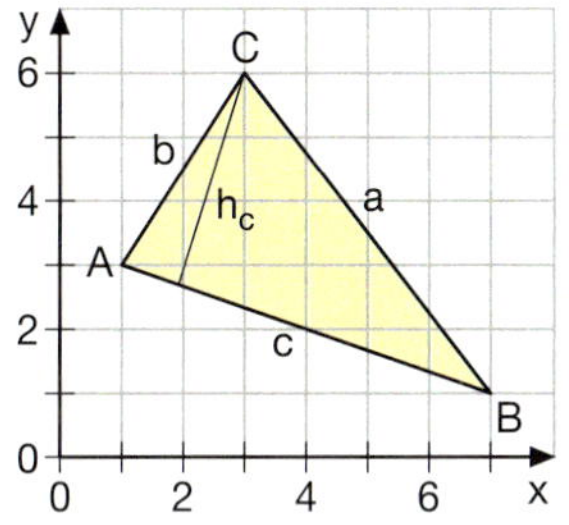

a = 6,4 cm
b =3,6 cm
c = 6,4 cm
h = 3,5 cm

c) A = 22,4 cm²
u = 16,4 cm

5 Es gibt viele Möglichkeiten, wichtig: Grundlinie · Höhe = 18 cm²
z. B. Parallelogramm mit g = 6 cm und h = 3 cm

6 Es gibt viele Möglichkeiten, wichtig: Der Winkel muss größer als 90° und kleiner als 180° sein.

7 Tanjas Streifendiagramm ist falsch $\left(\frac{2}{5}\right)$, Ugurs Kreisdiagramm ist richtig, denn er hat das Ganze in drei gleiche Teile geteilt und zwei Teile davon eingefärbt.

8 individuell

9 $5x + 4 = 2x + 22 \quad | - 2x$
$3x + 4 = 22 \quad | - 4$
$3x = 18 \quad | : 3$
$x = 6$

Test
Seite 184

1 a) 23,54 b) 5 c) 42 d) 31
235,4 0,5 4,2 31,9
2354 0,05 0,42 31,99

2 a) 4 b) 4,56 c) 0,04 d) 30 + 4,43
25 + 9,43
und weitere Möglichkeiten

3 a) Ü: 13 000 + 3000 + 1500 = 17 500 b) Ü: 70 · 20 = 1400 c) Ü: 5100 : 15 = 425
17 457 1474 $424{,}8\overline{3}$

4 a) 21 987 b) 2574 c) 2037 d) 307

5

alter Kontostand	Ein-/Auszahlung	neuer Kontostand
/	/	27 €
/	/	– 20 €
/	Auszahlung 32 €	/
/	Einzahlung 45 €	/
80 €	/	/
– 125 €	/	/

6 a) Das Diagramm zeigt die monatliche Durchschnittstemperatur und den Niederschlag.

b) höchster Wert des Niederschlags: 72 mm
niedrigster Wert des Niederschlags: 37 mm
höchster Wert der Durchschnittstemperatur: 18 °C
niedrigster Wert der Durchschnittstemperatur : 2 °C
Jahresdurchschnittstemperatur: 10 °C
Jahresniederschlag: 693 mm

c) Juni (72 mm) d) 10 °C e) 16 °C f) Wie hoch ist der durchschnittliche Jahresniederschlag?

7 a) in Athen b) 17.10 Uhr c) Wie groß ist der Zeitunterschied zwischen dem ersten und letzten Flugzeug, das landet?
Wann kommt der verspätete Flug aus Lissabon an?

Test Seite 185

8 a) individuelle Lösung
b) a = 6,4 b = 1,6 u = 16 cm A = 10,24 cm^2
c) a = 3,2 b = 3,2 u = 12,8 cm A = 10,24 cm^2
Der Flächeninhalt verändert sich nicht, der Umfang aber schon.
d) individuelle Lösung

9 a) individuelle Lösung
b) Grundseite und Höhe sind identisch

10

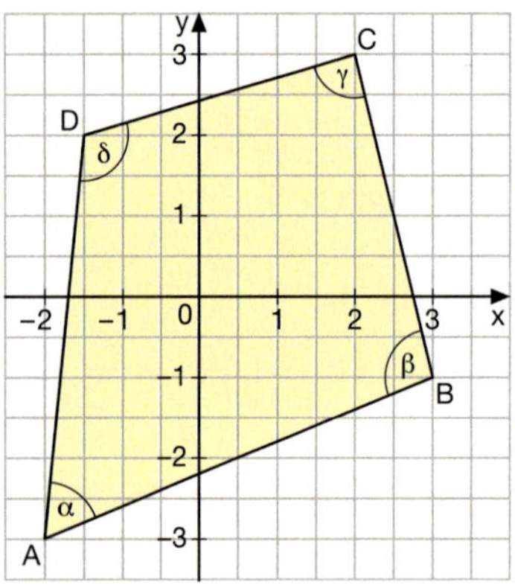

c) α, γ sind spitze Winkel
β, δ sind stumpfe Winkel

11 a) 75 % 0,75 b) 80 % 0,8 c) 70 % 0,7 d) 62,5 % 0,625

12 individuelle Lösung

13 Bastian und Marco haben den Prozentsatz richtig dargestellt.

14 a) 130 g
$4 \cdot x = 520 \quad |:4$
$x = 130$

b) 12 g
$5 \cdot x + 20 = 60 + 10 + 10 \quad |-20$
$5 \cdot x = 60 \quad |:5$
$x = 12$

c) 20 g
$3 \cdot x + 15 = 75 \quad |-15$
$3 \cdot x = 60 \quad |:3$
$x = 20$

15 a) $4 \cdot x + 2 = 10 \quad |-2$
$4 \cdot x = 8 \quad |-4$
$x = 2$

b) $6 \cdot z - 9 = 27 \quad |+9$
$6 \cdot z = 36 \quad |:6$
$z = 6$

c) $12 + 5 \cdot x = 27 \quad |-12$
$5 \cdot x = 15 \quad |:5$
$x = 3$

d) $6 \cdot n - 3 = 3 + 4 \cdot n \quad |-4n$
$2n - 3 = 3 \quad |+3$
$2n = 6 \quad |:2$
$n = 3$

16 $4x + 10 = 20 + 10$
$4x + 20x + \frac{1}{4} = 120 + \frac{1}{4}$

Test Seite 186

1 a) – b) – c) 100 km
I 70 €
II 60 €
III 75 €
IV 50 €
Ich würde zu Tarif Holiday Plus raten, man bezahlt nur 50 €.

Test Seite 187

2 Die Freiheitsstatue misst in Wirklichkeit etwa 46 m (ohne Sockel). Sie ist also größer als der Koloss von Rhodos.

3 V = 6,384 cm^3

4 a) 1280 € b) ca. 3,15 Säcke c) 66 m^2 d) ca. 36 m^3

5 a) Die Hochachse zeigt nur den Anschnitt zwischen 3,8 Mio. und 4,250 an. Die Höhenunterschiede bei den einzelnen Balken wirken dadurch verzerrt.
b) –
c) –

Test Seite 188

6 a) 4:42 Uhr
b)
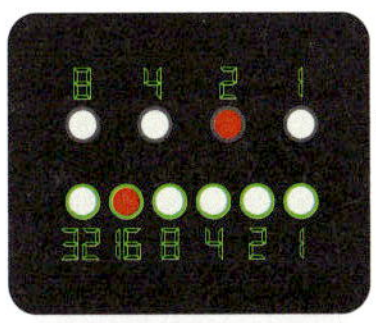

2:16 Uhr

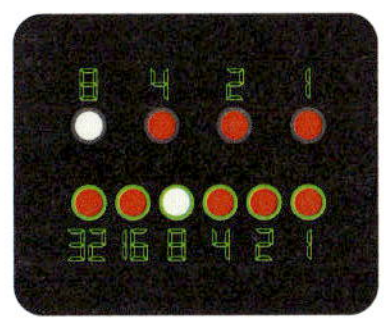

7:55 Uhr

c)
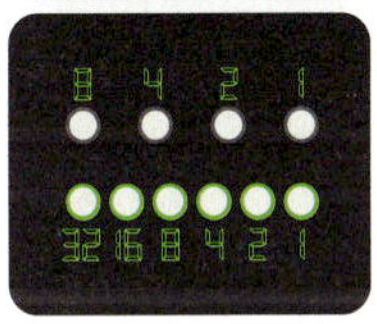

7 A) 387,03 € B) 364,65 € C) 387 €
B ist die günstigste Variante

8 –

9 5875,10 € mit 2 %
5337,5 € muss er zurückzahlen.

1. Größen

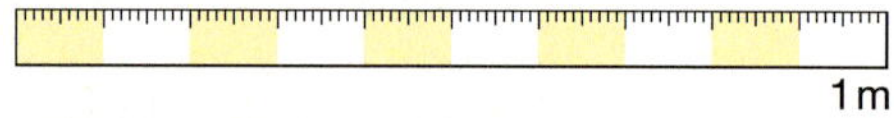

Längen

Umwandlungszahl 10

1 m = 10 dm
1 dm = 10 cm
1 cm = 10 mm

Beachte:
1 km = 1000 m
1 m = 100 cm
1 m = 1000 mm

Flächeninhalte

Umwandlungszahl 100

$1\ m^2 = 100\ dm^2$
$1\ dm^2 = 100\ cm^2$
$1\ cm^2 = 100\ mm^2$

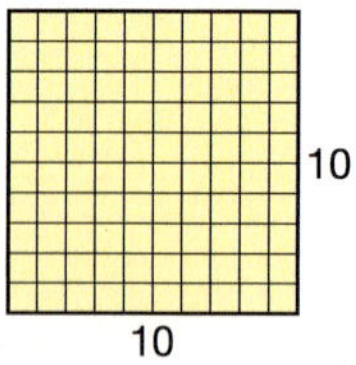

$1\ km^2 = 100\ ha$
$1\ ha = 100\ a$
$1\ a = 100\ m^2$

$1\ km^2 = 1\,000\,000\ m^2$
$1\ m^2 = 10\,000\ cm^2$

Rauminhalte

Umwandlungszahl 1000

$1\ m^3 = 1000\ dm^3$
$1\ dm^3 = 1000\ cm^3$
$1\ cm^3 = 1000\ mm^3$

Beachte:
$1\ l = 1\ dm^3$
$1\ ml = 1 cm^3$

1 *l* = 1000 m*l*
1 h*l* = 100 *l*

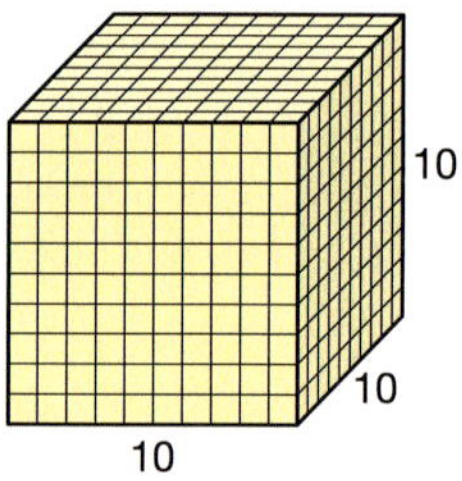

Gewichte

Umwandlungszahl 1000

1 t = 1000 kg
1 kg = 1000 g
1 g = 1000 mg

Geldwerte

Umwandlungszahl 100
1 E = 100 Cent

Zeit

1 h = 60 min
1 min = 60 s

Beachte:
1 Jahr = 12 Monate
1 Jahr = 365 Tage
1 Tag = 24 Stunden

2. Zahlen und Variable

Rechnen mit Brüchen

Bruchteile bilden, z. B. $\frac{5}{8}$ Bilde 8 gleiche Teile. Nimm 5 Teile.

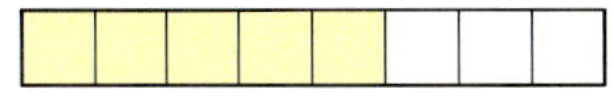

Erweitern Multipliziere Zähler und Nenner mit der gleichen Zahl. $\frac{5}{8} = \frac{5 \cdot 3}{8 \cdot 3} = \frac{15}{24}$

Kürzen Dividiere Zähler und Nenner durch die gleiche Zahl. $\frac{15}{24} = \frac{15 : 3}{24 : 3} = \frac{5}{8}$

Beim Erweitern und Kürzen bleibt der Wert des Bruches gleich.

Addieren von Brüchen

Bilde zuerst den Hauptnenner.

$\frac{2}{5} + \frac{4}{6}$ Hauptnenner = 30

$= \frac{12}{30} + \frac{20}{30}$

$= \frac{32}{30} = \frac{16}{15} = 1\frac{1}{15}$

Subtrahieren von Brüchen

Bilde zuerst den Hauptnenner.

$\frac{16}{15} - \frac{2}{5}$ Hauptnenner = 15

$= \frac{16}{15} - \frac{6}{15}$

$= \frac{10}{15} = \frac{2}{3}$

Multiplizieren von Brüchen

Zähler mal Zähler,
Nenner mal Nenner.

Kürze auf dem Bruchstrich.
Gib das Ergebnis als gemischte Zahl an.

$\frac{15}{4} \cdot \frac{6}{10} = \frac{15 \cdot 6}{4 \cdot 10} = \frac{9}{4} = 2\frac{1}{4}$

Dividieren von Brüchen

Multipliziere den ersten Bruch mit dem Kehrwert des zweiten Bruches.

Kürze auf dem Bruchstrich.
Schreibe das Ergebnis als gemischte Zahl.

$\frac{9}{4} : \frac{6}{10} = \frac{9}{4} \cdot \frac{10}{6} = \frac{15}{4} = 3\frac{3}{4}$

3. Zuordnungen

Proportionale Zuordnung

Beispiel:
3 kg Äpfel kosten 3,60 €.
Wie viel kosten 5 kg Äpfel?

Dreisatz

3 kg Äpfel kosten 3,60 €.
(: 3) → 1 kg Äpfel kostet 1,20 € (: 3)
(· 5) → 5 kg Äpfel kosten 11,00 € (· 5)

Antiproportionale Zuordnung

Beispiel:
3 Maschinen brauchen 8 Stunden.
Wie viel Stunden brauchen 4 Maschinen?

Dreisatz

3 Maschinen brauchen 8 Stunden.
(: 3) → 1 Maschine braucht 24 Stunden. (· 3)
(· 4) → 4 Maschinen brauchen 6 Stunden. (: 4)

4. Prozentrechnen

Grundwert G	Prozentwert P	Prozentsatz $p\% = \frac{p}{100}$	$1\% = \frac{1}{100}$

Prozentwert berechnen

$P = \frac{G \cdot p}{100}$

Grundwert berechnen

$G = \frac{P \cdot 100}{p}$

Prozentsatz berechnen

$\frac{p}{100} = \frac{P}{G}$ $\qquad p = \frac{P \cdot 100}{G}$

5. Rechnen mit rationalen Zahlen

Zahlengerade

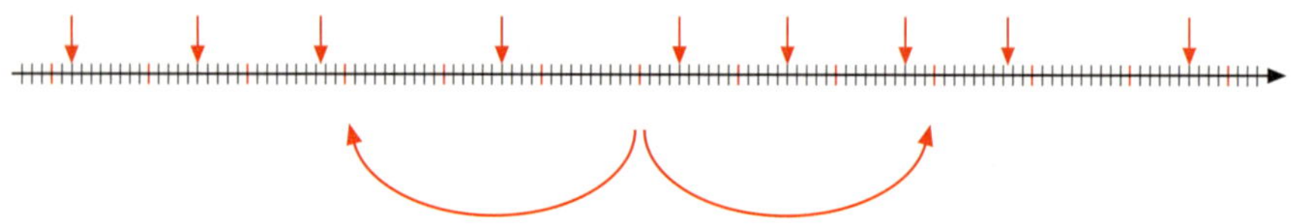

negative rationale Zahlen — Null — positive rationale Zahlen

− 5 liegt links von − 3
− 5 ist **kleiner** als − 3
− 5 < − 3

+ 2,7 liegt rechts von − 1,4
+ 2,7 ist **größer** als − 1,4
+ 2,7 > − 1,4

Die rationalen Zahlen − 3 und + 3 haben vom Nullpunkt der Zahlengeraden den gleichen Abstand. Sie haben den **gleichen Betrag 3,** aber **verschiedene Vorzeichen.** Solche Zahlen heißen **entgegengesetzte Zahlen** oder Gegenzahlen.

Addieren rationaler Zahlen

Addieren bei gleichen Vorzeichen:

> **Addiere** die Beträge.
> Setze das gemeinsame Vorzeichen.

	Beträge:
(+ 3,8) + (+ 9,4) = (+ 13,2)	3,8 + 9,4 = 13,2
(− 3,8) + (− 9,4) = (− 13,2)	3,8 + 9,4 = 13,2

Kurzschreibweise
(+ 3,8) + (+ 9,4) = 3,8 + 9,4 = 13,2
(− 3,8) + (− 9,4) = − 3,8 − 9,4) = − 13,2

Addieren bei verschiedenen Vorzeichen:

> **Subtrahiere** die Beträge.
> Setze das Vorzeichen der Zahl mit dem größeren Betrag.

	Beträge:
(− 7,2) + (+ 3,4) = (− 3,8)	7,2 − 3,4 = 3,8
(− 3,4) + (+ 7,2) = (+ 3,8)	7,2 − 3,4 = 3,8

(− 7,2) + (+ 3,4) = − 7,2 + 3,4 = − 3,8
(− 3,4) + (7,2) = − 3,4 + 7,2 = 3,8

Subtrahieren rationaler Zahlen

Addiere die entgegengesetzte Zahl.

(+ 7) − (− 3) = (+ 7) + (+ 3) = (+ 10)
(− 12) − (+ 9) = (− 12) + (− 9) = (− 21)

Kurzschreibweise
(+7) − (− 3) = 7 + 3 = 10
(+7,9) − (− 4,3) = 7,9 + 4,3 = 12,2

(− 12) − (+ 9) = − 12 − 9 = − 21
(+ 2,5) − (+ 6,1) = 2,5 − 6,1 = − 3,6

Rechnen mit Klammern

1. Regel: Was in der Klammer steht, wird zuerst berechnet.
2. Regel: Punktrechnung geht vor Strichrechnung.

6. Ebene Figuren

Quadrat

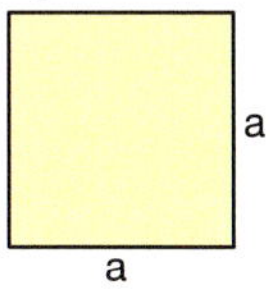

$u = a + a + a + a$
$u = 4 \cdot a$

$A = a \cdot a$
$A = a^2$

Rechteck

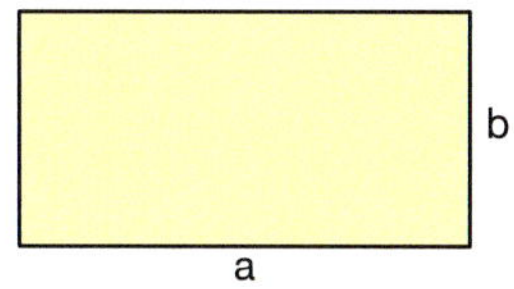

$u = a + b + a + b$
$u = 2 \cdot a + 2 \cdot b$
$u = 2 \cdot (a + b)$

$A = a \cdot b$

Dreieck

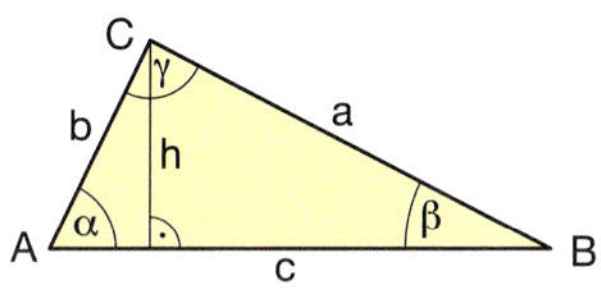

gleichschenkliges Dreieck

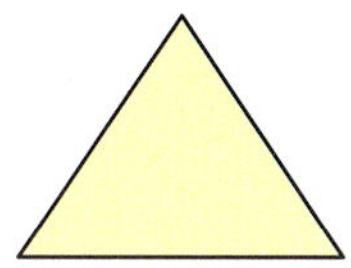

rechtwinkliges Dreieck

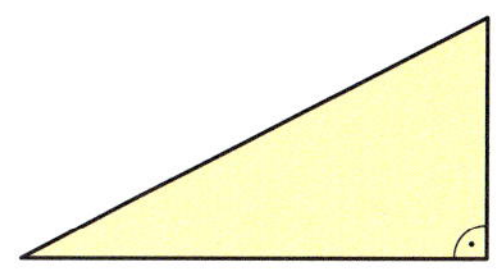

Die Seite c heißt auch Grundlinie g.
$u = a + b + c$

$A = \frac{g \cdot h}{2}$

Winkelsumme: $\alpha + \beta + \gamma = 180°$

Parallelogramm

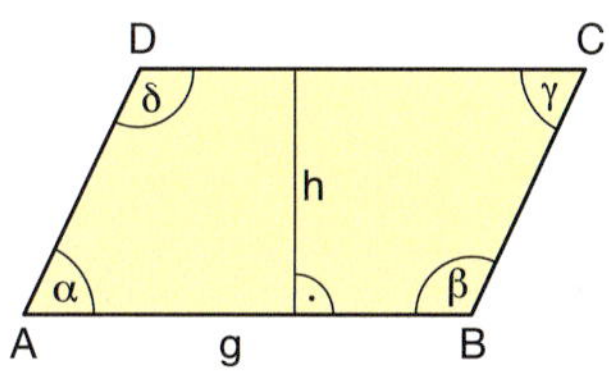

Trapez

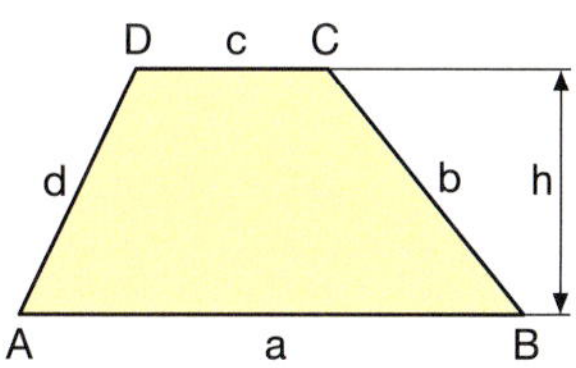

allgemeines Viereck

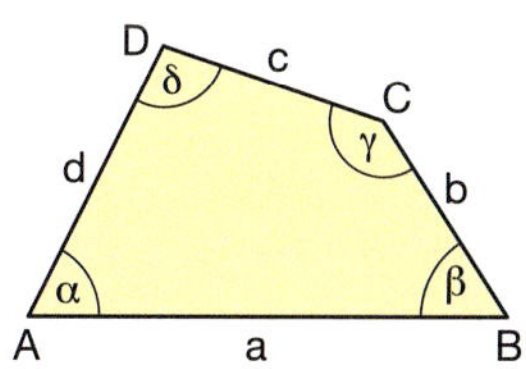

$A = g \cdot h$

$A = \frac{(a + c)}{2} \cdot h$

Winkelsumme: $\alpha + \beta + \gamma + \delta = 360°$

Kreis

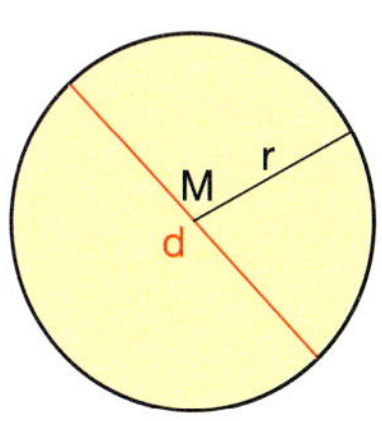

$d = 2 \cdot r$
$u = 2 \cdot r \cdot \pi$
$u = d \cdot \pi$
$A = r \cdot r \cdot \pi$
$A = r^2 \cdot \pi$
$\pi \approx 3{,}14$

7. Körper

Würfel

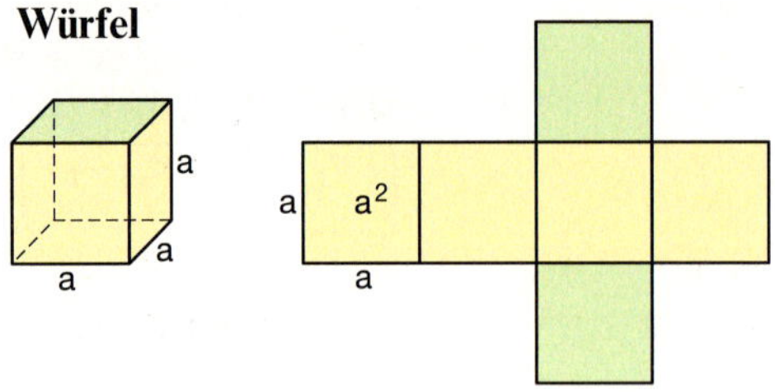

$O = 6 \cdot a^2$

$V = a \cdot a \cdot a \qquad V = a^3$

Quader

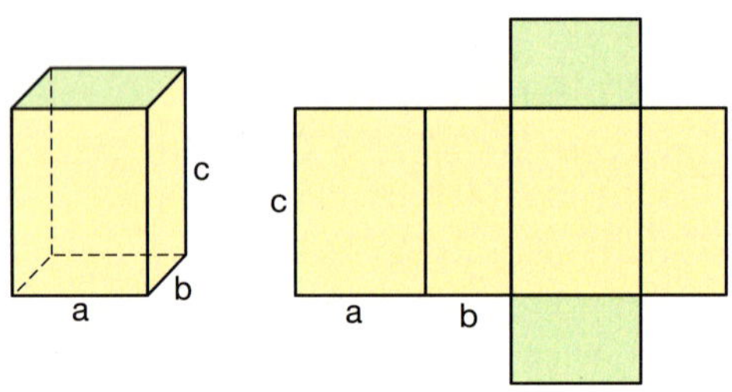

$O = 2 \cdot a \cdot b + 2 \cdot a \cdot c + 2 \cdot b \cdot\text{-}c$
$O = 2 \cdot (a \cdot b + a \cdot c + b \cdot c)$

$V = a \cdot b \cdot c$

Prisma

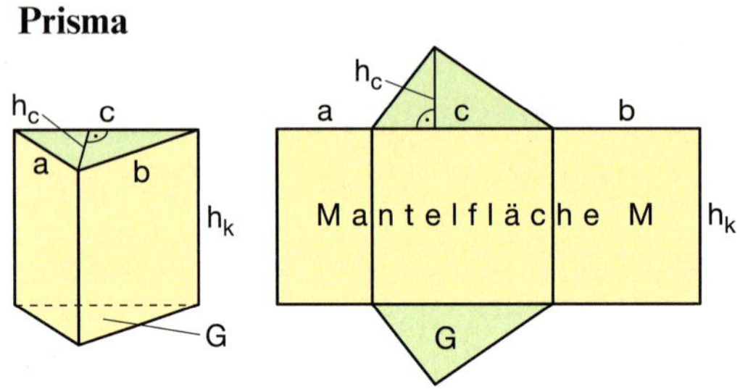

$O = 2 \cdot G + M$

$V = G \cdot h_k$

Zylinder

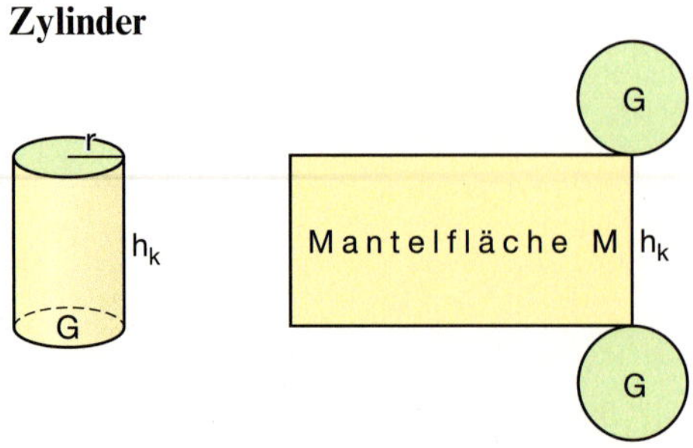

$O = 2 \cdot G + M$
$M = 2 \cdot r \cdot \pi \cdot h_k$
$O = 2 \cdot r^2 \cdot \pi + 2 \cdot r \cdot \pi \cdot h_k$

$V = G \cdot h_k$
$V = r^2 \cdot \pi \cdot h_k$

Beziehungen zwischen Zahlen

$a = b$	a gleich b	$a > b$	a größer als b
$a \neq b$	a ungleich b	$a \geq b$	a größer oder gleich b
$a \approx b$	a ungefähr gleich b	$a < b$	a kleiner als b
		$a \leq b$	a kleiner oder gleich b

Verknüpfungen von Zahlen

$a + b$	Summe (*lies:* a plus b)	$a \cdot b$	Produkt (*lies:* a mal b)
$a - b$	Differenz (*lies:* a minus b)	$a : b$	Quotient (*lies:* a geteilt durch b)

Rechengesetze

Vertauschungsgesetz (Kommutativgesetz)

$a + b = b + a$ $\qquad$ $a \cdot b = b \cdot a$

$3 + 7 = 7 + 3$ $\qquad$ $3 \cdot 7 = 7 \cdot 3$

Verbindungsgesetz (Assoziativgesetz)

$a + (b + c) = (a + b) + c$ $\qquad$ $a \cdot (b \cdot c) = (a \cdot b) \cdot c$

$3 + (7 + 5) = (3 + 7) + 5$ $\qquad$ $3 \cdot (7 \cdot 5) = (3 \cdot 7) \cdot 5$

Verteilungsgesetz (Distributivgesetz)

$a \cdot (b + c) = a \cdot b + a \cdot c$ $\qquad$ $a \cdot (b - c) = a \cdot b - a \cdot c$

$6 \cdot (8 + 5) = 6 \cdot 8 + 6 \cdot 5$ $\qquad$ $6 \cdot (8 - 5) = 6 \cdot 8 - 6 \cdot 5$

Geometrie

A, B, C, …	Punkte
$P(3\mid 5)$	Punkte im Achsenkreuz mit den Koordinaten 3 (Rechtswert) und 5 (Hochwert)
$P(x\mid y)$	Koordinaten eines Punktes im Koordinatensystem
AB	Gerade durch A und B
[AB	Halbgerade von A aus durch B
[AB]	Strecke von A nach B
$\overline{AB}$	Länge der Strecke AB
g, h, k, …	Geraden
$g \parallel h$	g ist parallel zu h
$g \perp h$	g ist senkrecht zu h
$\alpha, \beta, \gamma, \delta, \varepsilon$; $\sphericalangle(ASB)$	Winkel

akg images GmbH; Berlin: 186.2a
Argus Fotoarchiv, Hamburg: 134.1 (Peter Frischmuth)
Avenue Images, Hamburg: 134.2; 147.3 (Gary Conner/Index Stock)
Blume Bild, Celle-Osterloh: 155.1c (Kirsch)
Corbis, Düsseldorf: 79.1 (Schlegelmilch); 82.2 (Jerome Prevost); 114.1 (Bettmann)
Ddp Deutscher Depeschendienst GmbH, Berlin: 28.2d (Audi AG); 61.1 (Tyler Larkin)
Wolfgang Deuter, Düsseldorf: 126.1
Foto und Film Klaus Wefringhaus, Braunschweig: 11.1
Bildagentur Geduldig GmbH, Maulbronn: 45.1
Franz-Josef Götz, Weilersbach: 135.1
JOKER, Bonn: 59.5 (Cynthia Ruehmekorf); 125.1 (Gudrun Petersen)
LOOK GmbH, München: 89.1 (Leo Himsl); 103.1a(Konrad Wothe)
mauritius images GmbH, Mittenwald: 15.2 (Wolfgang Weinhäupl), 18.1 (The Copyright Group); 33.4 (Kuchlbauer); 103.1b (Detlev van Ravenswaay); 135.3 (Kalt); 135.4 (Klaus Hackenberg); 152.7 (Kuchlbauer); 155.1a (Dewolf); 155.1b (Hackenberg)
M.C. Escher's "Symmetry Drawing E118" © 2006 The M.C. Escher Company BV – the Netherlands. All rights reserved.: 39.1a
M.C. Escher's "Symmetry Drawing E70" © 2006 The M.C. Escher Company BV – the Netherlands. All rights reserved.: 40.2
M.C. Escher's Portrait © 2006 The M.C. Escher Company BV – the Netherlands. All rights reserved.: 39.1b
Motor-Presse International, Stuttgart: 28.2a (MKL)
Adam Opel AG, Rüsselsheim: 28.2b
Photothek.net GbR; Radevormbold: 103.1c; 103.1d (Thomas Imo)
picture-alliance GmbH, Frankfurt/M: 171.5 (dpa)
Pressebüro Roth, Nürnberg: 186.2b (Franz Roth)
Reuters AG, Hamburg: 127.2 (Will Burgess)
Bildagentur Schapalow GmbH, Hamburg: 15.1 (Huber); 127.1 (Huber)
Peter Schatz Photography, Grafing bei München: 92.7
Staatliche Toto-Lotto GmbH Baden-Württemberg, Stuttgart: 171.3
Ullstein bild Zentrale, Berlin: 135.2 (Neubauer)
Fotoagentur VISUM, Hamburg: 44.1 (Sven Doering)
VW AG, Wolfsburg: 28.2c
Zeppelin Baumaschinen GmbH, Garching: 144.1b

Alle Illustrationen: Michel Streich, Sydney/Australien
Alle technischen Zeichnungen wurden von der Technisch-Graphischen-Abteilung Westermann, Braunschweig angefertigt.